安家庄矿井及选煤厂项目水资源论证研究

刘永峰　李云成　史瑞兰　李　锐　著

黄河水利出版社
·郑州·

内 容 提 要

安家庄煤矿项目位于甘肃省平凉市灵台县，属于大型井工煤矿项目。本书针对安家庄煤矿项目的特点，对水资源论证中的用水合理性分析、矿井涌水取水水源论证和矿井涌水取水影响论证进行了重点分析。在用水合理性分析中，从节约水资源的角度出发，结合相关标准和实地调研情况，合理核定项目取水量，并提出了系统的矿井涌水回用方案，使矿井涌水可全部回用；在矿井涌水取水水源论证中，采用解析法与水文地质比拟法相结合分析矿井涌水可供水量，收集了大量的实测数据，确定了合理的矿井涌水量，需要注意的是，在同类项目采用水文地质比拟法的时候，要注意比拟条件的相似性；在矿井涌水取水影响论证中，收集了井田可采范围内所有钻孔的资料，通过不同方法计算每个钻孔的导水裂隙带发育高度，分析井田开采对地表水、地下水含水层以及其他用水户的影响，并提出相应的保护和补偿措施。

本书可供水利部门、环境保护部门从事水文研究、水资源管理、水资源论证等方面的专业技术人员、管理人员和大专院校相关专业师生参考使用。

图书在版编目(CIP)数据

安家庄矿井及选煤厂项目水资源论证研究/刘永峰等著.—郑州：黄河水利出版社，2017.10

ISBN 978-7-5509-1878-8

Ⅰ.①安…　Ⅱ.①刘…　Ⅲ.①煤矿-矿井水-水资源利用-研究②选煤厂-水资源利用-研究　Ⅳ.①TD74②TD94③X752.03

中国版本图书馆 CIP 数据核字(2017)第269349号

组稿编辑：王路平　电话：0371-66022212　E-mail：hhslwlp@126.com

出 版 社：黄河水利出版社　　网址：www.yrcp.com

地址：河南省郑州市顺河路黄委会综合楼14层　　邮政编码：450003

发行单位：黄河水利出版社

发行部电话：0371-66026940、66020550、66028024、66022620(传真)

E-mail：hhslcbs@126.com

承印单位：虎彩印艺股份有限公司

开本：787 mm×1 092 mm　1/16

印张：11.25

字数：260千字

版次：2017年10月第1版　　印次：2017年10月第1次印刷

定价：35.00元

前　言

为进一步支持甘肃经济社会发展,2010 年 5 月 2 日,《国务院办公厅关于进一步支持甘肃经济社会发展的若干意见》(国办发〔2010〕29 号)发布,明确要积极打造陇东、河西两大能源基地,构建各具特色的小组团式发展格局,全面推进区域协调发展。灵台矿区位于甘肃省平凉市灵台县,是陇东能源基地中的十大矿区之一。2014 年 1 月 29 日,《国家能源局关于陇东能源基地开发规划的批复》(国能规划〔2014〕61 号)提出:"十二五"期间重点开发宁正矿区,适度开发沙井子、灵台矿区,"十三五"期间逐步扩大宁正、沙井子和灵台矿区产能。安家庄矿井及选煤厂项目是灵台矿区规划井田之一,位于灵台矿区中部,设计规模为 5 Mt/a,属于大型井工煤矿项目。

2014 年 5 月,平凉天元煤电化有限公司委托黄河水资源保护科学研究院承担了安家庄矿井及选煤厂项目的水资源论证工作。黄河水资源保护科学研究院接受委托后,在认真研究该项目地勘资料、可研资料的基础上,先后前往灵台现场和周边地区开展了 5 次资料收集和调研工作,对灵台矿区内部在建的邵寨煤矿(1.2 Mt/a)、甘肃华亭矿区已建的山寨煤矿(3 Mt/a)、陕西麟游矿区已建的郭家河煤矿(5 Mt/a)进行了实地走访,对井筒施工工艺、采煤工艺、选煤工艺、矿井涌水处理工艺、采煤影响、矿山恢复情况等进行了深入调研,确定安家庄煤矿水资源分析范围为平凉市全境,重点分析灵台县,矿井涌水水源论证和取水影响范围为安家庄井田及井田边界向外延伸 500 m 的区域,自来水取水水源论证范围为灵台县坷台水厂涧河渠首坝址以上涧河流域范围,自来水取水影响范围为灵台县坷台水厂供水范围,退水影响论证范围为项目工业广场区域和临时排矸场区域。编制完成的《平凉天元煤电化有限公司安家庄矿井及选煤厂项目水资源论证报告书》于 2015 年 12 月通过黄河水利委员会审查。

本书为煤矿水资源论证项目案例,按照突出重点、兼顾一般的原则,重点对安家庄煤矿用水合理性、矿井涌水取水水源论证以及矿井涌水取水影响论证进行分析和阐述。

(1)按照国家、甘肃省以及煤炭行业各项标准、规范的相关要求,结合对周边区域其他煤矿的实际调研结果,对项目的合理用水量进行核定;根据论证项目的用水特点,针对不同用水单元的用水水质要求,提出了矿井涌水分级处理、分质回用的方案,使矿井涌水可做到全部回用。

(2)在分析矿井充水因素的基础上,确定矿井开采时的直接充水含水层,在收集的大量实测数据的基础上,分别采用解析法(大井法)和比拟法(富水系数法)对矿井涌水量进行预算,综合两种方法的计算结果进行分析,确定合理的矿井涌水可供水量,并对矿井涌水水质保证程度、取水口位置合理性以及取水可靠性进行了分析。

(3)在分析井田水文地质条件的基础上,确定了地下水的保护目标层,选取了井田可采区的所有钻孔对开采形成的导水裂隙带发育高度进行计算,绘制了勘探线剖面裂隙高度发育示意图。根据导水裂隙带发育高度计算结果,分别分析了井田开采对地下水保护目标层、地表水以及其他用水户的影响，提出了相应的水资源保护措施。

在安家庄煤矿水资源论证研究和本书编写过程中，得到平凉天元煤电化有限公司等单位的大力支持和帮助，在报告书审查时甘肃省和黄河水利委员会的有关专家提出了修改意见。在此对上述关心、支持和帮助本项目工作的单位和领导表示衷心的感谢！黄河水资源保护科学研究院原院长彭勃非常支持本项目工作，原副院长王任翔直接参与了项目组的现场调研，并给予项目组诸多宝贵指导意见，为研究工作的顺利开展打下了良好的基础。同时，项目组成员闫海富、韩柯尧、曹原等付出了辛勤劳动。在此表示最诚挚的感谢！

由于作者水平有限，本书也存在一些不足之处，如未结合煤矿开采方案建立矿井涌水数值模型，预测矿井涌水量，同时与其他方法进行比较等，敬请广大读者批评指正。

作　者
2017 年 7 月

目 录

前 言
第1章 工程概况 …… (1)
1.1 灵台煤田矿区总体规划概况 …… (1)
1.2 安家庄煤矿概况 …… (5)
第2章 区域水资源及其开发利用状况 …… (26)
2.1 分析范围内基本情况 …… (26)
2.2 水资源状况 …… (35)
2.3 水资源开发利用现状分析 …… (44)
2.4 水资源开发利用潜力及存在的主要问题 …… (55)
第3章 取用水合理性分析 …… (58)
3.1 取水合理性分析 …… (58)
3.2 用水合理性分析 …… (69)
3.3 节水措施、水计量器具配备与管理 …… (87)
3.4 小 结 …… (90)
第4章 取水水源论证研究 …… (91)
4.1 水源方案 …… (91)
4.2 水源研究范围 …… (91)
4.3 自来水取水水源研究 …… (94)
4.4 矿井涌水取水水源论证 …… (102)
第5章 取水影响论证 …… (131)
5.1 取水影响论证范围 …… (131)
5.2 自来水取水影响论证 …… (131)
5.3 矿井涌水取水影响论证 …… (132)
5.4 小 结 …… (156)
第6章 退水影响论证 …… (157)
6.1 退水方案 …… (157)
6.2 退水影响论证 …… (159)
6.3 小 结 …… (162)
第7章 影响补偿和水资源保护措施 …… (163)
7.1 补偿方案(措施)建议 …… (163)
7.2 水资源及水生态保护措施 …… (164)
7.3 小 结 …… (169)

第 8 章　研究结论和建议 ……………………………………………… (170)
8.1　结　论 ……………………………………………………………… (170)
8.2　建　议 ……………………………………………………………… (173)
参考文献 ……………………………………………………………… (174)

第 1 章　工程概况

为进一步支持甘肃省经济社会发展,2010 年 5 月 2 日,《国务院办公厅关于进一步支持甘肃经济社会发展的若干意见》(国办发〔2010〕29 号)发布,明确要积极打造陇东、河西两大能源基地,构建各具特色的小组团式发展格局,全面推进区域协调发展。具体提出:加快陇东煤炭、油气资源开发步伐,积极推进煤电一体化发展,构建以平凉、庆阳为中心,辐射天水、陇南的传统能源综合利用示范区。加强煤炭资源勘探和开发利用,逐步建成一批大型煤炭矿区,高起点、高水平地建设国家大型煤炭生产基地。加大对陇东地区煤炭资源勘查的政策支持力度。延伸煤炭产业链,实施煤电联营。

灵台煤炭矿区为国家规划矿区,位于甘肃省平凉市灵台县,是陇东能源基地中的十大矿区之一。2014 年 1 月 29 日,《国家能源局关于陇东能源基地开发规划的批复》(国能规划〔2014〕61 号)指出:"十二五"期间重点开发宁正矿区,适度开发沙井子、灵台矿区,"十三五"期间逐步扩大宁正、沙井子和灵台矿区产能。

2015 年 8 月 10 日,国家发展改革委批复了《甘肃省灵台矿区总体规划》。根据《甘肃省灵台矿区总体规划》,灵台矿区共划分为 7 个井田,分别为邵寨井田、唐家河井田、南川河井田、安家庄井田、灵北井田、泾南井田、泾北井田,总规模为 27.20 Mt/a,其中安家庄井田规模为 500 万 t/a。该矿区煤质优良、井田水文地质条件简单,内、外部条件具备,可采煤层赋存比较稳定,煤层倾角较为平缓,顶、底板条件较好,市场前景广阔。

灵台县是传统的农业县,工业基础薄弱,国有企业相继改制或破产,县财政收支不平衡,目前的国民生产总值和人均收入均居平凉市末位。安家庄煤矿的开发,必将改变灵台县的经济状况,给县域经济发展提供新的增长点,大力促进交通、水利、教育、卫生等各项基础设施的建设,切实提高人民群众的生活水平,增加居民收入,推动灵台县由农业大县向工业强县迈进。

工程概况主要根据《甘肃省灵台矿区总体规划》(中国煤炭科工集团武汉设计研究院,2015 年)、《平凉天元煤电化有限公司安家庄矿井及选煤厂可行性研究报告》(中国煤炭科工集团武汉设计研究院,2014 年)等文献及相关批复进行介绍。

1.1　灵台煤田矿区总体规划概况

1.1.1　矿区范围、面积和煤炭资源总量

甘肃省灵台矿区位于甘肃省平凉市东南部,行政区划属灵台县、泾川县,为国家陇东能源基地的重要组成部分。陇东能源基地煤炭矿区分布示意图见图 1-1。

灵台矿区位于陇东黄土高原的东南部,具典型的黄土塬区地形地貌特征,主要由黄土塬、梁、峁、坡、沟谷等组成,地形复杂。地势北低南高,海拔 920 ~ 1 344 m,地形起伏大,相

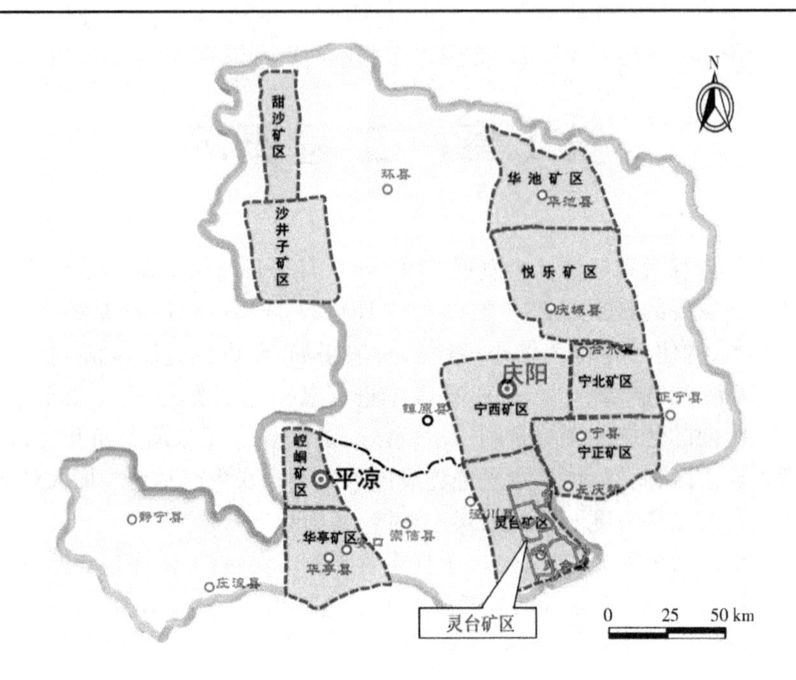

图 1-1 陇东能源基地煤炭矿区分布示意图

对高差为 200～400 m，塬面和沟底高差为 240～300 m。

灵台矿区东、南均以陕西、甘肃两省省界为基础，并与相邻的麟游矿区、彬长矿区无缝连接，北部以福银高速公路为界，西以矿区主采煤层 8 煤层埋深 1 200 m 线为界。

灵台矿区由 75 个拐点坐标确定，东西宽约 29 km，南北长约 51 km，总面积 854 km^2，地质资源/储量共计 63 亿 t。区内可采煤层有 8 层，分别为煤$_{2-2}$层、煤$_{5-1}$层、煤$_{5-2}$层、煤$_{6-1}$层、煤$_{6-2}$层、煤$_{8-1}$层、煤$_{8-2}$层、煤$_{9-3}$层，其中全区主要采煤层为煤$_{5-1}$层、煤$_{5-2}$层、煤$_{8-2}$层，其余为次要可采煤层。煤层底板等高线形态特征表现为平缓的背、向斜，呈雁行状有序排列，含煤地层为侏罗系中统延安组，煤层埋深为 690～1 500 m。矿区构造复杂程度为中等。煤层倾角小，资源储量丰富，为低灰、低硫、中高挥发分、低磷分、高热值不黏煤和弱黏煤，煤质优良。

灵台矿区地面现有设施较为简单，除灵台县城外，有新开乡、邵寨镇、独店镇及部分村庄，有 750 kV 高压线及西气东输二线管道穿越，有部分文物古迹，无重要的水利设施、工业设施、军事设施。灵台矿区是煤炭开发的新区，历史无小窑开采，矿区内有在建煤矿 1 处（邵寨煤矿）。

灵台矿区区域位置示意图见图 1-2，灵台矿区典型地形地貌见图 1-3。

1.1.2 矿区井田划分及特征

灵台矿区共划分为 7 个井田，设计开采规模 27.20 Mt/a，均衡服务年限约 64 a。灵台矿区各井田特征、设计生产能力等分别见表 1-1、表 1-2，灵台矿区各井田位置示意图见图 1-4。

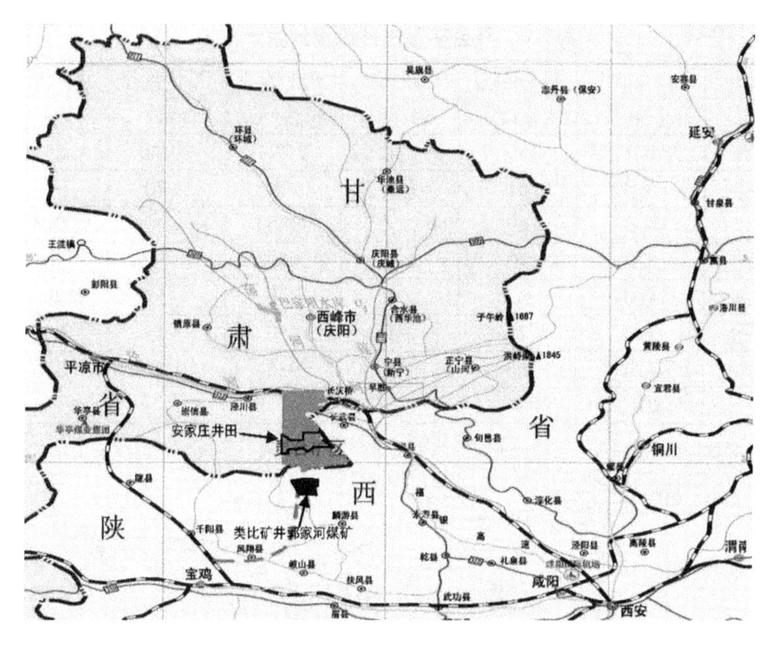

图1-2 灵台矿区区域位置示意图

图1-3 灵台矿区典型地形地貌

表1-1 灵台矿区各井田特征

序号	井田名称	井田范围			可采煤层	资源储量(Mt)	
		东西宽(km)	南北长(km)	面积(km^2)		资源量	可采储量
1	邵寨	7.0	1.5~9	37.940	2-2、5-2、8-2	227.16	115.32
2	唐家河	15.0	14.5	188.386	5-2、8-1、8-2	968.92	467.01
3	南川河	9.3	11.9	107.122	5-2、8-1、8-2	1 018.60	384.97
4	安家庄	8~19	4.5~7.5	107.317	5、6-2、8-1、8-2、9-3	1 067.99	491.73
5	灵北	15.0	5.5~7.0	104.912	5-2、8-2	774.55	352.06
6	高平南	9.8~13.7	11.5	109.810	5-1、6-2、8-2	898.10	331.13
7	高平北	15.3	9.0~11.5	180.529	2-2、5-1、8-2	1 188.89	495.67
	小计	—	—	836.016	—	6 144.21	2 637.89
8	县城煤柱	—	—	17.518	—	145.26	—
	合计			853.534		6 289.47	2 637.89

表1-2　灵台矿区各井田设计生产能力

序号	井田名称	规划生产能力(Mt/a)	服务年限(a)	开拓方式	工业场地标高(m)	水平高程(m)	井筒深度(m)	备用系数
1	邵寨	1.2	69	立井	1 294	+440	854	1.4
2	唐家河	5.0	61	立井	970	+70	900	1.4
3	南川河	4.0	69	立井	985	+40	945	1.4
4	安家庄	5.0	70	立井	950	+50	900	1.4
5	灵北	4.0	63	立井	940	-55	995	1.4
6	高平南	3.0	74	立井	950	-45	995	1.5
7	高平北	4.0	66	立井	930	+60	870	1.5
8	小计	26.2						

注:表中所有矿井均为单水平开采。

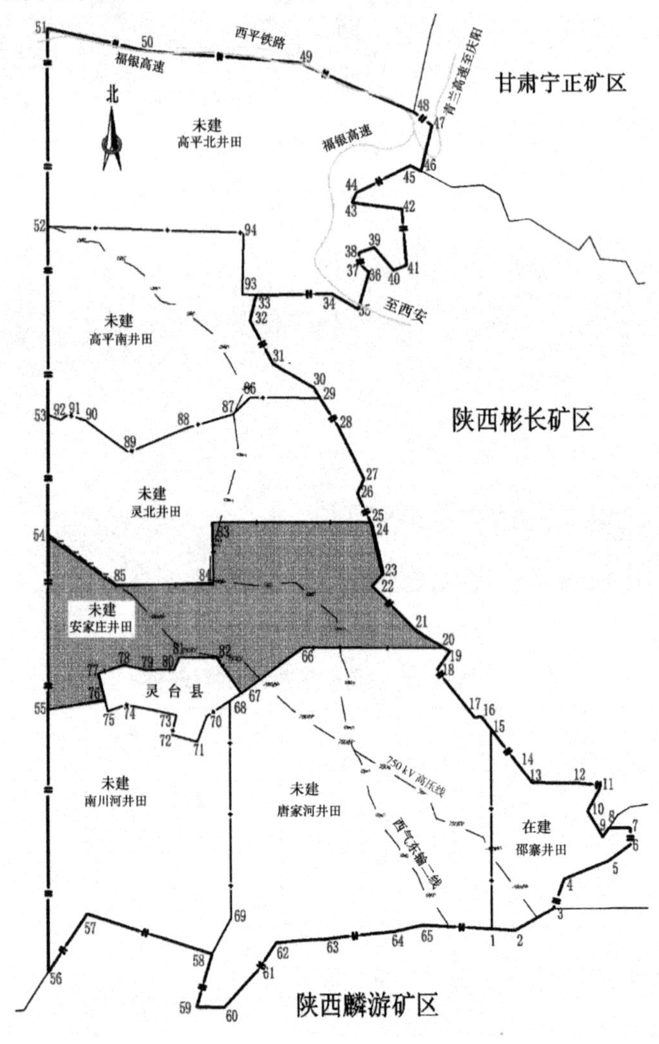

注:图中数字表示拐点编号。

图1-4　灵台矿区各井田位置示意图

1.2　安家庄煤矿概况

1.2.1　基本情况

安家庄矿井及选煤厂项目为新建工程,矿井及选煤厂设计规模5.0 Mt/a,建设地点位于平凉市灵台县中台镇下河行政村河湾村(主副井工业场地位置),建设期限2016~2020年,服务年限70.2 a。

煤层埋深:煤层底板埋深在地表以下756.22 m(煤$_{5-1}$层)~1 524.50 m(煤$_{9-3}$层);以侵蚀面+920 m标高计算,本井田煤层埋深为700~1 170 m。总体来看,井田煤层埋藏深度是东部浅、西部深,南部浅、北部深,煤层埋藏深度最浅部位于井田的东南方向达溪河沟谷附近。

煤层厚度:主采煤$_{8-2}$层平均厚度3.34 m,其余开采煤层厚均在2 m以下。

煤层倾角:一般为6°以下,局部区域煤层倾角最大达到12°。

矿井瓦斯:高瓦斯矿井。

矿井地温:可采煤层大部分位于二级高温区(>37 ℃)。

煤尘自燃:各可采煤层煤尘均具有爆炸危险性,煤属易自燃-自燃煤。

井筒开拓:主井、副井、风井均为立井,采用冻结法施工。

开采水平:全井田1个开采水平,标高+50 m。

采选工艺:采用综采一次采全高的采煤工艺,选煤采用重介浅槽工艺。

盘区划分:全井田划分10个盘区,其中11盘区、21盘区、31盘区、41盘区、51盘区开采上煤组,12盘区、22盘区、32盘区、42盘区、52盘区开采下煤组(煤$_{5-1}$层、煤$_{5-2}$层和煤$_{6-2}$层为上煤组;煤$_{8-1}$层、煤$_{8-2}$层、煤$_{9-3}$层为下煤组)。

首采盘区:首采盘区即为开采上煤组的11盘区和下煤组的21盘区,首采盘区南北宽2.0 km左右,东西长7.7 km左右,面积约10.64 km^2。11盘区开采年限9.5 a,21盘区开采年限5.0 a。

1.2.2　地理位置及交通

安家庄井田位于甘肃省灵台县的东北部,行政区划属中台镇、独店镇,井田境界由20个拐点组成(见图1-4),东西长约19.0 km,南北宽约7.5 km,面积107.317 km^2,安家庄井田矿区拐点坐标见表1-3。

表1-3　安家庄井田矿区拐点坐标

拐点编号	X(m)	Y(m)	拐点编号	X(m)	Y(m)
20	3 884 342	36 477 686	55	3 881 164	36 457 733
21	3 885 214	36 476 327	76	3 881 677	36 460 599
22	3 887 537	36 474 122	77	3 883 033	36 460 271
23	3 888 180	36 474 672	78	3 883 467	36 461 592

续表 1-3

拐点编号	X(m)	Y(m)	拐点编号	X(m)	Y(m)
24	3 890 631	36 474 150	79	3 883 190	36 462 719
25	3 890 824	36 474 065	80	3 883 427	36 464 135
83	3 890 824	36 466 221	81	3 883 864	36 464 398
84	3 887 615	36 466 221	82	3 883 891	36 466 368
85	3 887 615	36 461 150	67	3 882 015	36 467 558
54	3 890 112	36 457 775	66	3 884 349	36 470 650

安家庄煤矿工业场地位于灵台县城东北 1.3 km 处的河湾村。安家庄煤矿地面设施在灵台县交通位置示意图见图 1-5。

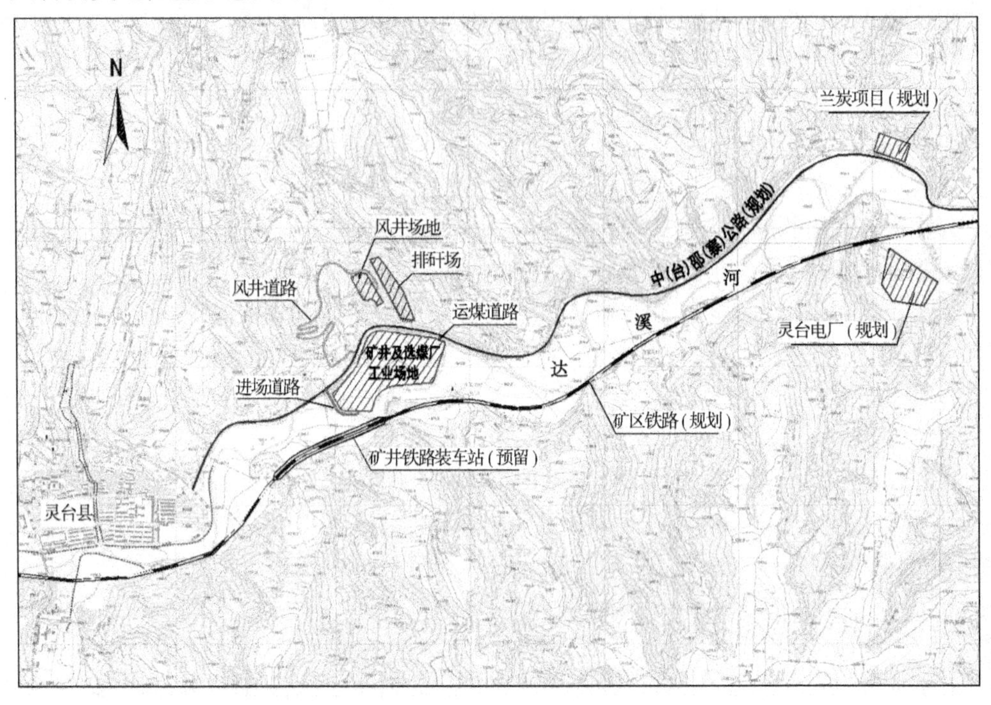

图 1-5 安家庄煤矿地面设施在灵台县交通位置示意图

1.2.3 地面总体布置

安家庄煤矿实景见图 1-6，风井工业场地总体平面布置示意图见图 1-7。

1.2.4 安家庄煤矿主副井工业场地防洪情况

1.2.4.1 设计洪水位

根据《平凉天元煤电化有限公司安家庄矿井及配套洗煤厂建设项目设计洪水计算成果》(甘肃省水文水资源勘测局平凉水文站，2014 年 5 月)，安家庄煤矿主副井工业场地地

(a) 工业场地

(b) 排矸场地

图1-6 安家庄煤矿实景

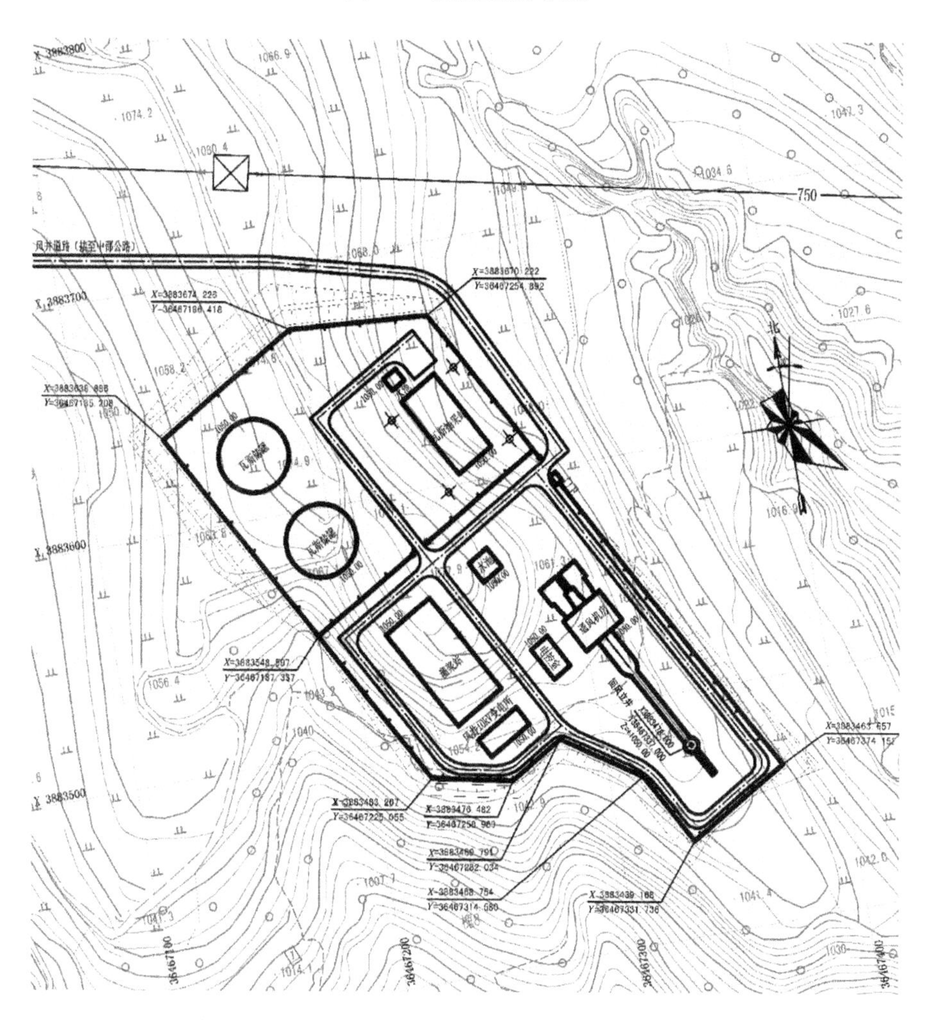

图1-7 安家庄煤矿项目风井工业场地总体平面布置示意图

段达溪河百年一遇洪峰流量1 290 m^3/s,三百年一遇洪峰流量1 830 m^3/s(设计洪水位不是现状河道条件下的设计洪水位,而是在主副井工业场地区域两岸河道整治、河堤建设后河宽100 m的洪水位)。安家庄矿井主副井工业场地断面1、2、3对应设计洪水位计算成果见表1-4,安家庄煤矿项目区设计洪水断面布设图见图1-8。

表 1-4　安家庄矿井主副井工业场地断面 1、2、3 对应设计洪水位计算成果

<table>
<tr><th rowspan="3">设计断面</th><th colspan="4">设计频率</th></tr>
<tr><th colspan="2">0.33%（三百年一遇）</th><th colspan="2">1%（百年一遇）</th></tr>
<tr><th>流量（m^3/s）</th><th>水位（m）</th><th>流量（m^3/s）</th><th>水位（m）</th></tr>
<tr><td>断面 1（桥下断面）
（107°38′19.2″东，35°4′22.1″北）</td><td rowspan="3">1 830</td><td>950.15</td><td rowspan="3">1 290</td><td>949.42</td></tr>
<tr><td>断面 2（南山体凸处）
（107°38′37.9″东，35°4′23.1″北）</td><td>949.15</td><td>948.32</td></tr>
<tr><td>断面 3（场地下断面）
（107°38′49.1″东，35°4′24.8″北）</td><td>947.48</td><td>946.76</td></tr>
</table>

图 1-8　安家庄煤矿项目区设计洪水断面布设图

1.2.4.2　工业场地设计标高

根据《煤炭工业矿井设计规范》（GB 50215—2005）要求，矿井工业场地及井口的防洪标准按百年一遇设计，其中井口按三百年一遇校核；场外截水沟设计频率为十年一遇至二十五年一遇。

设计井口标高依据表 1-4 中断面 2 数据，按照《煤炭工业矿井设计规范》第 10.2.3 条的规定，设计主副井井口标高不得低于“948.32 + 1.0（安全高度）= 949.32（m）”与 949.15 m 的大值，即不得低于 949.32 m。另外，工业场地上部防洪设计标高按照百年一遇确定，对应标高为 949.42 + 1.0（安全高度）= 950.42（m）；工业场地下部对应标高为 946.76 + 1.0（安全高度）= 947.76（m）。

综上，安家庄煤矿设计主副井井口标高确定为 +950.50 m，主副井工业场地平场后标

高确定不低于949.0 m,具体标高以满足百年一遇防洪设计标高为原则。安家庄煤矿风井工业场地位于台地上,井口标高为+1 050.00 m,场地标高为+1 049.50 m以上,高出达溪河河床标高100 m以上,不受达溪河洪水威胁。

安家庄煤矿工业场地内雨水通过道路两侧排水沟汇集后,最终排至工业场地东侧达溪河。

1.2.4.3 工业场地防洪设计

根据《安家庄矿井及配套洗煤厂工业场地段达溪河护岸防护工程方案设计》(中国煤炭科工集团武汉设计研究院有限公司,2015年7月),安家庄煤矿属于大型煤矿,设计年产原煤500万t。达溪河防洪护岸工程担负着矿井及东王沟村的防洪任务。防护总面积555亩(1亩=1/15 hm^2,全书同),其中安家庄煤矿450亩,东王沟村105亩。防护人口1 700人左右。

工程总体设计规模依据《堤防工程设计规范》(GB 50286—2013)、《城市防洪工程设计规范》(GB/T 50805—2012)、《防洪标准》(GB 50201—2014),结合当地的现状河堤护岸砌筑方式、材料等,确定为:防洪护岸按百年一遇洪水设计,堤防工程级别为二级;北侧护岸工程采用C20混凝土墙式护岸,南侧护岸采用C20混凝土墙式护岸及坝式护岸,堤顶宽6.0 m。设计水位按百年一遇洪水水面线确定,堤顶高程按设计水位加堤顶超高确定;此段河道设计净过水断面宽为100 m,岸线最小设计半径为50 m。

综上所述,安家庄煤矿主副井工业场地地段达溪河防洪护岸工程总长度2 430 m,其中北侧墙式护岸设计总长度为1 250 m,南侧东部墙式护岸设计总长度为880 m,南侧西部坝式护岸设计总长度为300 m。工程建成后,可使安家庄煤矿主副井工业场地的防洪标准达到百年一遇。

1.2.5 设计开采储量和服务年限

1.2.5.1 煤层特征

安家庄煤矿含煤地层为侏罗系中统延安组,较稳定的编号煤层自上而下为煤$_5$层(组)、煤$_6$层(组)、煤$_8$层(组)、煤$_9$层(组),均属于延安组下部的4个含煤段,4个含煤段均分布有可采煤层。安家庄井田各煤层特征见表1-5。

安家庄井田煤的灰分(Ad)以低灰煤为主,挥发分(Vdaf)为中高挥发分煤,全硫分(St.d)以低硫煤为主,干燥基高位发热量(Qgr.d)为高发热量煤,均符合发电用煤技术要求。

1.2.5.2 矿山设计资源储量与开采储量

安家庄井田主采煤层为煤$_{5-1}$层、煤$_{5-2}$层、煤$_{6-2}$层、煤$_{8-1}$层、煤$_{8-2}$层、煤$_{9-3}$层,地质资源储量为1 067.99 Mt,煤矿工业资源/储量为892.72 Mt。除设计的保护煤柱、井田境界煤柱、断层煤柱、地面建(构)筑物煤柱等永久煤柱损失资源储量232.54 Mt,煤矿设计资源/储量为660.18 Mt。煤矿设计可采储量为491.73 Mt,见表1-6。

表 1-5　安家庄井田各煤层特征

煤层	煤层真厚(m) 全区(含夹矸)真厚 最小-最大 平均(点数)	煤层真厚(m) 可采范围内纯煤真厚 最小-最大 平均(点数)	煤层间距 最小-最大 平均(点数) (m)	单孔煤层结构	夹矸层数	单层夹矸真厚(m) 最小-最大 平均(点数)	夹矸累厚(m) 最小-最大 平均(点数)	煤层厚度变异系数	稳定性	可采指数	煤层标高(m)	煤层底板埋深(m)	见煤情况	可采性	煤类
煤$_{5-1}$	0.28-3.84 1.60(111)	0.90-2.95 1.65(95)		简单-较简单	0-3	0.09-0.77 0.29(44)	0.10-1.14 0.36(35)	0.42	较稳定	0.86	-135.10-171.98 32.44(111)	756.22-1 457.80 1 111.24(111)	见煤孔111个	大部可采	弱黏煤
煤$_{5-2}$	0.18-4.89 1.09(148)	0.80-3.43 1.21(99)	0.32-24.77 4.63(111)	简单-较简单	0-3	0.05-0.79 0.30(43)	0.05-1.49 0.37(35)	0.51	较稳定	0.67	-157.82-164.42 28.31(148)	763.80-1 460.05 1 125.92(148)	见煤孔148个	全区可采	弱黏煤
煤$_{6-1}$	0.15-1.30 0.59(11)	0.85-1.05 0.97(3)	4.52-17.69 7.52(11)	简单	0-1	0.25-0.26 0.26(2)	0.25-0.26 0.26(2)	0.70	不稳定	0.27	-150.03- -41.31 -105.42(11)	1 145.70-1 461.60 1 305.58(11)	见煤孔11个	不可采	
煤$_{6-2}$	0.20-3.31 1.33(134)	0.80-2.70 1.35(117)	1.21-15.92 6.25(8)	简单-复杂	0-4	0.06-0.75 0.28(43)	0.06-1.25 0.35(34)	0.41	较稳定	0.87	-152.46-150.71 31.06(134)	777.53-1 477.05 1 127.51(134)	见煤孔134个	全区可采	弱黏煤
煤$_{6-3}$	0.20-4.83 1.22(45)	0.84-3.45 1.35(33)	4.39-23.17 9.06(40)	简单-较简单	0-3	0.20-0.80 0.51(8)	0.35-1.40 0.82(5)	0.68	不稳定	0.73	-113.61-144.25 54.38(45)	784.00-1372.56 1 038.36(45)	见煤孔45个	不可采	
煤$_{8-1}$	0.39-9.10 2.01(44)	0.80-5.57 2.15(32)	9.48-9.81 9.65(2)	简单-复杂	0-4	0.09-1.82 0.47 (27)	0.20-3.81 0.74(17)	0.62	较稳定	0.73	-206.25-93.81 -41.53(44)	847.75-1 503.80 1 210.17(44)	见煤孔44个	局部可采	不黏煤
煤$_{8-2}$	0.34-7.68 3.76(158)	0.88-6.17 3.34(154)	0.56-7.63 1.77(44)	简单-复杂	0-5	0.07-2.45 0.44(176)	0.08-2.82 0.72(110)	0.40	较稳定	0.97	-211.64-128.12 -1.82(158)	800.17-1 511.36 1 155.73(158)	见煤孔158个	全区可采	弱黏煤
煤$_{8-3}$	0.10-1.97 0.63(61)	0.80-1.38 1.09(14)	0.86-12.74 3.12(61)	简单	0-1	0.15-0.60 0.41(6)	0.15-0.61 0.42(6)	0.64	不稳定	0.23	-181.16-123.75 -31.72(61)	804.55-1 437.52 1 187.21(61)	见煤孔61个	不可采	
煤$_{9-1}$	0.25-3.03 0.83(24)	0.82-3.03 1.72(7)	3.60-24.58 12.57(14)	简单	0-1	0.15-0.34 0.26(3)	0.15-0.34 0.26(3)	1.03	不稳定	0.29	-156.76-4.01 -74.67(24)	1 083.43-1 448.17 1 252.34(24)	见煤孔24个	不可采	
煤$_{9-2}$	0.10-3.16 0.78(50)	0.80-2.99 1.51(16)	1.20-9.62 4.29(17)	简单	0-1	0.17-0.53 0.37(6)	0.17-0.54 0.37(6)	0.98	不稳定	0.32	-147.18-104.95 -35.21(50)	839.95-1 418.05 1 173.17(50)	见煤孔50个	不可采	
煤$_{9-3}$	0.20-9.15 1.62(116)	0.80-7.10 1.92(69)	0.82-12.55 3.67(46)	简单-复杂	0-4	0.10-1.77 0.38(80)	0.10-2.10 0.54(57)	0.81	不稳定	0.59	-201.33-104.00 -32.06(116)	828.72-1 524.50 1 193.85(116)	见煤孔116个	局部可采	弱黏煤
煤$_{9-4}$	0.30-3.24 1.22(7)	1.20-2.26 1.82(3)	1.05-39.79 9.05(7)	简单-较简单	0-3	0.19-0.62 0.42(4)	0.62-1.05 0.84(2)	1.00	不稳定	0.43	-107.66-44.27 -3.95(7)	973.39-1 264.15 1 099.99(7)	见煤孔7个	不可采	

表1-6 安家庄井田设计可采储量

煤层	地质资源量(Mt)	工业资源/储量(Mt)	设计资源/储量(Mt)	永久煤柱煤量(Mt)						设计可采储量(Mt)	占比(%)
				边界煤柱	断层煤柱	高压线煤柱	西气东输管道煤柱	其他地面建筑煤柱	小计		
煤$_{5-1}$	145.96	121.39	91.03	0.74	0.47	17.96	6.44	3.68	30.36	70.37	14.31
煤$_{5-2}$	147.46	105.60	76.26	0.84	0.76	18.24	8.40	0.64	29.34	61.61	12.53
煤$_{6-2}$	153.58	127.82	98.33	0.94	1.43	5.00	19.22	1.91	29.49	71.29	14.50
煤$_{8-1}$	139.57	110.94	96.91	1.47	0.14	11.03	0.00	1.39	14.03	74.84	15.22
煤$_{8-2}$	420.65	378.84	267.90	1.95	4.66	49.57	49.08	5.68	110.94	190.11	38.66
煤$_{9-3}$	60.77	48.13	29.75	0.06	0.26	10.40	7.34	0.32	18.38	23.51	4.78
合计	1 067.99	892.72	660.18	6.00	7.72	112.20	90.48	13.62	232.54	491.73	100.00

1.2.5.3 矿山设计生产能力与服务年限

安家庄煤矿设计可采储量491.73 Mt,设计生产能力5.0 Mt/a,年工作330 d,储量备用系数为1.4,煤矿的服务年限为70.2 a。

1.2.6 安全煤柱留设

1.2.6.1 井田境界及工业场地煤柱

根据《煤矿防治水规定》,井田境界留设20 m煤柱。工业场地留设保护煤柱,煤岩移动角按表土45°、基岩70°考虑。

1.2.6.2 主要井巷保护煤柱

安家庄煤矿的主要井巷煤柱为大巷煤柱,大巷煤柱根据工作面胶带运输顺槽机头设备的布置及工作面设备回撤要求进行留设,预留大巷煤柱80 m。

1.2.6.3 750 kV高压线煤柱、西气东输管道煤柱

750 kV高压线、西气东输管道(二线)为国家重要的基础设施,按留设煤柱考虑。高压线煤柱以各个线塔为基点,线塔基础约为10 m×10 m,围护带范围取20 m;煤岩移动角取表土45°、基岩70°。西气东输管线煤柱按围护带范围20 m,按煤岩移动角确定预留煤柱。

1.2.6.4 断层煤柱

根据井田水文地质条件,断层不沟通强含水层,设计对落差大于30 m的断层(DF6),在断层两侧各留设50 m保护煤柱;对落差小于30 m的断层,正断层两侧留设20 m保护煤柱,逆断层两侧各留设10 m保护煤柱。

1.2.6.5 达溪河、东夏水库保护煤柱

可研设计中未考虑留设达溪河和东夏水库的保护煤柱。达溪河为流经本井田内的重要河流，东夏水库为当地农业灌溉水库。本书认为，达溪河和东夏水库应留设保护煤柱，其煤柱留设方法与西气东输管道线煤柱留设方法相同，按围护带范围 20 m，按煤岩移动角确定预留煤柱。

1.2.6.6 其他煤柱留设

各盘区边界两侧各留设 10 m 煤柱；断层煤柱按上、下盘各留 50 m。

井田内有几处文物，根据地表沉陷变形预测及文物的级别，可研设计对井田北部的皇甫谧墓留设保护煤柱。

因本区煤层埋深大、煤层薄，煤层采深与采厚比较大，一般在 1∶150 以上，预计地表建筑受影响较小，因此地面村庄不考虑搬迁，采用加固或维护的方式。

安家庄井田煤柱留设示意图（可研设计）见图 1-9，安家庄井田煤柱留设示意图（核定）见图 1-10。

1.2.7 井田开拓与开采

1.2.7.1 开采技术条件

安家庄井田地处灵台煤田的东北部，井田可采煤层 6 层，其中煤$_{8-1}$层为局部可采的较稳定煤层，煤$_{9-3}$层为局部可采的不稳定煤层，煤$_{5-1}$层为大部可采的较稳定煤层，煤$_{5-2}$层、煤$_{6-2}$层、煤$_{8-2}$层为全区可采的较稳定煤层；井田内煤层倾角较小，赋存较稳定，资源量丰富、可靠。井田构造复杂程度为中等型，水文地质条件简单，煤层瓦斯含量较高，煤尘有爆炸危险性，煤层为易自燃－自燃煤层，地温值偏高，煤层顶底板岩性较差，工程地质条件较差，井筒施工难度较大。

1.2.7.2 井筒开拓

根据井田煤层赋存条件和井田的地形地貌情况，安家庄井田煤层埋藏最浅的东南部区域埋藏深度已超过 700 m，井田内主要含水层白垩系洛河组砂岩含水岩层平均厚度达 300 m 以上，不具备平硐和斜井开拓的条件，因此安家庄煤矿采用立井开拓方式，井筒采用冻结法施工。

在井田南部达溪河岸河湾村东工业场地内布置主、副立井，井口标高均为 +950.5 m，落底标高 +50 m，井筒深度 900.5 m。回风立井位于工业场地北的河湾村北部，井口标高 +1 050 m，落底标高 +60 m，井筒深度 990.0 m。井筒主要特征见表 1-7。

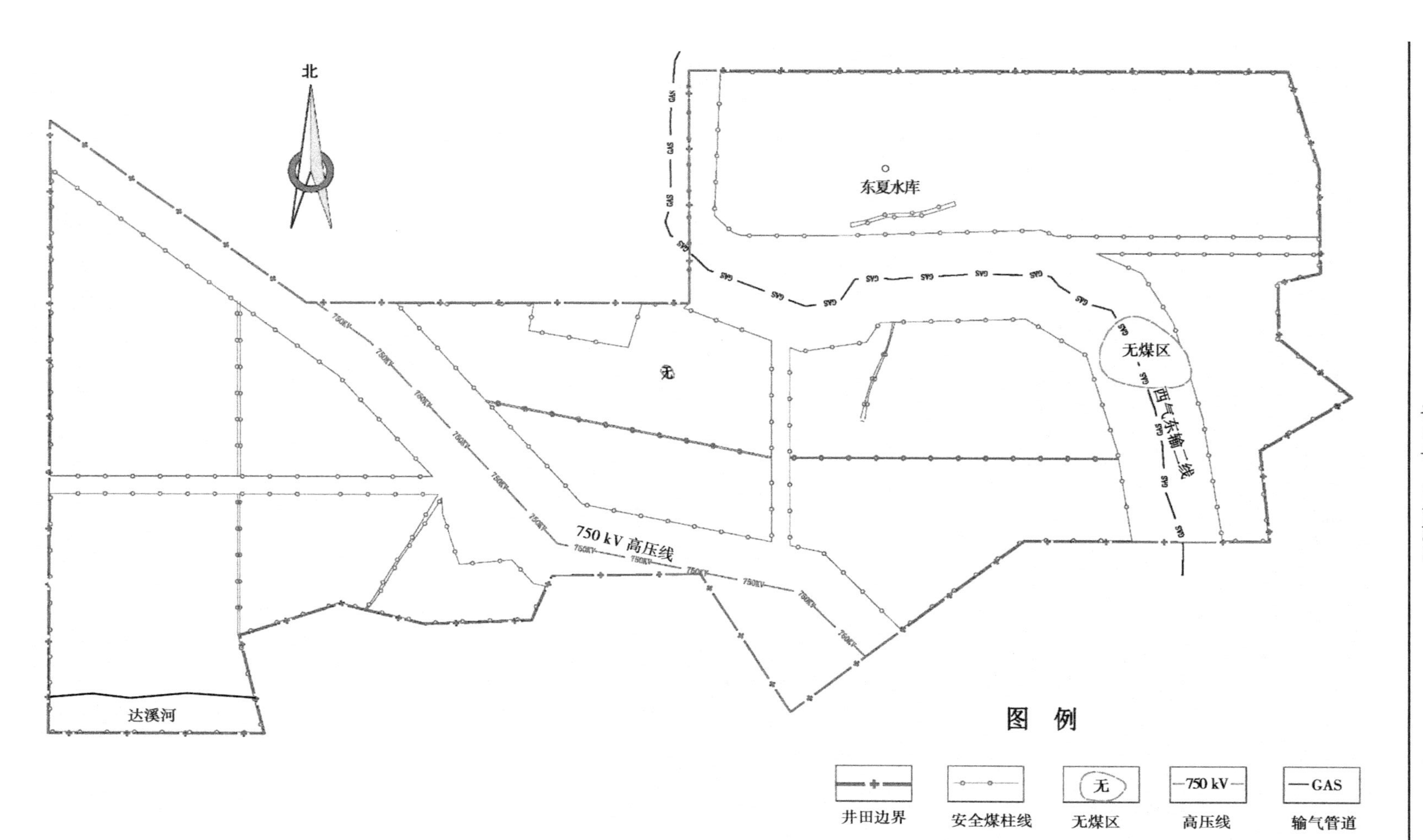

图1-9　安家庄井田煤柱留设示意图(可研设计)

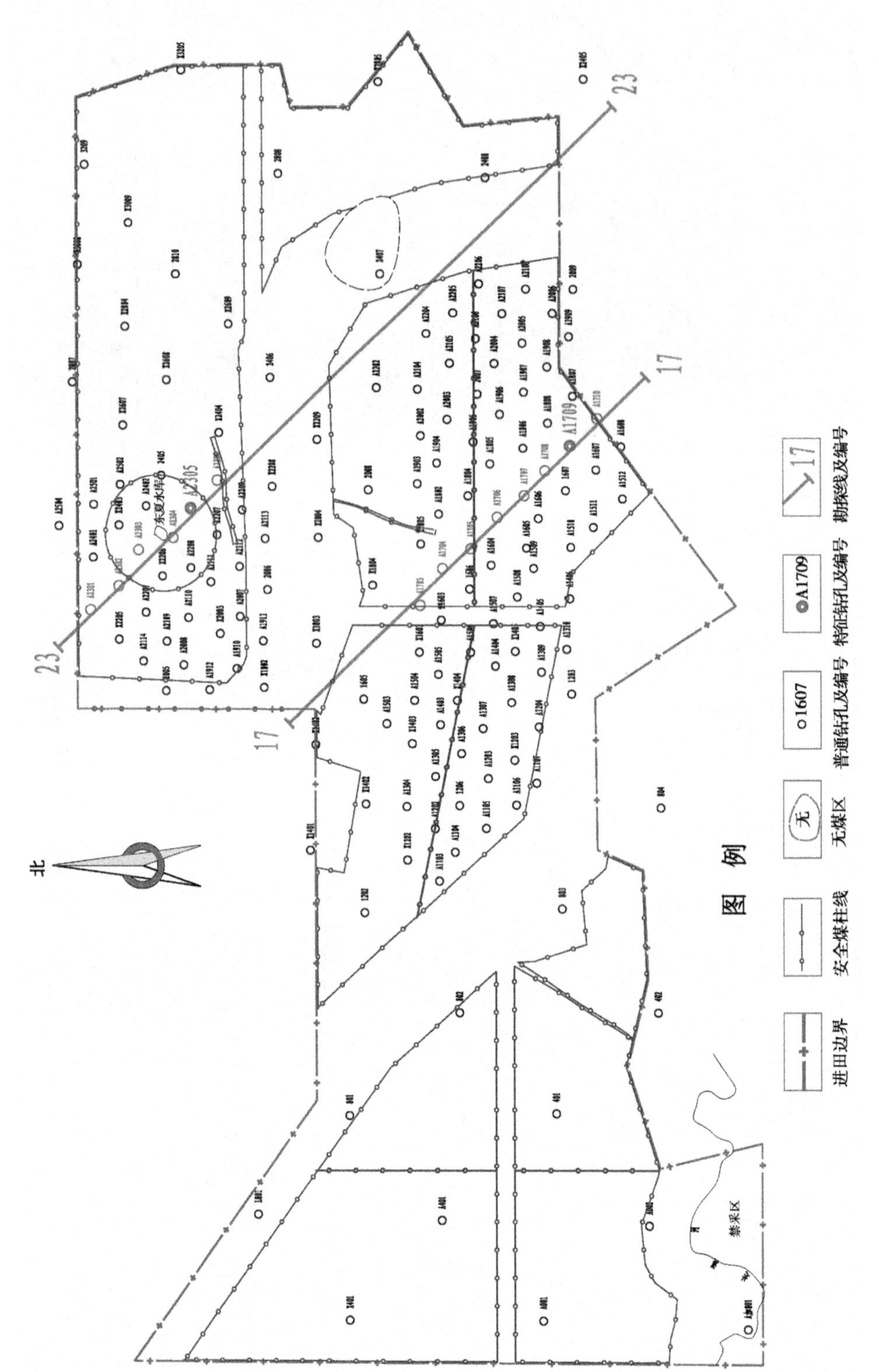

图 1-10　安家庄井田煤柱留设示意图(核定)

表1-7 井筒主要特征

序号	名称		单位	井筒		
				主立井	副立井	回风立井
1	井口坐标	X	m	3 883 198.395	3 883 079.181	3 883 478.000
		Y	m	36 467 419.772	36 467 439.369	36 467 337.000
2	井口标高		m	+950.5	+950.5	+1 050
3	落底标高		m	+50	+50	+60
4	井筒深度		m	900.5	900.5	990.0
5	冻结深度		m	812	860	959
6	冻结底层		—	3个井筒均冻结至侏罗系地层直罗组或延安组隔水层		
7	净直径		m	6.5	9.0	6.5
8	设计净断面		m^2	33.2	63.6	33.2
9	井筒功能		—	主提升、辅助进风	辅助提升、安全出口、主要进风井	专用回风井、安全出口
10	主要装备		—	1对45 t箕斗	一宽一窄罐笼、交通罐、梯子间、主排水管、降温管、洒水管、压风管、注氮管	梯子间、瓦斯抽采管、压风自救管、灌浆管

1.2.7.3 水平划分及标高

安家庄煤矿可采煤层为煤$_{5-1}$层、煤$_{5-2}$层、煤$_{6-2}$层、煤$_{8-1}$层、煤$_{8-2}$层、煤$_{9-3}$层，其中主要可采煤层为煤$_{8-2}$层，井筒落底标高为+50 m，该位置为煤$_{8-2}$层底板。煤矿为近水平煤层，划分为一个水平，水平标高为+50 m。

1.2.7.4 煤层分组与大巷布置

根据煤层间距及煤层赋存区域特征，将煤$_{5-1}$层、煤$_{5-2}$层和煤$_{6-2}$层划为一组，为上煤组；将煤$_{8-1}$层、煤$_{8-2}$层和煤$_{9-3}$层划为一组，为下煤组。

从煤组角度来说，全井田大巷分煤组布置，分为上煤组大巷和下煤组大巷，即在上、下煤组中各布置一组开拓大巷，每组开拓大巷包括主运输大巷、辅助运输大巷和回风大巷；两组大巷在平面上尽量重叠布置，以减少煤柱资源损失；工作面顺槽直接与大巷连接；三条大巷主要承担各煤组的主运输、辅助运输和回风任务；上煤组煤炭通过煤仓转至煤$_{8-2}$层的主运大巷，运输至井底煤仓，提至地面。

以大巷在全井田的布置方位来说，分别在井田中部布置一组正南北向的开拓大巷，在井田北部布置一组东西向的开拓大巷，在井田西部布置一组近东西向的开拓大巷。安家庄煤矿井田盘区划分示意图见图1-11（以下煤组为例）。

1.2.7.5 盘区划分与接替

以可采煤层、主要的褶曲、断层及地面主要设施的保护煤柱等作为划分依据，将全井田划分为10个盘区，其中上煤组5个盘区，下煤组5个盘区，盘区划分示意图（以下煤组为例）见图1-11。各盘区接替顺序见图1-12，各盘区服务年限见表1-8。

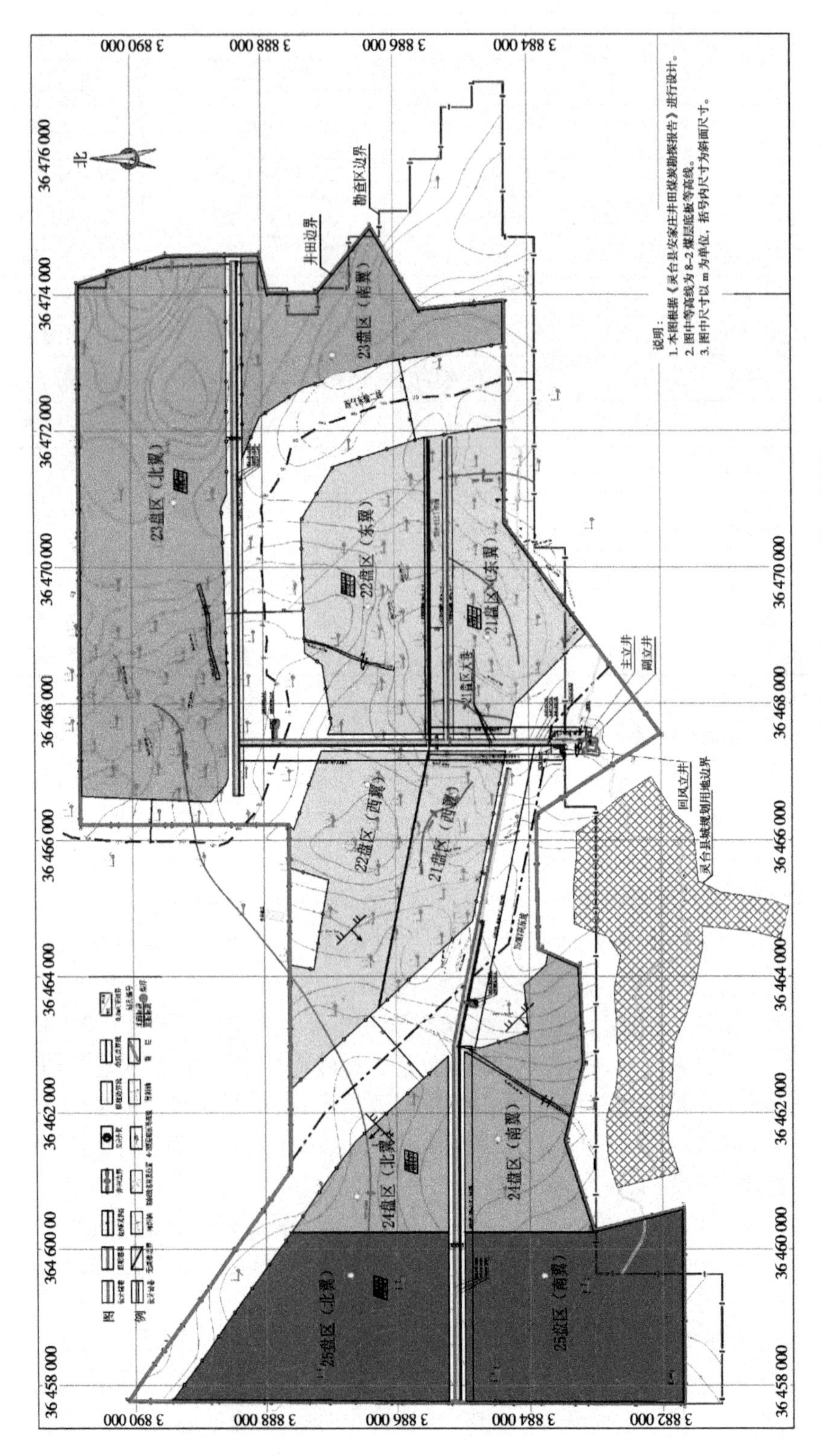

图1-11　安家庄煤矿井田盘区划分示意图(以下煤组为例)

盘区	可采储量(Mt)	生产能力(Mt/a)	服务年限(a)	开采起止时间(a) 0 10 20 30 40 50 60 70 80 90	备注
11	18.52	1.4	9.5	9.5	各盘区煤层较多，盘区按煤层平均生产能力计算服务年限
12	20.03	1.4	10.2	19.7	
13	58.35	2.3	18.1	37.8	
14	29.60	2.3	9.2	48.0	
15	76.77	2.3	23.8	71.8	
21	25.04	3.6	5.0	5.0	
22	27.13	3.6	5.4	10.4	
23	67.96	3.6~2.7	9.3+5.6	25.3	
24	60.09	2.7	15.9	41.2	
25	108.99	2.7	28.6	69.8	
合计	491.73	5.0	70.2	5.0 Mt/a 70.2	

图 1-12　安家庄煤矿盘区接替顺序

表 1-8　安家庄煤矿各盘区服务年限

上煤组（煤$_{5-1}$层、煤$_{5-2}$层、煤$_{6-2}$层）			下煤组（煤$_{8-1}$层、煤$_{8-2}$层和煤$_{9-3}$层）		
盘区	服务年限(a)	备注	盘区	服务年限(a)	备注
11	9.5	首采区	21	5.0	首采区
12	10.2	11 盘区结束后开采	22	5.4	21 盘区结束后开采
13	18.1	12 盘区结束后开采，东夏水库位于该区域，留设煤柱	23	14.9	22 盘区结束后开采，东夏水库位于该区域，留设煤柱
14	9.2	13 盘区结束后开采	24	15.9	23 盘区结束后开采
15	23.8	14 盘区结束后开采，达溪河流经该区域，留设煤柱	25	28.6	24 盘区结束后开采，达溪河流经该区域，留设煤柱

1.2.7.6　首采盘区位置及工作面个数

根据煤层赋存、工业场地条件及井田内高压线路、输气管线分布情况，安家庄煤矿先期开采区域位于井田中南部：南部边界为 750 kV 高压线，北部边界为 750 kV 高压线和西气东输二线，东、西部边界为 750 kV 高压线和西气东输二线，即为开采上煤组的 11 盘区、12 盘区和下煤组的 21 盘区、22 盘区，面积 24.39 km^2。

首采区即为开采上煤组的 11 盘区和下煤组的 21 盘区，首采区南北宽 2.0 km 左右，东西长 7.7 km 左右，面积约 10.64 km^2。根据钻孔统计分析，首采区煤$_{5-1}$层和煤$_{6-2}$层平均开采厚度分别为 1.68 m 和 1.11 m，煤$_{8-2}$层和煤$_{9-3}$层平均可采厚度分别为 3.25 m 和 2.10 m。首采区内主采煤$_{8-2}$层煤赋存稳定，厚度较大，有利于大型采掘机械设备生产能力的发挥，如要保证矿井生产能力，必须考虑布置一个煤$_{8-2}$层厚煤层工作面，同时为了解决煤$_{8-2}$层的压茬关系，也为了保证矿井达产稳产，还需在煤$_{8-2}$层之上布置一个较薄煤层工作面进行配采。因此，设计初期在下煤组的 21 盘区投产一个煤$_{8-2}$层工作面，在上煤组的 11 盘区投产一个煤$_{5-1}$层工作面配采，以 1 井 2 区 2 面达到矿井 5.0 Mt/a 设计生产能力。

1.2.7.7 采煤方法及运输方案

安家庄矿井开采近水平煤层，根据矿井开拓部署，不同盘区的工作面采用滚筒采煤机长壁一次采全高综采采煤方法，后退式回采，全部跨落法管理顶板。

11 盘区煤$_{5-1}$层工作面来煤通过工作面顺槽带式输送机、11 盘区主运输大巷带式输送机、上仓胶带输送机进入井底煤仓；21 盘区煤$_{8-2}$层工作面来煤通过工作面顺槽带式输送机、21 盘区主运输大巷和上仓胶带输送机进入井底煤仓，再通过主立井箕斗运输到地面。

矿井下辅助运输线路有两条：一条由副立井井底车场至 21 盘区辅助运输大巷至煤$_{8-2}$层工作面辅运顺槽（回风顺槽）组成；另一条由副立井井底车场至 11 盘区辅助运输大巷至煤$_{5-1}$层工作面辅运顺槽（回风顺槽）组成。11 盘区及 21 盘区均采用无极绳连续牵引车接力运输。

煤$_{5-1}$层工作面长度为 200 m，煤$_{8-2}$层工作面长度为 240 m，后期工作面长度根据实际情况调整；首采煤层工作面年推进长度为 2 500 ~ 3 500 m。

工作面采用长壁后退式回采。回采工作面接替采用顺序开采方式。

1.2.7.8 煤层顶板条件及顶板管理

1. 顶板条件

（1）根据本矿井地质报告，煤$_{5-1}$层顶板主要岩性为粉砂岩、泥质粉砂岩、粉砂质泥岩，岩石强度低 - 中等，单轴抗压强度一般为 3.7 ~ 17.4 MPa。

（2）煤$_{5-2}$层顶板主要岩性为粉砂岩、泥质粉砂岩、粉砂质泥岩，岩石强度低 - 中等，单轴抗压强度一般为 2 ~ 23.4 MPa。

（3）煤$_{6-2}$层顶板主要岩性为粉砂岩、泥质粉砂岩、粉砂质泥岩，岩石强度低 - 中等，单轴抗压强度一般为 9.12 ~ 15.2 MPa。

（4）煤$_{8-1}$层顶板主要岩性为粉砂岩，岩石单轴抗压强度一般为 5 ~ 23.4 MPa。煤$_{8-2}$层顶板以粉砂岩、砂质泥岩、粉砂质泥岩为主，岩石单轴抗压强度一般为 6.79 ~ 23.8 MPa。

（5）煤$_{9-3}$层顶板主要岩性为粉砂岩、砂质泥岩、粉砂质泥岩，岩石单轴抗压强度一般为 8 ~ 23.6 MPa。

2. 顶板管理

从直接顶板、基本顶板的岩石物理力学性质可以看出，煤层顶板均属于不坚固 - 中等坚固岩石，顶板在采后将会逐步冒落，形成较为规律的周期来压，不会出现顶板大面积突然垮落的情况。综合考虑煤层顶底板条件，顶板采用全部垮落法管理。

1.2.8 选煤工艺及产品方案

安家庄煤矿配套的选煤厂采用块煤（200 ~ 13 mm）重介浅槽分选、末煤（0 ~ 13 mm）不分选，粗煤泥离心脱水，细煤泥浓缩、过滤回收工艺。

选煤厂的产品为 200 ~ 80 mm、80 ~ 30 mm、30 ~ 13 mm、13 ~ 0 mm 的精煤和末煤。块精煤供应平凉市和酒钢集团煤化工用煤或民用，末煤（电煤）作为电厂用煤。

结合选煤工艺，安家庄矿井及选煤厂项目地面生产系统原则工艺流程图见图 1-13。

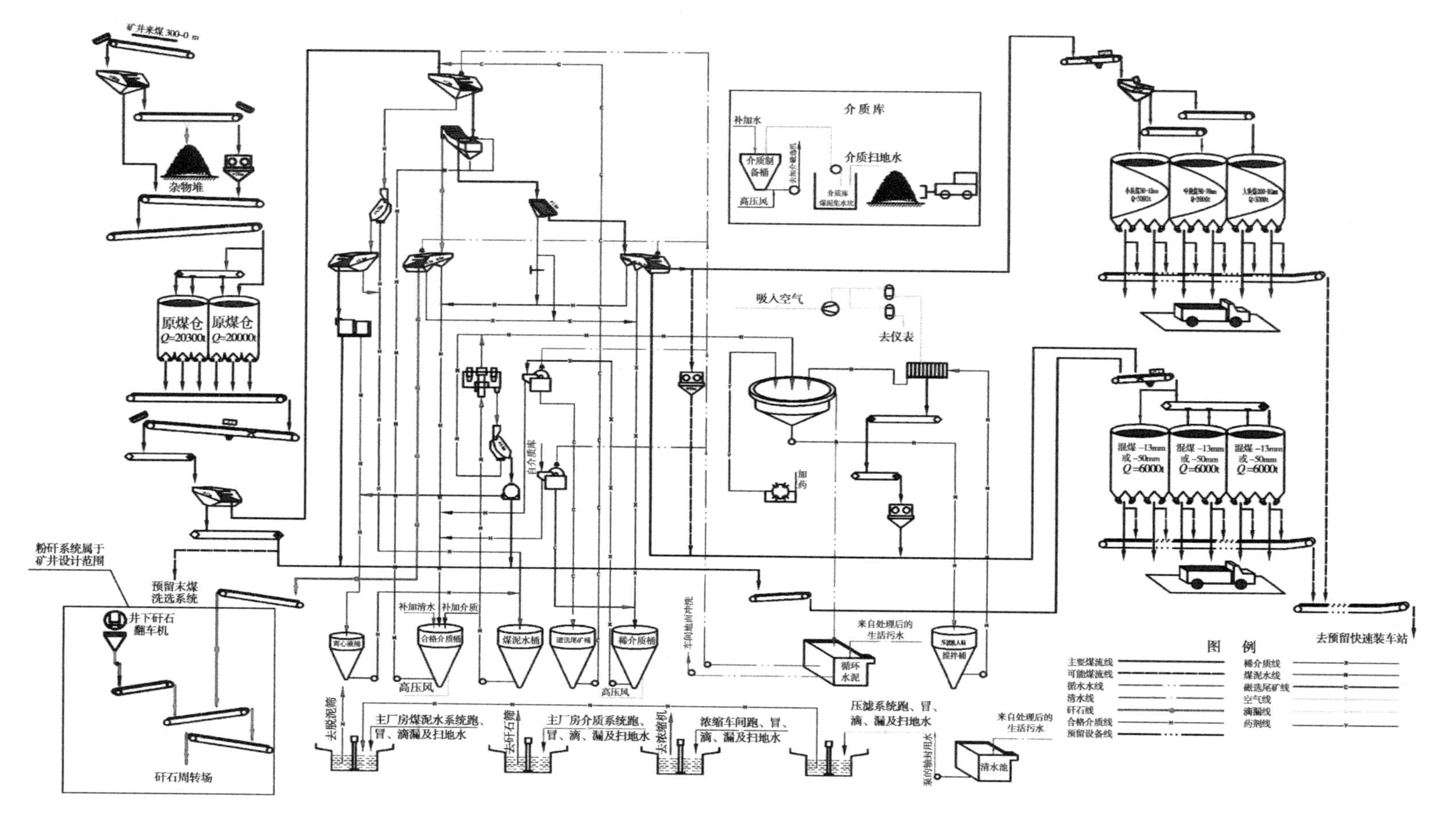

图1-13　安家庄矿井及选煤厂项目地面生产系统原则工艺流程图

1.2.9 工作制度及劳动定员

1.2.9.1 工作制度

安家庄煤矿及选煤厂设计工作日为 330 d/a。井下工作制度采用“四六”制，3 班生产，1 班准备；煤炭提升采用“三八”制，2 班生产，1 班准备，日净提升时间 16 h；选煤厂每天 3 班作业，其中 2 班生产，1 班检修，每班工作 8 h。

1.2.9.2 劳动定员

安家庄煤矿在籍总人数 1 725 人，其中煤矿 1 572 人、选煤厂 153 人。

1.2.10 项目实施计划

全矿井从井筒开挖至全矿竣工投产，建设工期预计为 49 个月，其中施工期为 46 个月，全矿井联合试运转时间为 3 个月，预计 2021 年上半年建成投产。

1.2.11 取用水方案

1.2.11.1 施工期取水方案

安家庄煤矿施工周期较长，应考虑施工期水源，确定施工期水源为灵台县坷台水厂自来水。2014 年 6 月，灵台县自来水公司与项目业主签订了灵台县坷台水厂供用水协议。

灵台县坷台水厂于 2009 年建成，设计日供水能力 6 040 m^3（220.5 万 m^3/a），供水保证率 $P=95\%$。

灵台县坷台水厂设计供水范围为灵台县城及中台镇 12 个村庄，供水主干管从项目厂址边经过，可直接接管；2014 年灵台县坷台水厂实际供水量为 116.7 万 m^3，远未达到设计供水规模。

灵台县坷台水厂水源来自达溪河支流涧河地表水，在涧河坷台村附近修建有拦河取水枢纽 1 处，自流引水至位于涧河右岸的 2 座调蓄水库（现状总库容为 45 万 m^3，“十三五”期间计划增加调蓄水库 1 处，库容可增加至 60 万 m^3），引提至净水厂净化处理后，通过 DN350 上水钢管提水至水厂周边的白村后山坡平地处 1 000 t 高位水池内，通过地形高差从高位水池向县城及中台镇区域自流供水。

灵台县坷台水厂涧河渠首实景见图 1-14，坷台水厂实景见图 1-15。

1.2.11.2 运行期取水方案

1. 设计的取水方案

安家庄煤矿主水源由自身矿井涌水提供，不足部分拟以自来水供给。可研设计安家庄煤矿用水量为 5 528 m^3/d，其中使用自身矿井涌水 4 581 m^3/d，使用自来水 947 m^3/d，年总用水量为 182.4 万 m^3。

矿井涌水经沿巷道敷设管路收集至井底车场水仓（容积 2 200 m^3），经泵通过副井输水管道送至地面矿井水处理系统。矿井水处理拟采用混凝反应、斜管沉淀、多介质过滤、反渗透等处理工艺，分质处理达标后送至各用水户。

图1-14 灵台县坷台水厂涧河渠首实景

图1-15 坷台水厂实景

2. 合理性分析后的取水方案

经研究分析确定，安家庄煤矿立足于自身矿井涌水和生产生活污水的全部处理回用，但不能完全满足项目用水需求，生活用水尚有较大缺口，除自身矿井涌水水源外，还需确定生活用水水源。

根据《国家发展改革委关于甘肃灵台矿区总体规划的批复》（发改能源〔2015〕1840号）要求，灵台矿区各矿井生活用水取自地下水。

《取水许可和水资源费征收管理条例》（国务院令第460号）第二十条规定：有下列情形之一的，审批机关不予批准：……（五）城市公共供水管网能够满足用水需要时，建设项目自备取水设施取用地下水的。《国务院关于加强城市供水节水和水污染防治工作的通知》(国发〔2000〕36 号)要求“在城市公共供水管网覆盖范围内,原则上不再批准新建自备水源”。考虑到安家庄矿井主副工业场地位于灵台县自来水管网供水范围之内,分析认为安家庄煤矿生活用水不宜开采地下水,应尊重可研设计,采用灵台县坷台水厂自来水供水。

经合理性分析后确定,安家庄煤矿及选煤厂项目总取水量为 104.6 万 m^3/a,其中取自身矿井涌水 89.9 万 m^3/a(85.4 万 m^3/a 用于生产,4.5 万 m^3/a 用于生活),取自来水 14.7 万 m^3/a(全部用于生活)。项目井下排水和生活废污水处理达标后全部回用,正常工况下零排放。

安家庄矿井及选煤厂项目原则性用水方案示意图见图 1-16。

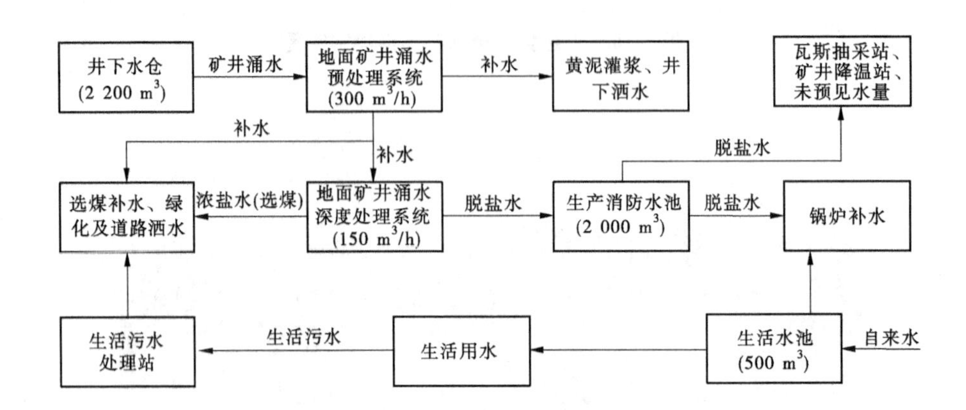

图 1-16　安家庄矿井及选煤厂项目原则性用水方案示意图

1.2.11.3　用水系统

安家庄煤矿用水由生活用水系统、生产用水系统和消防用水系统组成。

(1)生活用水包括职工日常生活、食堂、洗浴、洗衣等用水。

(2)生产用水包括井下防尘、防火灌浆、选煤、矿井制冷、瓦斯抽采、锅炉、地面浇洒和绿化用水。

(3)消防用水包括地面消防和井下消防用水。

1.2.11.4　水质要求

安家庄煤矿生活用水系统用水水质应满足《生活饮用水卫生标准》(GB 5749—2006)的要求;绿化洒水等用水水质应满足《城市污水再生利用　城市杂用水水质》(GB/T 18920—2002)的要求;消防洒水水质应满足《煤矿井下消防、洒水设计规范》(GB 50383—2006)的要求;选煤厂用水水质应满足《煤炭洗选工程设计规范》(GB 50359—2005)的要求。各类水质标准见表 1-9 ~ 表 1-12。

表 1-9　生活饮用水卫生标准

指标	限值	指标	限值
1. 微生物指标[①]		3. 感官性状和一般化学指标	
总大肠菌群(MPN/100 mL 或 CFU/100 mL)	不得检出	色度(铂钴色度单位)	15
耐热大肠菌群(MPN/100 mL 或 CFU/100 mL)	不得检出	浑浊度(NTU－散射浊度单位)	1
大肠埃希氏菌(MPN/100 mL 或 CFU/100 mL)	不得检出	臭和味	无异臭、异味
菌落总数(CFU/mL)	100	肉眼可见物	无
2. 毒理指标		pH (pH 单位)	不小于6.5 且不大于8.5
砷(mg/L)	0.01	铝(mg/L)	0.2
镉(mg/L)	0.005	铁(mg/L)	0.3
铬(六价,mg/L)	0.05	锰(mg/L)	0.1
铅(mg/L)	0.01	铜(mg/L)	1.0
汞(mg/L)	0.001	锌(mg/L)	1.0
硒(mg/L)	0.01	氯化物(mg/L)	250
氰化物(mg/L)	0.05	硫酸盐(mg/L)	250
氟化物(mg/L)	1.0	溶解性总固体(mg/L)	1 000
硝酸盐(以 N 计,mg/L)	10	总硬度(以 $CaCO_3$ 计,mg/L)	450
三氯甲烷(mg/L)	0.06	耗氧量(COD_{Mn} 法,以 O_2 计,mg/L)	3
四氯化碳(mg/L)	0.002	挥发酚类(以苯酚计,mg/L)	0.002
溴酸盐(使用臭氧时,mg/L)	0.01	阴离子合成洗涤剂(mg/L)	0.3
甲醛(使用臭氧时,mg/L)	0.9	4. 放射性指标[②]	指导值
亚氯酸盐(使用二氧化氯消毒时,mg/L)	0.7	总 α 放射性(Bq/L)	0.5
氯酸盐(使用复合二氧化氯消毒时,mg/L)	0.7	总 β 放射性(Bq/L)	1

注:①MPN 表示最可能数;CFU 表示菌落形成单位。当水样检出总大肠菌群时,应进一步检验大肠埃希氏菌或耐热大肠菌群;水样未检出总大肠菌群,不必检验大肠埃希氏菌或耐热大肠菌群。

②放射性指标超过指导值,应进行核素分析和评价,判定能否饮用。

表1-10 城市杂用水水质标准

序号	项目		冲厕	道路清扫消防	城市绿化	车辆冲洗	建筑施工
1	pH		6.0～9.0				
2	色(度)	≤	30				
3	嗅		无不快感				
4	浊度(NTU)	≤	5	10	10	5	20
5	溶解性总固体(mg/L)	≤	1 500	1 500	1 000	1 000	—
6	五日生化需氧量(BOD_5)(mg/L)	≤	10	15	20	10	15
7	氨氮(mg/L)	≤	10	10	20	10	20
8	阴离子表面活性剂(mg/L)	≤	1.0	1.0	1.0	0.5	1.0
9	铁(mg/L)	≤	0.3	—	—	0.3	—
10	锰(mg/L)	≤	0.1	—	—	0.1	—
11	溶解氧(mg/L)	≥	1.0				
12	总余氯(mg/L)		接触30 min后≥1.0，管网末端≥0.2				
13	总大肠菌群(个/L)	≤	3				

表1-11 井下消防洒水水质标准

序号	项目	标准
1	悬浮物含量	不超过30 mg/L
2	悬浮物粒度	不大于0.3 mm
3	pH	6～9
4	大肠菌群	不超过3个/L

注：滚筒采煤机、掘进机等喷雾用水的水质除符合表中的规定外，其碳酸盐硬度应不超过3 mmol/L(相当于16.8德国度)。

表1-12 选煤用水水质指标

项目		指标
悬浮物含量	生产清水(mg/L)	不大于400
	循环水(g/L)	50～100
悬浮物粒度(mm)		除洒水除尘采用不大于0.3外，其余不大于0.7
pH		6～9

1.2.12 退水方案

安家庄煤矿废污水主要包括矿井涌水、生活污水和选煤厂煤泥水。

1.2.12.1　**矿井涌水**

根据安家庄矿井勘探期间的水文地质钻孔水质检测资料,安家庄煤矿的矿井涌水主要污染物为煤粉悬浮物(SS)、色度、浊度、细菌、COD及盐分,拟在项目主副井工业场地内设置矿井涌水处理站1座,采用预处理和反渗透深度处理工艺,按照"分级处理、分质回用"原则,对矿井涌水进行综合利用。安家庄煤矿涌水预处理和反渗透深度处理工艺流程见图1-17。

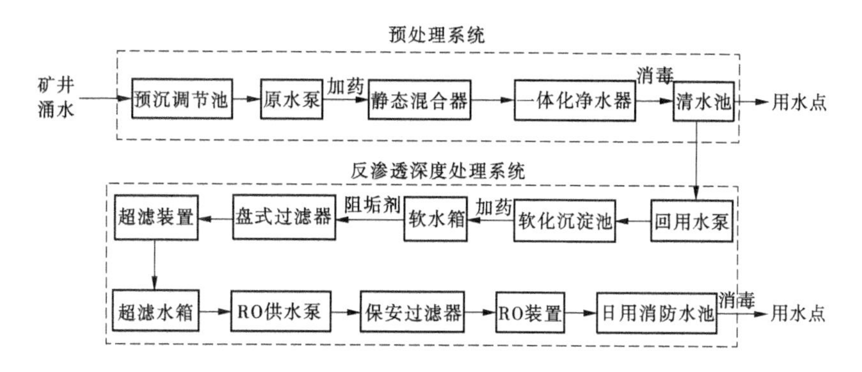

图1-17　安家庄煤矿涌水预处理和反渗透深度处理工艺流程

矿井涌水从井底水仓泵至地面预沉调节池后,经混凝反应、斜管沉淀、多介质过滤等流程处理后,送至清水池,部分回用于对水质要求较低的部门,其余送深度处理系统进行处理,处理后水为软化水,可作为安家庄煤矿各类工业用水使用,经消毒后可以作为生活供水水源;矿井涌水深度处理系统的排水盐分相对较高,但符合《煤炭洗选工程设计规范》(GB 50359—2005)和《煤矿井下消防、洒水设计规范》(GB 50383—2006)所列的水质要求,可以用于选煤厂补水和黄泥灌浆用水。

可研设计安家庄煤矿矿井涌水处理站预处理系统处理规模为300 m^3/h,反渗透系统处理规模为150 m^3/h。

1.2.12.2　**生活污水**

根据可研,安家庄煤矿拟在工业场地设置生活污水处理站,拟采用一体化污水处理设备、二级生物接触氧化法处理生活污水,装置处理规模为60 m^3/h,处理达标后的生活污水全部回用。污水处理过程中产生的少量污泥拟用于改良土壤,为植被生长提供养分。

1.2.12.3　**选煤厂煤泥水**

选煤厂没有废水外排,其中选煤过程中产生的煤泥水采用浓缩、压滤处理工艺处理,产生的清水引入循环水池供生产继续使用;车间内的冲洗地板水,跑、冒、滴、漏水等,均汇入集水池,送浓缩机处理后送入循环水池供生产继续使用。

第 2 章 区域水资源及其开发利用状况

区域水资源分析范围原则上应覆盖取水水源论证范围、取水影响范围和退水影响范围。安家庄井田及取水水源均位于灵台县境内，但考虑到项目地处黄河流域，按照目前水资源管理要求，该区域的水资源开发利用受黄河取水许可控制指标和用水总量红线控制指标的双重约束，为便于分析，对水资源分析范围宜适当放大，故确定安家庄煤矿水资源分析范围为平凉市全境（面积 11 325 km^2），重点分析灵台县（面积 2 038 km^2）。

根据有关规划和收集资料情况，结合安家庄煤矿建设进度计划，选取 2014 年为现状水平年，2021 年为规划水平年。

本章主要依据各级水资源公报、《平凉市水资源综合规划》（黄河勘测规划设计有限公司，2014 年）、《平凉市水利统计年报》（平凉市水务局，2009～2014 年）、《平凉市水资源调查评价报告》（甘肃省水文水资源局，2014 年）及黄河可供耗水量年度分配及非汛期水量调度计划（水利部，2008～2014 年）等资料进行水资源开发利用分析。

2.1 分析范围内基本情况

2.1.1 自然地理

平凉市位于甘肃省东部，地处陕、甘、宁三省（区）交会处，地理坐标介于东经108°30′～107°45′，北纬 34°54′～35°43′，横跨陇山（关山），东邻陕西咸阳，西连甘肃定西、白银，南接陕西宝鸡和甘肃天水，北倚宁夏固原和甘肃庆阳，全市总土地面积 11 325 km^2。

灵台县位于平凉市东南部，位于东经 107°00′～107°51′，北纬 35°54′～35°14′，东南与陕西省长武、彬县、麟游、千阳、陇县接壤，西连崇信，北与泾川县毗邻，总辖区面积 2 038 km^2。

2.1.2 地形地貌

平凉市地形东西狭长，六盘山脉的关山纵贯本市中部，东部属陇东黄土高原，西部属陇西黄土高原。西部的庄浪、静宁两县属陇中黄土丘陵沟壑区，处于渭河流域的葫芦河上游，海拔 1 340～2 858 m；东部的崆峒、泾川、灵台、崇信、华亭等 5 县（区）属陇东黄土高原沟壑区，海拔 890～2 748 m。六盘山最高峰桃木山海拔 2 857 m。平凉市地形地貌图见图 2-1。

平凉市境内地形地貌景观受着晚、近期构造运动和地层岩性的控制，根据其不同成因类型及地貌形态特征，大致分为 6 个区，分别是侵蚀构造中山区、中低山丘陵区、黄土梁峁丘陵区、黄土塬沟壑区、黄土残塬区和河谷川台区。

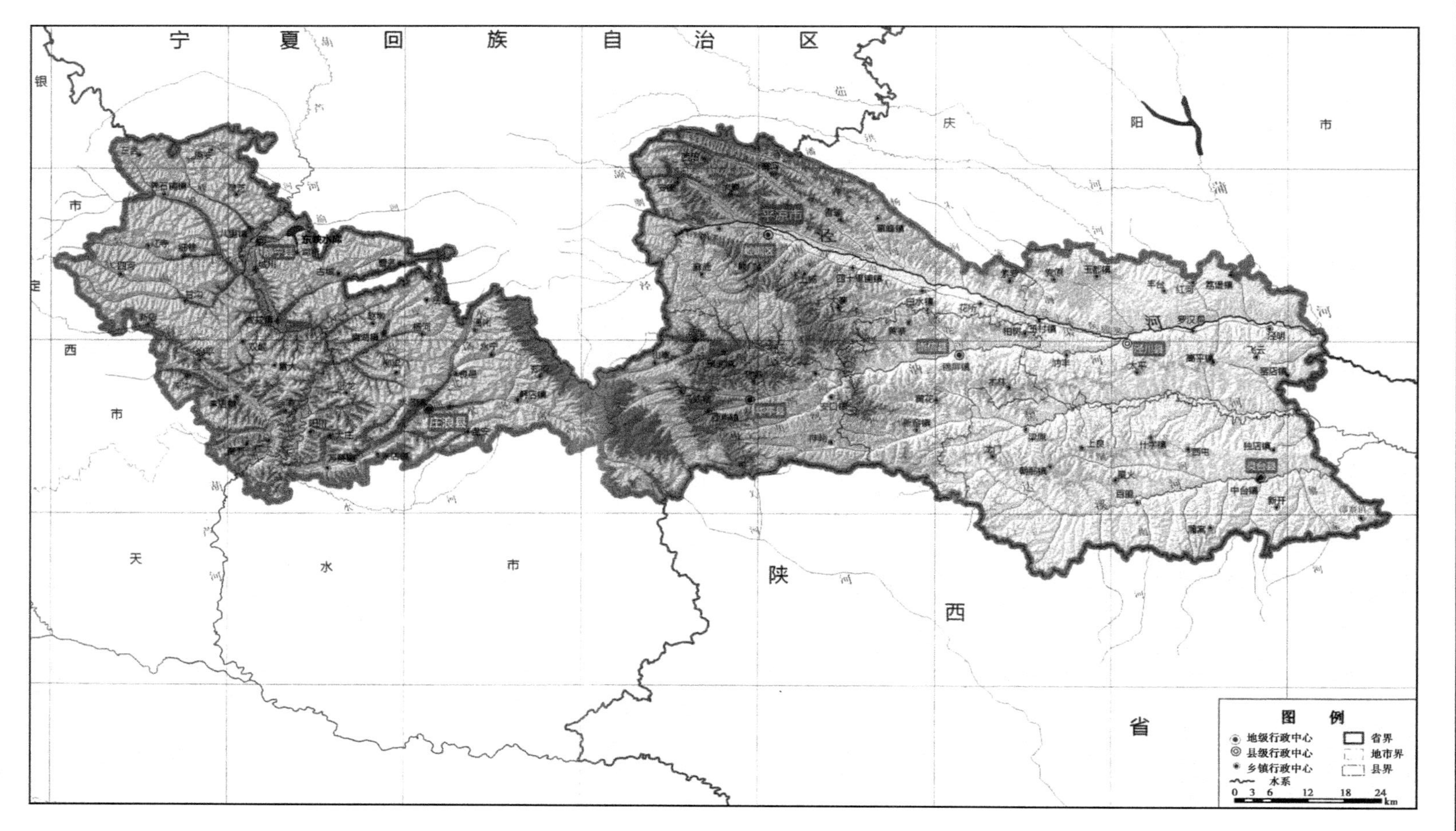

图 2-1　平凉市地形地貌图

灵台县地势自西北向东南倾斜,整体地貌为黄土塬沟壑区,又细分为山丘区、旱山区、河谷川台区和旱塬区四个类型,其中河谷川台区主要分布在达溪河和黑河及其支流两岸,是灵台县粮食作物的高产区。

2.1.3 气候特征

平凉市地处内陆腹地,受大陆性季风气候影响,属陇中南部温带半湿润气候,春旱少雨,夏、秋季多东南风,且雨量多而集中,冬季多西北风,干旱少雨雪。受地形、地貌影响,六盘山—关山一带东西两侧气候差异性大,阴山、阳山,林地、裸地的小气候各有区别。根据气候划分,平凉市西部和东北部为半干旱区,中部和东南部为半湿润区。

平凉市年均气温7.3~10.1 ℃。全年7月气温最高,平均为19.6~19.9 ℃;1月气温最低,平均为-4.0~-7.0 ℃;极端最高气温39.3 ℃(1966年6月19日,泾川县),极端最低气温为-25.7 ℃(1975年12月15日,静宁县)。积温的分布规律为:平面上经向、纬向差异甚微,垂直分布变化较大,海拔越高,积温越低。

平凉市日照充足,年日照时数2 139~2 380 h,太阳总辐射119.97~130.78 kcal/cm^2。日照百分率随海拔的变化而变化,海拔1 000~1 300 m,日照百分率随海拔的增加而减少;海拔1 800 m以上,日照百分率迅速增加。

平凉市无霜期为142~190 d,最早初霜日期是10月14日,最晚终霜日期是4月23日。

平凉市1956~2011年多年平均降水量534.1 mm(灵台县561.2 mm),四季降水量分布很不均匀,冬春雨水少,年降水量主要集中在6~9月,占到全年降水量的69.4%。受地理位置、地形等因素影响,降水的区域分布较明显,总的趋势是自东向西、自南向北递减,六盘山、关山东麓、灵台的低山丘陵区和林区降水量较大,河谷区域较小,全市以六盘山为界,分东、西两个不同的降水区域,东部泾河流域降水多于西部葫芦河流域。平凉市多年平均降水量等值线图见图2-2。

平凉市多年平均水面蒸发量863.3 mm(灵台县827.5 mm),其中泾河流域847.4 mm,葫芦河流域892.6 mm,水面蒸发的区域分布与降水量的相反,由南向北、自东向西逐渐增加,山区蒸发量最小,沟谷平原区大。静宁县多年平均蒸发量最大,为923.4 mm;华亭县地属关山山区,植被覆盖程度高,多年平均蒸发量最小,为680.6 mm。平凉市多年平均水面蒸发量等值线图见图2-3。

平凉市干旱指数为1.1~2.0(灵台县1.47),平均为1.6。其中,崆峒、崇信、华亭、灵台、泾川等5县(区)变化不大,平均为1.3,属于半湿润地区;庄浪县平均为1.6,静宁县高达2.0,属于半干旱区。

2.1.4 河流水系及水利工程

平凉市属黄河流域的渭河和泾河水系,较大河流有泾河、葫芦河。其中,泾河的主要支流有颉河、汭河、黑河、达溪河;渭河水系主要有千河、葫芦河及支流水洛河、庄浪河、南河等。平凉市河流水系及水文站点分布示意图见图2-4。

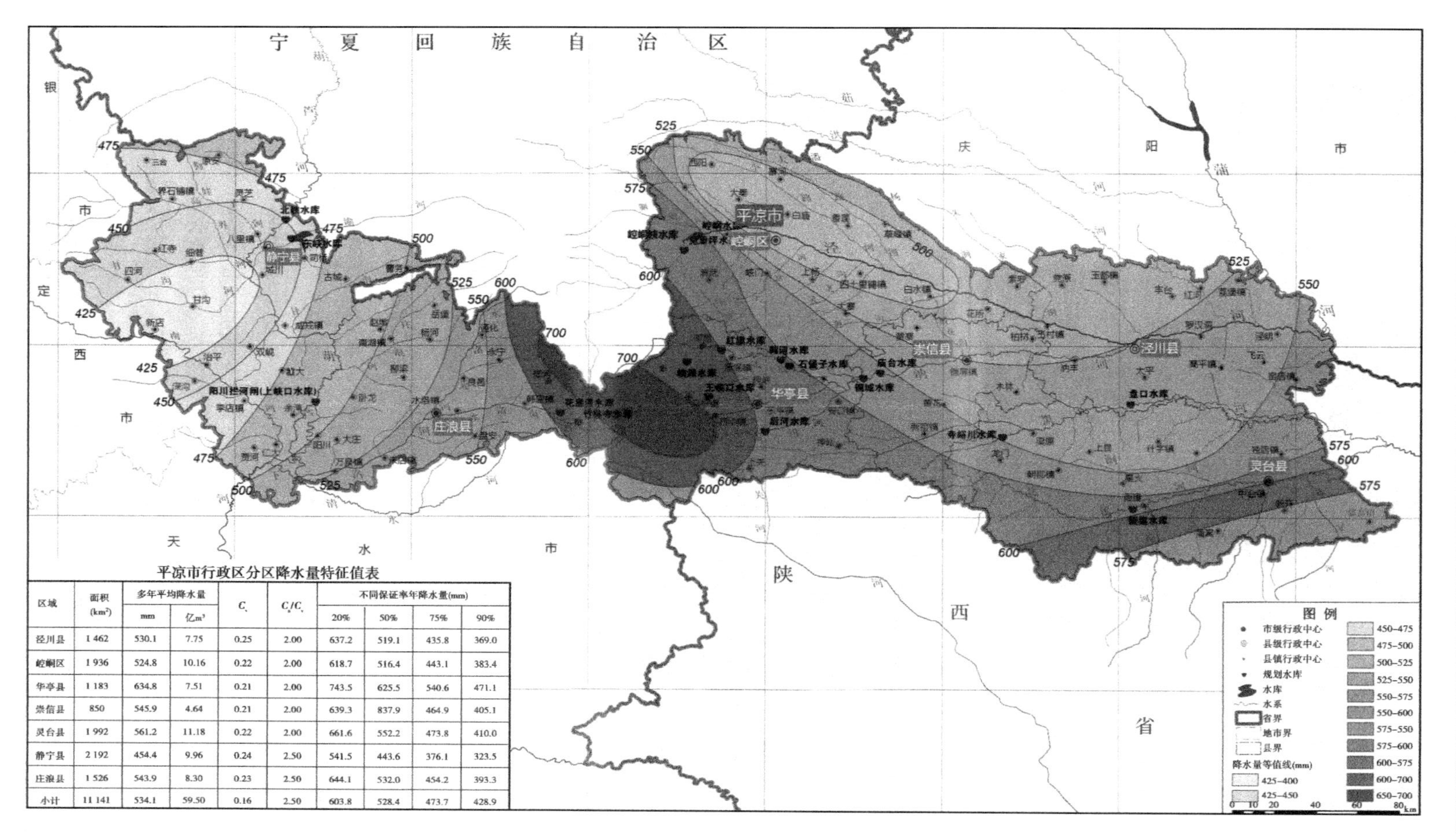

平凉市行政区分区降水量特征值表

区域	面积(km^2)	多年平均降水量		C_v	C_s/C_v	不同保证率年降水量(mm)			
		mm	亿m^3			20%	50%	75%	90%
泾川县	1 462	530.1	7.75	0.25	2.00	637.2	519.1	435.8	369.0
崆峒区	1 936	524.8	10.16	0.22	2.00	618.7	516.4	443.1	383.4
华亭县	1 183	634.8	7.51	0.21	2.00	743.5	625.5	540.6	471.1
崇信县	850	545.9	4.64	0.21	2.00	639.3	837.9	464.9	405.1
灵台县	1 992	561.2	11.18	0.22	2.00	661.6	552.2	473.8	410.0
静宁县	2 192	454.4	9.96	0.24	2.50	541.5	443.6	376.1	323.5
庄浪县	1 526	543.9	8.30	0.23	2.50	644.1	532.0	454.2	393.3
小计	11 141	534.1	59.50	0.16	2.50	603.8	528.4	473.7	428.9

图 2-2　平凉市多年平均降水量等值线图

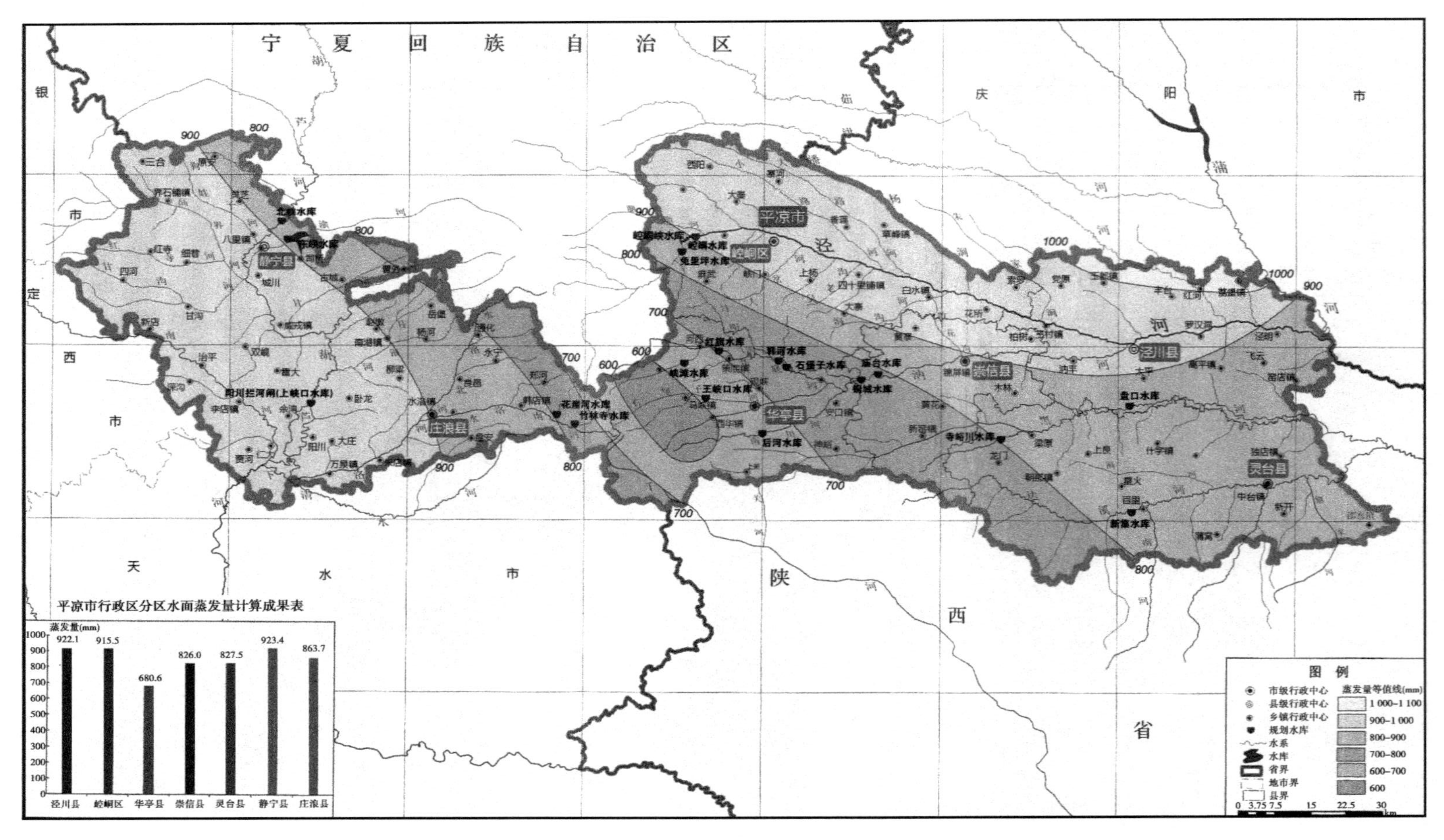

图 2-3　平凉市多年平均水面蒸发量等值线图

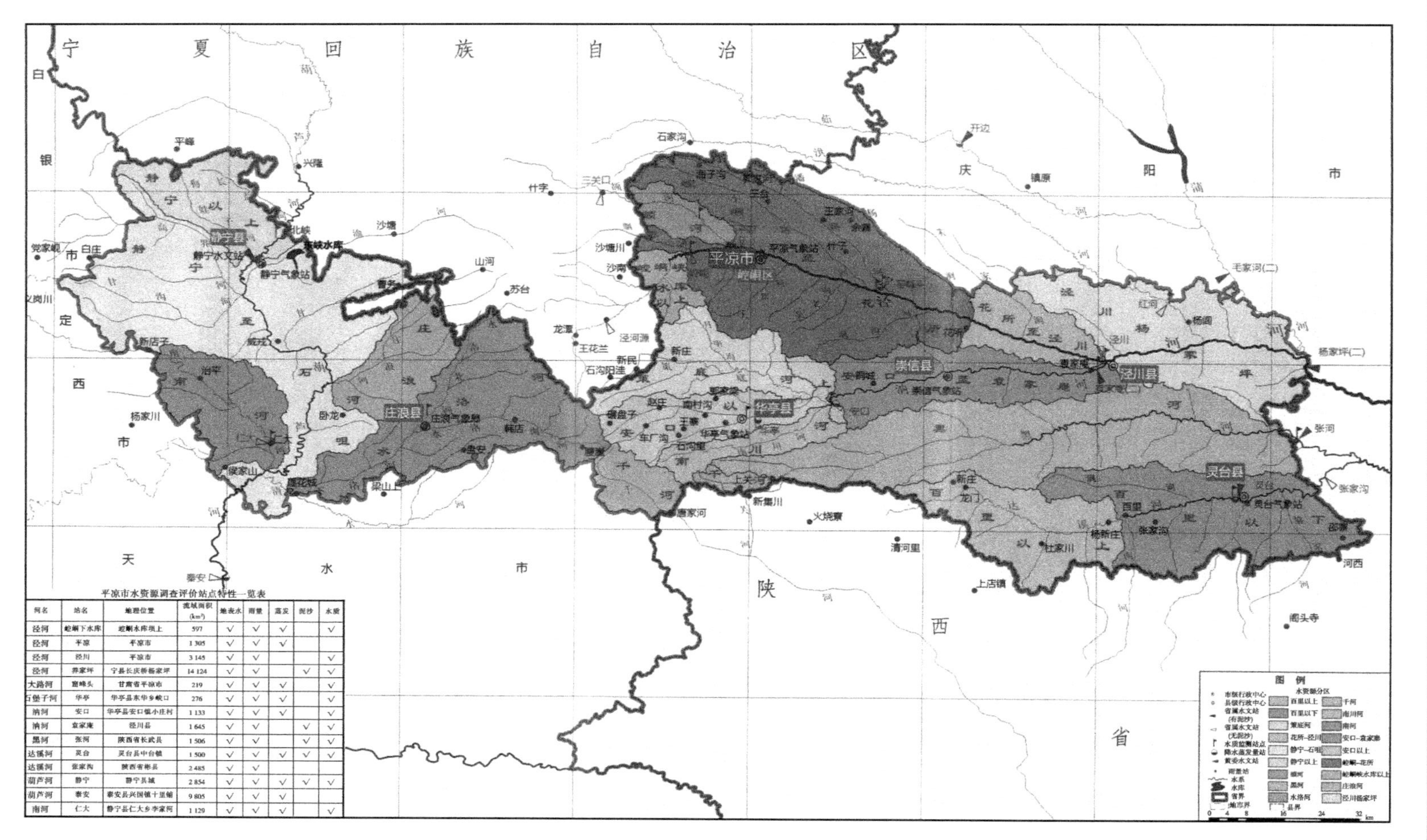

平凉市水资源调查评价站点特性一览表

河名	站名	地理位置	流域面积 (km^2)	地表水	雨量	蒸发	泥沙	水质
泾河	崆峒下水库	崆峒水库坝上	597	√	√	√		√
泾河	平凉	平凉市	1 305	√	√	√		
泾河	泾川	平凉市	3 145	√	√			√
泾河	杨家坪	宁县长庆桥杨家坪	14 124	√	√		√	√
大路河	窑峰头	甘肃省平凉市	219	√	√	√		√
石堡子河	华亭	华亭县东华乡峡口	276	√	√	√		√
汭河	安口	华亭县安口镇小庄村	1 133	√	√	√		√
汭河	袁家庵	泾川县	1 645	√	√		√	√
黑河	张河	陕西省长武县	1 506	√	√		√	√
达溪河	灵台	灵台县中台镇	1 500	√	√	√	√	√
达溪河	张家沟	陕西省彬县	2 485	√	√			
葫芦河	静宁	静宁县城	2 854	√	√	√	√	√
葫芦河	秦安	秦安县兴国镇十里铺	9 805	√	√	√		
南河	仁大	静宁县仁大乡李家河	1 129	√	√	√		√

图 2-4　平凉市河流水系及水文站点分布示意图

2.1.4.1 渭河水系

1. 葫芦河

葫芦河属渭河水系一级支流，发源于宁夏回族自治区西吉县月亮山，河源高程 2 550 m，由北向南流经静宁、庄浪两县入秦安汇入渭河。河流全长 300.6 km，流域面积 10 730 km^2，河床平均比降 2.93‰。河流在本市内河长 68.5 km，控制流域面积 3 708.21 km^2，多年平均径流量 1.69 亿 m^3，多年平均输沙量 904.2 万 t。

2. 水洛河

水洛河属葫芦河的一级支流，在庄浪县城以上分为南洛河和北洛河，县城以下汇合后称为水洛河。南洛河发源于六盘山西侧关山梁灶火沟，河长 31.5 km，流域面积 325.7 km^2；北洛河发源于六盘山西麓宁夏回族自治区隆德县苏家台子，由苏家台子流入庄浪毛沟李家中庄，河长 31 km，流域面积 277.9 km^2。南、北水洛河在庄浪县城汇合后经朱店、万泉与清水河汇合注入葫芦河。水洛河全长 92 km，总流域面积 905.7 km^2，其中本市境内河长 89.5 km，流域面积 899.25 km^2。多年平均径流量 0.78 亿 m^3，多年平均输沙量 296.4 万 t 。

3. 庄浪河

庄浪河属葫芦河的一级支流，渭河二级支流，发源于六盘山西侧的宁夏回族自治区隆德县奠安乡大漫坡一带，经庄浪南湖于阳川乡上峡汇入葫芦河。河长 41 km，流域面积 460.5 km^2，其中本市境内河长 28.3 km，流域面积 339.18 km^2。多年平均径流量 0.15 亿 m^3，多年平均输沙量 149.0 万 t。

4. 南河

南河属葫芦河一级支流，渭河二级支流，发源于通渭县侯川乡，经中庄乡进入静宁县新店乡，在仁大乡汇入葫芦河。河长 90 km，流域面积 1 236 km^2，其中本市境内面积 422.67 km^2。多年平均径流量 0.16 亿 m^3，多年平均输沙量 160.8 万 t。

5. 千河

千河为渭河一级支流，发源于华亭县马峡乡燕麦河村长沟，由麻庵乡南庄流入陕西省，上游有较大支流麻庵河汇入。河流全长 167 km，流域面积 3 508 km^2，其中本市境内河长 7.5 km，流域面积 212.51 km^2。多年平均径流量 0.40 亿 m^3，多年平均输沙量 18.1 万 t。

2.1.4.2 泾河水系

1. 泾河干流

泾河干流发源于六盘山东麓宁夏回族自治区泾源县泾河源乡老龙潭以上的山坡，河源处海拔 2 850 m 左右，河流由西南流向东北，经崆峒区、泾川县，在长庆桥以下 4 km 处进入陕西省，干流全长 455 km，流域总面积 45 421 km^2，总落差 1 517 m。在甘肃境内干流全长 179.3 km，在平凉境内干流长 132 km，杨家坪断面控制流域面积 14 124 km^2，河道平均比降 1.86‰，多年平均径流量 7.22 亿 m^3，其中平凉市自产水资源量为 1.64 亿 m^3，多年平均输沙量 773.8 万 t。

2. 颉河

颉河属泾河的一级支流，发源于宁夏六盘山东麓固原县境内，在泾源县蒿店乡以东的苋麻湾进入平凉市，经平凉市安国乡至八里桥汇入泾河。河流全长 50.5 km，河口控制流域面积406 km^2。平凉市境内河长22 km,流域面积137.39 km^2,河道平均比降12.9‰。三关口多年平均径流量0.26亿 m^3,年均输沙量17.5万t。

3. 汭河

汭河属泾河的一级支流,发源于六盘山山脉的关山一带,由华亭县境内的南川河、西华河、黎明河、砚峡河、策底河等支流汇合,流经华亭小庄子及崇信县,于泾川县城处汇入泾河。河源处海拔2 600 m左右,河流全长116.9 km,河道平均比降5.27‰,河口控制流域面积1 568.37 km^2,袁家庵断面多年平均径流量1.73亿 m^3,多年平均输沙量216.8万t。

4. 黑河

黑河属泾河的一级支流,发源于关山脚下华亭县的上关乡黑鹰垧,流经崇信、灵台、泾川三县,于响河进入陕西省长武县,至长武县亭口镇流入泾河,河源海拔1 800 m左右,河流长135 km,控制流域面积1 506 km^2,境内河长104 km,流域面积1 406.82 km^2,河道平均比降3.44‰,多年平均径流量0.70亿 m^3。黑河上游在华亭、崇信县境内,森林茂密,梢林草坡植被较好,河流含沙量较小,多年平均输沙量596万t。

5. 达溪河

达溪河属黑河的一级支流,发源于陕西省陇县北部百里,流经崇信县南部,灵台县龙门,至灵台县黑牛沟出境进入陕西省,在长武县河川口汇入黑河。河源海拔1 440 m,河长104 km,流域面积2 485 km^2;平凉市境内河长80 km,流域面积1 386.44 km^2,河道平均比降2.73‰,多年平均自产径流量0.54亿 m^3。达溪河流域地处本市南部阴湿山区,降雨充足,气候湿润,植被覆盖率高,河流含沙量小,多年平均输沙量122万t。

2.1.4.3　水利工程

截至2014年底,平凉市累计建成各类水利工程2 735项,其中中、小型水库35座,塘坝10座,总库容1.87亿 m^3;泵站15座;配套机电井2 112眼;中、小型灌区54处,累计发展有效灌溉面积54.58万亩。

2.1.5　水文地质

根据平凉市境内地层岩性及地貌单元,地下水大体分为河谷沟谷砂砾卵石孔隙潜水、黄土梁峁丘陵孔隙裂隙潜水、黄土塬孔隙裂隙潜水、基岩裂隙潜水、构造裂隙承压水和碳酸盐类岩溶水等6种类型。

2.1.5.1　河谷沟谷砂砾卵石孔隙潜水

砂砾卵石孔隙潜水主要分布于泾河、汭河、达溪河、黑河、颉河、洪河、葫芦河、水洛河、庄浪河、清水河、高界河、甘沟河、南河、甘渭河等河谷与较大沟谷的一、二级阶地,以及华亭关山前洪积扇地区。这些河谷沟谷分布范围是市境内地下水最丰富、开采最有利的含水区域。

2.1.5.2　黄土梁峁丘陵孔隙裂隙潜水

黄土梁峁丘陵孔隙裂隙潜水分布于平凉市广大梁峁丘陵地区。由于沟谷的切割,地表支离破碎,被分割成无数个独立的水文地质单元。如黄土涧、黄土坪、黄土壕沟及黄土掌形洼地等,这类地貌特别是黄土掌形洼地,是黄土梁峁丘陵地区地下水相对富集地段。

平凉市水文地质工程局于2006年、2008年、2010年，在崆峒区西阳回族乡火连湾村、南湾村、高粱村和上马村钻探水源管井5眼，井深分别为192 m、196 m、200 m、208 m、212 m，单井出水量大于500 m^3/d。潜水主要由大气降水补给，其次是上游沟谷地表流补给及与塬区相连的部分接收塬区潜水补给。

2.1.5.3　黄土塬孔隙裂隙潜水

黄土塬孔隙裂隙潜水主要分布于六盘山以东的崆峒、泾川、灵台、崇信4县(区)。塬面普遍覆盖5~10 m厚的马兰黄土，具大孔隙，垂直裂隙发育，透水性强；其下伏为中更新统离石黄土，是孔隙裂隙潜水的主要含水层。含水层埋深总的规律是：较大的塬水位埋深浅，较小的塬水位深；同一塬，其中心部位水位浅，四周及边缘地带水位深。

2.1.5.4　基岩裂隙潜水

平凉市境内普遍出露的基岩地层自老至新有三叠系、侏罗系、白垩系、新第三系等。基岩潜水赋存在上述各地质时代岩层的风化裂隙中，补给来源主要是大气降水。潜水的径流途径较短，一般数百米到2 000 m，以泉的形式在冲沟沟头排泄。单泉流量多为0.01~0.5 L/s，动态变化比较大，分布也不均匀。

2.1.5.5　构造裂隙承压水

构造裂隙承压水除庄浪、静宁两县很少外，六盘山以东5县(区)普遍赋存。承压水主要赋存于三叠系、侏罗系、白垩系下统及新第三系各套岩层之中。

2.1.5.6　碳酸盐类岩溶水

碳酸盐类岩溶水集中分布于崆峒区西北部安国—西阳一带及华亭县马峡—野狐峡一带，赋存于震旦系、寒武系和奥陶系碳酸盐岩中，赋水空间主要由岩溶裂隙构成。岩溶水的补给主要来源于大气降水。

2.1.6　社会经济

平凉市共辖泾川、灵台、崇信、华亭、庄浪、静宁等6个县和崆峒区。2014年平凉市总人口209.23万人，其中城镇人口72.12万人，农村人口137.11万人，城镇化率为34.5%；灵台县总人口23.34万人，其中非农业人口2.60万人，占总人口的11.1%。

2.1.6.1　国内生产总值

根据统计资料，现状年2014年平凉市国民生产总值(GDP)350.52亿元，其中，第一产业增加值85.07亿元，第二产业增加值134.30亿元，第三产业增加值131.15亿元，产业结构比例为24:38:37。

2014年，灵台县实现地区生产总值(GDP)29.53亿元，其中，第一产业增加值11.50亿元，第二产业增加值8.06亿元，第三产业增加值9.97亿元，三次产业结构比例调整为39:27:34。

2.1.6.2　工业生产

2014年，平凉市工业增加值为110.77亿元；灵台县工业增加值为4.0亿元。

2.1.6.3　农业生产

2014年年末，平凉市耕地面积555.86万亩，有效灌溉面积54.58万亩，实际灌溉面积47.98万亩，粮食总产量101.06万t，牲畜总量156.58万头。

2014 年年末，灵台县粮食播种面积 74 万亩，粮食总产量 19.43 万 t，水果产量为 6.03 万 t，保灌面积达到 4.72 万亩，大牲畜存栏 11.65 万头。

2.2　水资源状况

2.2.1　地表水资源

2.2.1.1　地表水资源量

根据《平凉市水资源综合规划》，平凉市 1956～2011 年平均自产地表水资源量 6.47 亿 m^3，折合径流深 58.0 mm；灵台县平均自产水资源量 7 770 万 m^3，折合径流深 39.0 mm。平凉市行政分区自产水资源量见表 2-1，多年平均径流深等值线图见图 2-5。

表 2-1　平凉市行政分区自产水资源量

区域	面积（km^2）	多年平均自产水资源量		C_v	C_s/C_v	不同频率年径流量（万 m^3）			
		mm	万 m^3			20%	50%	75%	95%
灵台县	1 992	39.0	7 770	0.67	3.00	10 931	6 165	4 066	2 847
平凉市	11 141	58.0	64 665	0.55	3.00	88 387	55 382	38 737	26 432

2.2.1.2　地表水资源时空分布特征

平凉市的主要产水区集中在六盘山附近，从径流深分布来看，总的分布趋势是中部山区大，西部黄土台区小，向西（或向东北）递减，等值线走向多呈南北走向。全市多年平均径流深为 17.1～162.1 mm，其中葫芦河干流区间为 17.1～70.3 mm，为径流低值区，六盘山山区高达 200 mm 以上，为径流深高值区，高值区与低值区相差 6 倍以上，年径流深的地区分布很不均匀。

自 20 世纪 50 年代以来，全市自产水资源量总体呈减少趋势。1956～2011 年全市平均自产水资源量 6.47 亿 m^3，2000～2011 年全市平均自产水资源量 5.36 亿 m^3，较多年平均值仍减少了 17.2%。与全市变化相应，泾河流域和渭河流域水资源量总体也呈减少趋势，只是渭河流域减少幅度大于泾河流域。

受季风气候的影响，径流的年内变化与降水量变化基本一致，呈现年内高度集中、季节性变化明显的特点，年径流量主要集中在 7～10 月，占全年径流量的 61.7%，并且多集中在 7～9 月，占全年径流量的 50.9%；3～6 月径流量占全年径流量的 21.4%，11 月至翌年 2 月径流量仅占全年径流量的 16.9%。非汛期径流量很小，可利用量少，洪水期径流量大，无法利用，是当地径流的显著特点。

2.2.1.3　出、入境地表水资源量

按照 1956～2011 年同步期径流系列计算，平凉市多年平均天然入境水资源量为5.91 亿 m^3，多年平均出境水资源量为 11.36 亿 m^3。

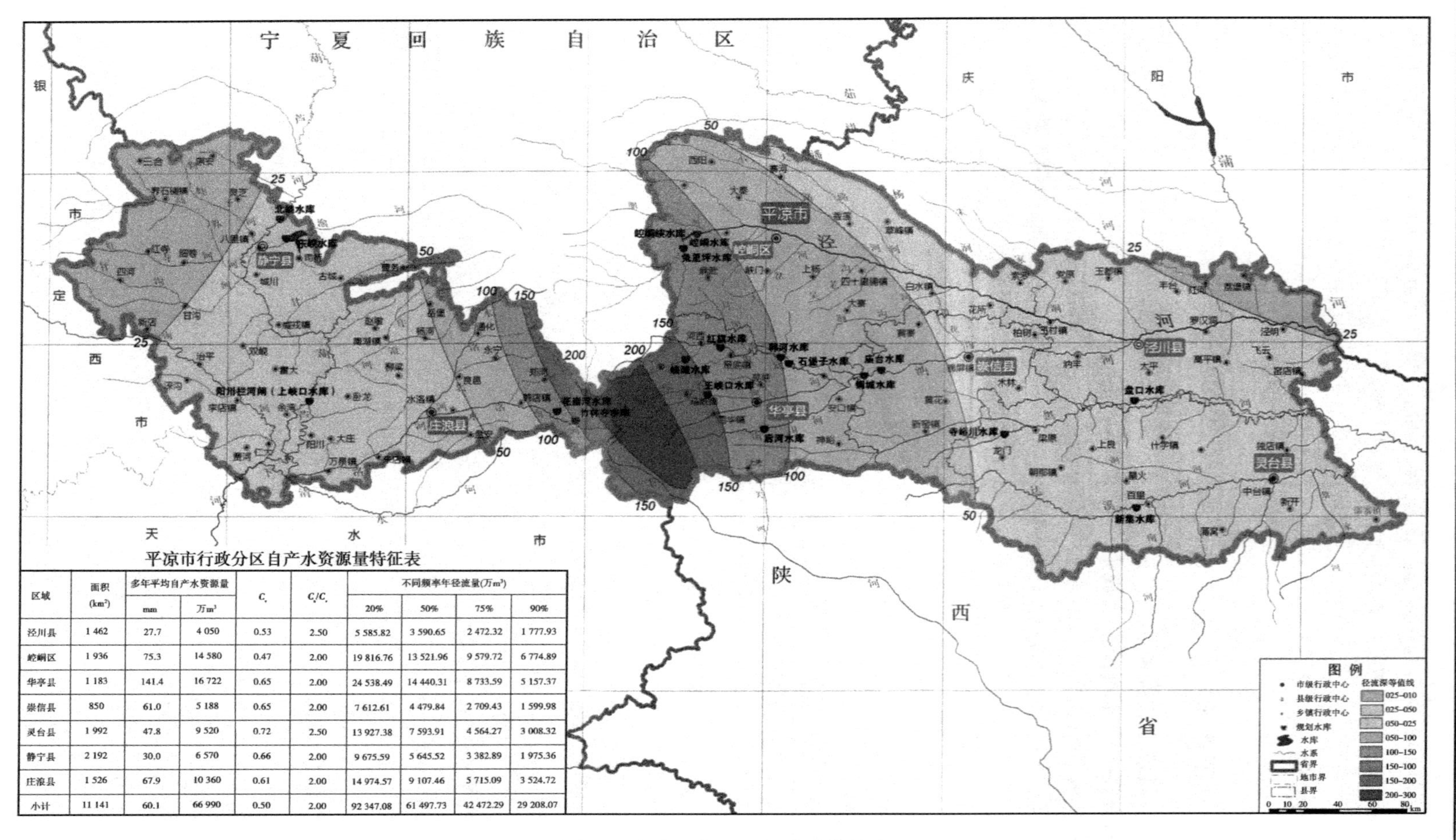

平凉市行政分区自产水资源量特征表

区域	面积 (km²)	多年平均自产水资源量		C_v	C_s/C_v	不同频率年径流量(万m³)			
		mm	万m³			20%	50%	75%	90%
泾川县	1 462	27.7	4 050	0.53	2.50	5 585.82	3 590.65	2 472.32	1 777.93
崆峒区	1 936	75.3	14 580	0.47	2.00	19 816.76	13 521.96	9 579.72	6 774.89
华亭县	1 183	141.4	16 722	0.65	2.00	24 538.49	14 440.31	8 733.59	5 157.37
崇信县	850	61.0	5 188	0.65	2.00	7 612.61	4 479.84	2 709.43	1 599.98
灵台县	1 992	47.8	9 520	0.72	2.50	13 927.38	7 593.91	4 564.27	3 008.32
静宁县	2 192	30.0	6 570	0.66	2.00	9 675.59	5 645.52	3 382.89	1 975.36
庄浪县	1 526	67.9	10 360	0.61	2.00	14 974.57	9 107.46	5 715.09	3 524.72
小计	11 141	60.1	66 990	0.50	2.00	92 347.08	61 497.73	42 472.29	29 208.07

图 2-5 平凉市多年平均径流深等值线图

2.2.2　地下水资源量

2.2.2.1　地下水类型及赋存区域

平凉市地下水主要类型有河谷沟谷砂砾卵石孔隙潜水、黄土梁峁丘陵孔隙裂隙潜水、黄土塬孔隙裂隙潜水、基岩裂隙潜水和构造裂隙承压水五种类型。山丘区地下水丰富，开发利用难度较大；平原区地下水主要赋存于泾河河谷、静宁河谷、李店河谷、葫芦河谷、庄浪河谷、什字塬、玉都塬、高平塬、三合塬、白庙塬与草峰塬等河谷盆地和黄土塬区。

2.2.2.2　地下水动态变化特征

平凉市地下水主要靠降水补给，正常情况下地下水随降水量和开采量的季节性变化呈周期性变化。每年11月至翌年2月，气温低，蒸发量、降水量、开采量都较小，地下水位相对稳定；3～5月春灌期间，降水量较少，地表径流较小，地下水开采量大，地下水位大幅度下降，到6月上中旬出现最低水位；进入雨季之后，随着降水的增加，地下水受到补给，水位普遍大幅度回升，到秋后的10～11月达到全年的最高水位，并渐趋平稳。近年来随着城镇化建设和工业快速发展，大量开采利用地下水资源，地下水位整体呈现下降态势。

2.2.2.3　地下水资源量

根据《平凉市水资源综合规划》，近期下垫面条件下，平凉市1956～2011年地下水资源量3.57亿m^3，其中山丘区地下水资源量为2.36亿m^3，平原区地下水资源量为1.59亿m^3，重复计算量为3.00亿m^3，不重复计算量为0.57亿m^3；山丘区资源量中河川基流量为2.18亿m^3，平原区资源量中总补给资源量为1.59亿m^3。

平凉市行政分区地下水资源量评价成果见表2-2。平凉市地下水评价类型分布示意图见图2-6。

表2-2　平凉市行政分区地下水资源量评价成果

区域	总面积(km^2)	山丘区			山间河谷区			计算分区地下水资源量(万m^3)	地下水与地表水间重复计算量(万m^3)	水资源分区不重复地下水资源量(万m^3)
		计算面积(km^2)	河川基流量(万m^3)	地下水资源量(万m^3)	计算面积(km^2)	总补给量(万m^3)	地下水资源量(万m^3)			
灵台县	1 992	1 944.00	4 583.58	4 622.24	48.00	514.93	514.93	5 082.81	4 767.04	315.77
平凉市	11 141	10 269.98	21 752.35	23 552.75	871.04	15 937.29	15 854.87	35 693.23	30 034.58	5 658.65

2.2.3　水资源总量

根据《平凉市水资源综合规划》，平凉市1956～2011年系列平均水资源总量7.04亿m^3，折合产水深63.1 mm，产水模数6.31万$m^3/(km^2 \cdot a)$，其中地表水资源量6.47亿m^3，不重复地下水资源量0.57亿m^3。

灵台县平均水资源总量为0.81亿m^3，产水模数4.06万$m^3/(km^2 \cdot a)$，其中地表水资源量0.78亿m^3，不重复地下水资源量0.03亿m^3。平凉市水资源总量计算成果见表2-3、表2-4。

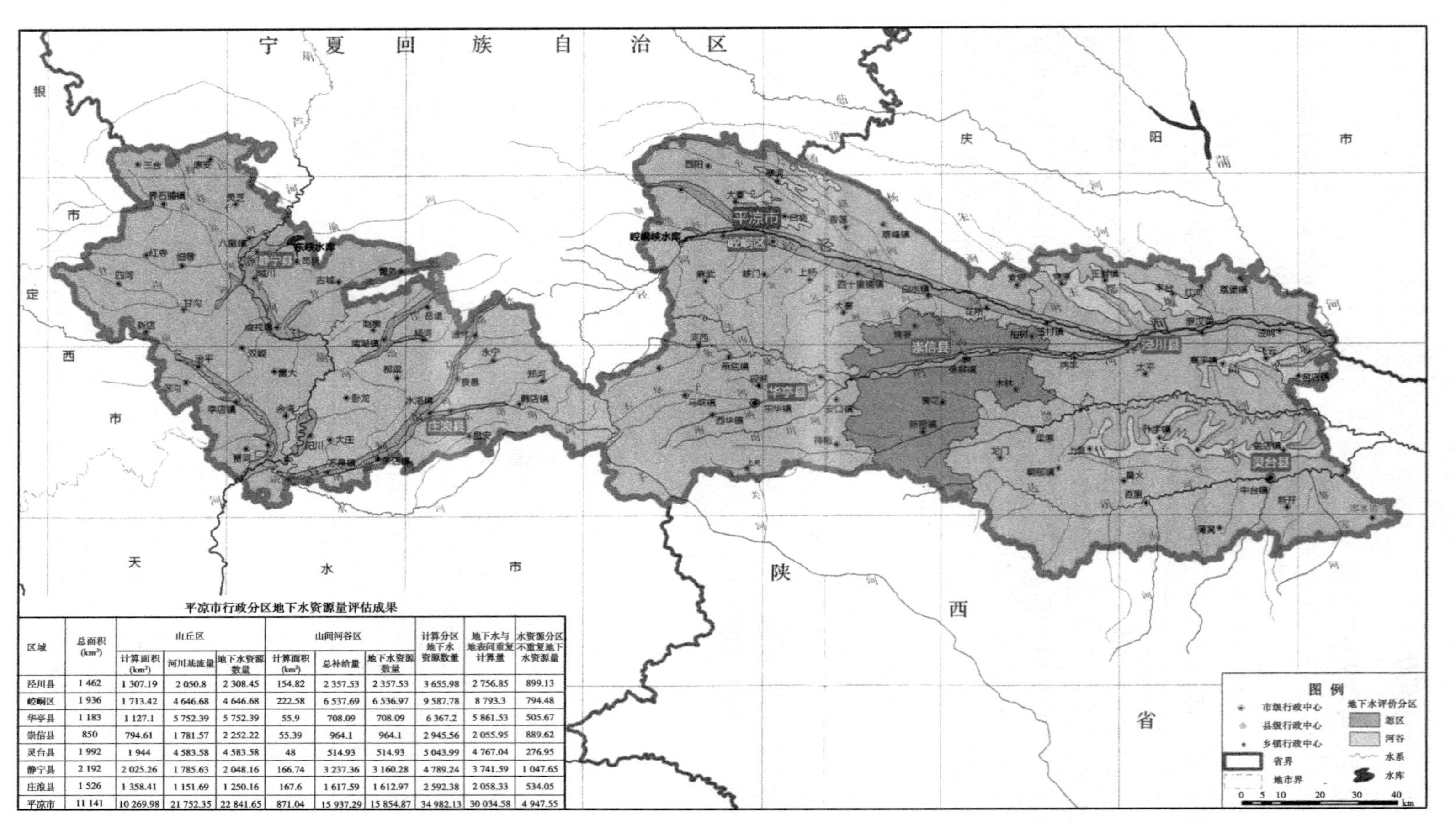

平凉市行政分区地下水资源量评估成果

区域	总面积 (km²)	山丘区			山间河谷区			计算分区地下水资源数量	地下水与地表间重复计算量	水资源分区不重复地下水资源量
		计算面积 (km²)	河川基流量	地下水资源数量	计算面积 (km²)	总补给量	地下水资源数量			
泾川县	1 462	1 307.19	2 050.8	2 308.45	154.82	2 357.53	2 357.53	3 655.98	2 756.85	899.13
崆峒区	1 936	1 713.42	4 646.68	4 646.68	222.58	6 537.69	6 536.97	9 587.78	8 793.3	794.48
华亭县	1 183	1 127.1	5 752.39	5 752.39	55.9	708.09	708.09	6 367.2	5 861.53	505.67
崇信县	850	794.61	1 781.57	2 252.22	55.39	964.1	964.1	2 945.56	2 055.95	889.62
灵台县	1 992	1 944	4 583.58	4 583.58	48	514.93	514.93	5 043.99	4 767.04	276.95
静宁县	2 192	2 025.26	1 785.63	2 048.16	166.74	3 237.36	3 160.28	4 789.24	3 741.59	1 047.65
庄浪县	1 526	1 358.41	1 151.69	1 250.16	167.6	1 617.59	1 612.97	2 592.38	2 058.33	534.05
平凉市	11 141	10 269.98	21 752.35	22 841.65	871.04	15 937.29	15 854.87	34 982.13	30 034.58	4 947.55

图 2-6　平凉市地下水评价类型分布示意图

表2-3　平凉市水资源总量计算成果

区域	面积（km^2）	降水量总量（亿 m^3）	地表水资源量（亿 m^3）	地下水资源量（亿 m^3）	不重复地下水资源量（亿 m^3）	水资源总量（亿 m^3）	产水系数	产水模数（万 m^3/（km^2·a））
灵台县	1 992	11.18	0.78	0.51	0.03	0.81	0.07	4.06
平凉市	11 141	59.5	6.47	3.57	0.57	7.04	0.12	6.31

表2-4　平凉市水资源总量特征值成果

区域	面积（km^2）	总量（万 m^3）	C_v	C_s/C_v	不同频率水资源总量（万 m^3）			
					20%	50%	75%	95%
灵台县	1 992	8 086	0.67	3.00	11 247	6 481	4 382	3 163
平凉市	11 141	70 352	0.55	3.00	94 046	61 041	44 396	32 090

2.2.4　地表水资源质量

2.2.4.1　天然水化学类型

平凉市地表水天然水化学类型分布具有规律性，河流天然水质水化学类型除葫芦河静宁、葫芦河郭罗、南河仁大属硫酸盐类外，其他多数河流水质水化学类型均属重碳酸盐类，即葫芦河静宁、葫芦河郭罗、南河仁大等断面均为 $S_{Ⅱ}^{Na}$型，天然水质较差；泾河崆峒峡水库、泾河八里桥、汭河安口、石堡子河华亭、水洛河庄浪水化学类型均为 $C_{Ⅱ}^{Ca}$型；下颉河、泾河盘旋路、泾河长庆桥、洪河乡、达溪河灵台水化学类型为 $C_{Ⅱ}^{Mg}$型；泾河平镇桥、汭河圣母桥水化学类型为 $C_{Ⅲ}^{Ca}$型；泾河泾川水化学类型为 $C_{Ⅲ}^{Mg}$型；大路河窑峰头、黑河张河桥水化学类型为 $C_{Ⅰ}^{Na}$型，天然水质较好。

2.2.4.2　入河排污口调查

根据2014年《甘肃省水资源公报》，平凉市境内入河排污口80个，废污水年入河总量为2 839万t。其中，水功能区工业企业排污口39个，生活排污口24个，混合排污口17个。根据甘肃省水文水资源局提供的资料，80个入河排污口中，其中泾河有9个，达溪河有4个，石堡子河有20个，葫芦河有26个，水洛河有9个，黑河有12个。2014年平凉市入河排污口统计一览表见表2-5。

2.2.4.3　水功能区水质达标评价

1. 水功能区划分及水质监测覆盖率

根据2013年1月甘肃省人民政府批复的《甘肃地表水水功能区划（2012～2030年）》，平凉市境内水功能一级区22个（保护区3个、保留区4个、开发利用区9个、缓冲

表 2-5 2014 年平凉市入河排污口统计一览表

行政区名称	水资源分区名称			排污口统计(个)				入河污水量(万 t)	入河主要污染物(t)	
				废污水性质			小计		化学需氧量	氨氮
	一级区	二级区	三级区	工业	生活	混合				
平凉市	黄河区	龙门至三门峡	渭河宝鸡峡以上	10	12	14	36	—	—	—
			泾河张家山以上	29	12	3	44	—	—	
合计				39	24	17	80	2 839	8 925	1 092

区 6 个),总河长 1 095.5 km(平凉境内 1 045.9 km);水功能二级区 10 个,总河长 633.3 km。平凉市共有 23 个水功能区(9 个开发利用区划分为 10 个二级水功能区),布设水质监测断面的有 23 个,水功能区水质监测覆盖率 100%。平凉市地表水功能区划一览表见表 2-6、示意图见图 2-7。

表 2-6 平凉市地表水功能区划一览表

序号	水系	河流	水功能一级区名称	水功能二级区名称	范围		长度(km)	水质目标
					起始断面	终止断面		
1	泾河	泾河	泾河宁甘缓冲区		白面镇	崆峒峡	22.5	Ⅲ
2	泾河	泾河	泾河甘肃开发利用区	泾河崆峒、泾川工业、农业用水区	崆峒峡	泾川桥	75.5	Ⅲ
3	泾河	泾河	泾河甘肃开发利用区	泾河泾川、宁县农业用水区	泾川桥	长庆桥	59.5	Ⅲ
4	泾河	泾河	泾河甘陕缓冲区		长庆桥	胡家河村	43.1	Ⅲ
5	泾河	小路河	小路河崆峒保留区		源头	入泾河口	45.0	Ⅲ
6	泾河	大路河	大路河崆峒保留区		源头	入泾河口	45.0	Ⅲ
7	泾河	汭河	汭河华亭源头水保护区		源头	蒲家庆	25.0	Ⅱ
8	泾河	汭河	汭河华亭、崇信、泾川开发利用区	汭河华亭、崇信、泾川农业用水区	蒲家庆	入泾河口	70.0	Ⅲ

续表 2-6

序号	水系	河流	水功能一级区名称	水功能二级区名称	范围		长度(km)	水质目标
					起始断面	终止断面		
9	泾河	石堡子河	石堡子河华亭开发利用区	石堡子河华亭工业、农业用水区	源头	入汭河口	36.0	Ⅲ
10	泾河	洪河	洪河镇原、泾川保留区		惠沟	入泾河口	117.0	Ⅲ
11	泾河	黑河	黑河华亭源头水保护区		源头	神峪	23.0	Ⅲ
12	泾河	黑河	黑河华亭、崇信、灵台、泾川开发利用区	黑河华亭、崇信、灵台、泾川农业用水区	神峪	梁河	100.8	Ⅲ
13	泾河	黑河	黑河甘陕缓冲区		梁河	达溪河入口	30.0	Ⅲ
14	泾河	达溪河	达溪河崇信、灵台开发利用区	达溪河崇信、灵台工业、农业用水区	源头	灵台	67.0	Ⅲ
15	泾河	达溪河	达溪河甘陕缓冲区		灵台	甘陕省界	17.0	Ⅲ
16	渭河	葫芦河	葫芦河宁甘缓冲区		玉桥	静宁水文站	11.7	Ⅲ
17	渭河	葫芦河	葫芦河静宁、庄浪、秦安、秦城开发利用区	葫芦河静宁、庄浪工业、农业用水区	静宁水文站	高家峡	93.0	Ⅲ
18	渭河	葫芦河	葫芦河静宁、庄浪、秦安、秦城开发利用区	葫芦河静宁、秦安、秦城工业、农业用水区	高家峡	入渭口	85.0	Ⅲ
19	渭河	渝河	渝河宁甘缓冲区		联财	南坡	11.0	Ⅲ
20	渭河	渝河	渝河静宁开发利用区	渝河静宁饮用、工业、农业用水区	南坡	入葫芦河口	12	Ⅲ
21	渭河	南河	南河通渭、静宁保留区		源头	入葫芦河口	85.0	Ⅲ
22	渭河	水洛河	水洛河庄浪源头水保护区		源头	良邑	33.0	Ⅱ
23	渭河	水洛河	水洛河庄浪、静宁开发利用区	水洛河庄浪、静宁农业用水区	良邑	入清水河口	44.6	Ⅲ

2. 水功能区水质达标情况评价

根据甘肃省水文水资源局提供的 2014 年监测数据，对平凉市境内常规监测的 14 个水功能区和调查的 9 个水功能区按照水质目标进行评价，共评价 23 个水功能区，达标 10 个，达标率 43.5%；本次评价河长 1 045.9 km，达标 498.0 km，达标率 47.6%。2014 年平凉市地表水功能区水质达标情况评价结果见表 2-7 和图 2-8。

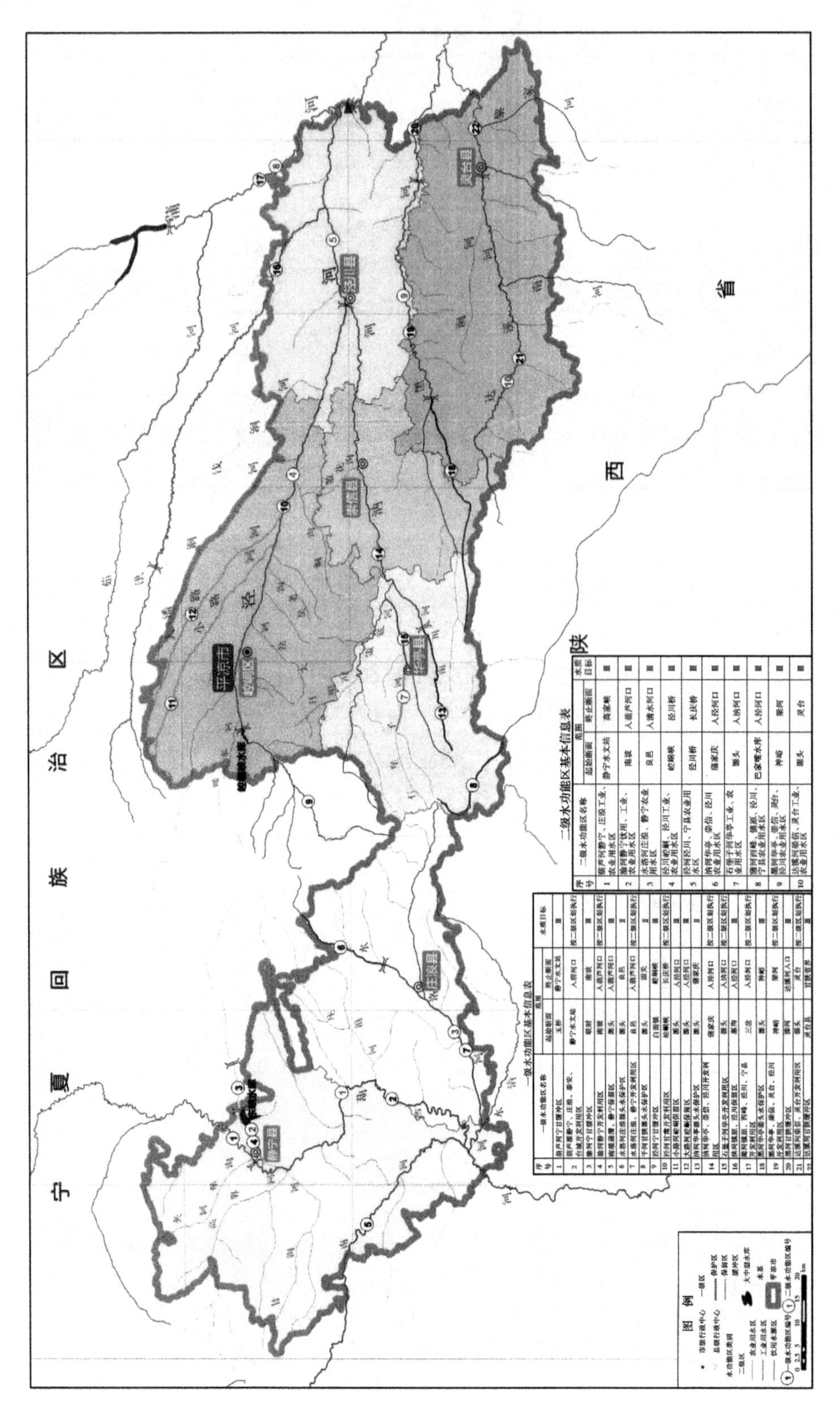

图 2-7 平凉市地表水功能区划示意图

表 2-7　2014 年平凉市不同类型水功能区达标统计

水功能区类别		按水功能区个数统计			按水功能区河长统计		
一级区	二级区	总数	达标个数	达标率（%）	总河长（km）	达标河长（km）	达标率（%）
保护区		3	3	100	81.0	81.0	100
保留区		4	3	75.0	292	207.0	70.9
缓冲区		6	2	33.3	85.7	27.2	31.7
小计		13	8	61.5	458.7	315.2	68.7
开发利用区	饮用水水源区	1	0	0	0	0	0
	工业用水区	5	1	20.0	314.9	82.0	26.0
	农业用水区	4	1	25.0	260.3	100.8	38.7
小计		10	2	20.0	587.2	182.8	31.1
合计		23	10	43.5	1 045.9	498.0	47.6

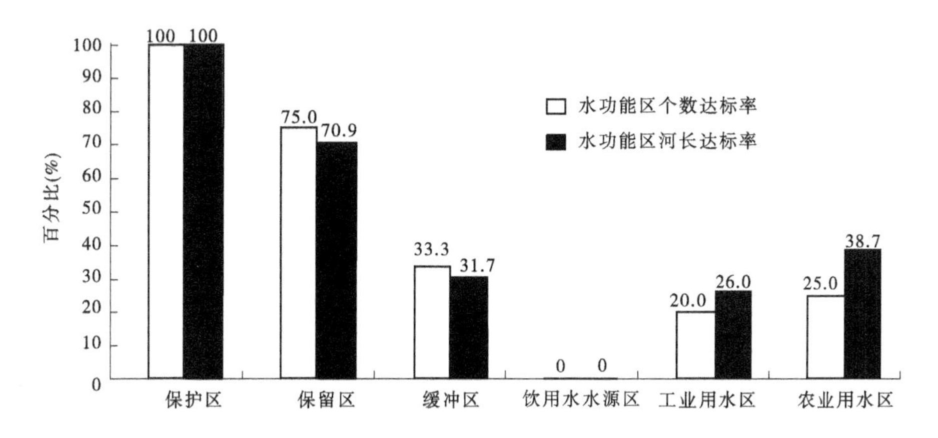

图 2-8　2014 年平凉市地表水功能区达标率示意图

2.2.5　地下水资源质量

平凉市地下水水质受地质单元和含水岩性影响较大。

在黄土塬区，陇东黄土塬区潜水径流畅通，水质较好，矿化度小于 0.5 g/L，为 HCO_3—Ca · Mg 型水；陇西黄土梁峁丘陵区潜水受黄土中原始含盐量的影响，矿化度较黄土塬区潜水升高，矿化度一般为 0.5 ~ 2.0 g/L，水化学类型主要为 HCO_3—Na · Ca、HCO_3—Mg · Na、HCO_3 · SO_4—Na · Mg 型。

在河谷地带，陇东地区的泾河及其支流汭河、黑河、达溪河河谷区潜水水质均较好，矿化度小于1.0 g/L,为HCO_3—Ca·Mg型水;陇西地区的葫芦河、高界河、甘沟河河谷潜水水质相对较差,水化学类型为HCO_3·SO_4—Na·Mg型、HCO_3·SO_4—Na型,矿化度一般为1.0~2.0 g/L,李店河、庄浪河及水洛河潜水水质相对较好,矿化度为0.3~1.0 g/L,水化学类型一般为HCO_3—Ca·Na型。

白垩系保安群与六盘山群地下水质,在补给区水质均较好,矿化度一般小于1 g/L,水化学类型为HCO_3—Ca·Mg型、HCO_3·SO_4—Na型和HCO_3·SO_4—Ca·Na型,在东部排泄区长庆桥一带矿化度为2~3 g/L,水化学类型变为SO_4—Na型和SO_4·Cl—Na型。

岩溶水补给条件较好、径流畅通、水量交替较快,水质较好,矿化度一般在0.2~1.0 g/L,水化学类型为HCO_3·SO_4—Ca·Mg·Na型、HCO_3—Ca型和HCO_3—Ca·Mg型。基岩裂隙水水质良好,矿化度为0.2~0.5 g/L,水化学类型为HCO_3—Ca或HCO_3—Ca·Mg型。

2.3 水资源开发利用现状分析

2.3.1 供水工程与供水量

2.3.1.1 平凉市供水工程和近5年供水量统计

1.供水工程概况

平凉市供水工程包括地表水供水工程、地下水供水工程及非常规水源利用工程。其中,地表水供水工程包括水库蓄水工程、引水工程、提水工程;地下水供水工程包括规模以上机电井、深层承压井;非常规水源利用工程包括再生水利用工程和雨水集蓄利用工程。

截至2014年底,平凉市累计建成各类水利工程2 735项,其中,中、小型水库35座,塘坝10座,总库容1.87亿m^3;泵站15座;配套机电井2 112眼;中、小型灌区54处,累计发展有效灌溉面积54.58万亩。

截至2014年底,平凉市已建成污水处理厂2座,日处理能力7万m^3,全市年污水处理再利用量约763万m^3,主要用于城市绿化和道路喷洒;已建成集雨工程16.5万处,主要包括农村水窖、雨水调蓄池等,总容积472万m^3,现状集雨量主要用于缺水地区人畜饮水和零散地块的农作物灌溉。

2.供水量统计

对2010~2014年《甘肃省水资源公报》中平凉市供水数据进行统计,2010~2014年平凉市平均供水量为32 979万m^3。其中,地表水供水量为20 845万m^3,地下水供水量为10 344万m^3,污水回用量为728万m^3,雨水利用量为1 062万m^3。

现状年2014年平凉市总供水量为31 519万m^3。其中,地表水供水量为19 267万m^3,地下水供水量为10 719万m^3,污水回用量为763万m^3,雨水利用量为770万m^3。

近5年平凉市供水量统计见表2-8,近5年平凉市各类供水工程供水量统计示意图见图2-9,近5年平凉市各类供水工程平均供水比例示意图见图2-10。

表 2-8　近 5 年平凉市供水量统计　(单位:亿 m³)

年份	地表水源供水量				地下水源供水量				其他水源供水量			总供水量
	蓄水	引水	提水	小计	浅层水	深层水	微咸水	小计	污水回用	雨水利用	小计	
2010	1.170 2	0.741 6	0.268 0	2.179 8	1.090 3	0	0	1.090 3	0.038 4	0.044 4	0.082 8	3.352 9
2011	1.171 1	0.806 4	0.268 2	2.245 7	1.065 3	0	0	1.065 3	0.038 5	0.044 4	0.082 9	3.393 9
2012	1.175 1	1.165 6	0.269 2	2.609 9	1.118 0	0	0	1.118 0	0.038 7	0.044 7	0.083 4	3.811 3
2013	0.536 6	0.633 5	0.290 0	1.460 1	0.799 6	0.027 0	0	0.826 6	0.172 3	0.320 4	0.492 7	2.779 4
2014	0.772 3	0.828 8	0.325 6	1.926 7	1.062 9	0.009 0	0	1.071 9	0.076 3	0.077 0	0.153 3	3.151 9
平均	0.965 1	0.835 2	0.284 2	2.084 5	1.027 2	0.007 2	0	1.034 4	0.072 8	0.106 2	0.179 0	3.297 9

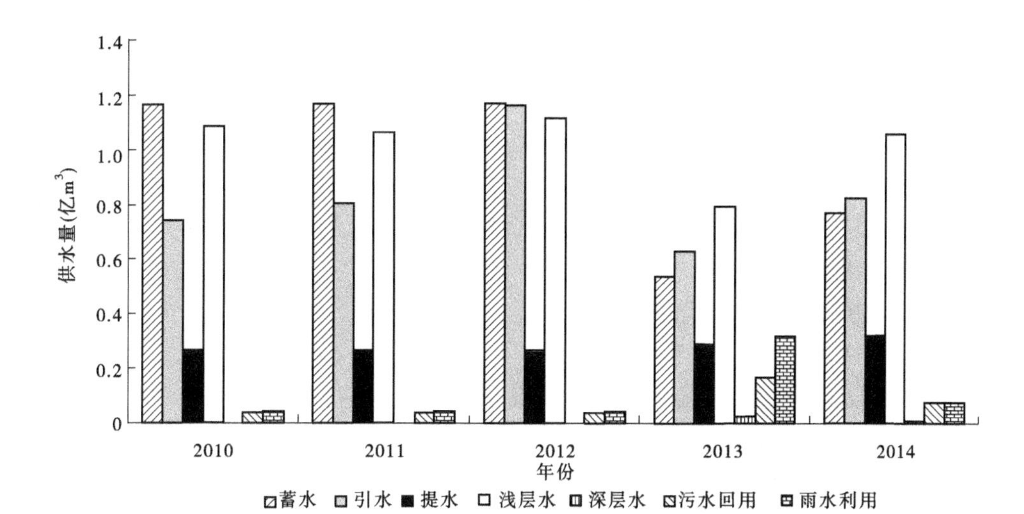

图 2-9　近 5 年平凉市各类供水工程供水量统计示意图

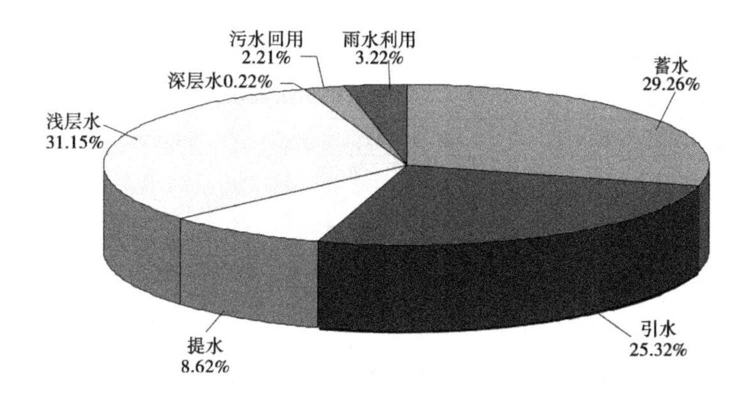

图 2-10　近 5 年平凉市各类供水工程平均供水比例示意图

2.3.1.2　灵台县供水工程和近 5 年供水量统计

1. 供水工程概况

据 2014 年《灵台县水利统计年报》,截至 2014 年底,全县共有人饮工程 11 处,蓄水工程6处,引水工程10处,机电提灌站32座,机井工程57眼,集雨水窖32 690眼。

截至2014年,全县主要农村饮水安全工程有11处。其中,从达溪河流域取水的有4处,分别为中台坷台、上良西张、星火罗家坡、邵寨黎家河农村饮水安全工程;从黑河流域河道取水的有1处,为梁原农村饮水安全工程;地下水工程3处,分别是百里、邵寨吴家什字、新开农村饮水安全工程;从水库(水池)提水工程有3处,分别为蒲窝、什字、西屯白草坡农村饮水安全工程。这11处农村饮水工程现状总供水量为427万m^3。

蓄水工程分别为达溪河流域的湫子沟水库、任家坡水库,黑河流域的蒋家沟水库、龙王沟水库、东夏水库、北庄水库,都是以灌溉为主、兼防洪功能的小型水库,总库容179万m^3,兴利库容114.4万m^3,设计供水能力258万m^3,由于水库淤积严重,现状实际供水量仅为70万m^3。

灵台县主要引水灌溉工程有10处,现状年实际供水量923.54万m^3,其中千亩以上2处,分别是达溪河灌区引水工程、黑河流域梁原横渠灌区引水工程,设计引水规模分别为0.8 m^3/s、2 m^3/s,现状实际供水量分别为276万m^3、138万m^3。

全县共建成机电提灌站32座,装机51台2 748.5 kW,设计年供水能力542.58万m^3,现状实际供水量436.4万m^3。

全县共有机电井57眼,集雨水窖32 381个,现状实际供水量391.60万m^3,集雨水窖现状实际供水量为11.20万m^3。

灵台县水利工程分布示意图见图2-11。

2. 供水量统计

对2010~2014年《灵台县水利统计年报》供水数据进行统计,2010~2014年灵台县平均供水量为1 850.83万m^3,其中地表水供水量为1 432.85万m^3,地下水供水量为392.71万m^3,雨水利用量为11.26万m^3。

现状年2014年灵台县总供水量为1 832.74万m^3,其中地表水供水量为1 429.94万m^3,地下水供水量为391.60万m^3,雨水利用量为11.20万m^3。

近5年灵台县供水量统计见表2-9,近5年灵台县各类供水工程供水量统计示意图见图2-12,近5年灵台县各类供水工程平均供水比例示意图见图2-13。

表2-9 近5年灵台县供水量统计 (单位:万m^3)

年份	地表水源供水量				地下水源供水量				其他水源供水量			总供水量
	蓄水	引水	提水	小计	浅层水	深层水	微咸水	小计	污水回用	雨水利用	小计	
2010	70	956.81	398.90	1 425.71	390.01	0	0	390.01	0	11.20	11.20	1 896.92
2011	70	966.95	403.13	1 440.08	394.88	0	0	394.88	0	11.32	11.32	1 846.28
2012	70	982.07	409.44	1 461.51	402.15	0	0	402.15	0	11.50	11.50	1 875.16
2013	70	984.54	352.49	1 407.03	384.91	0	0	384.91	0	11.10	11.10	1 803.04
2014	70	923.54	436.40	1 429.94	391.60	0	0	391.60	0	11.20	11.20	1 832.74
平均	70	962.78	400.07	1 432.85	392.71	0	0	392.71	0	11.26	11.26	1 850.83

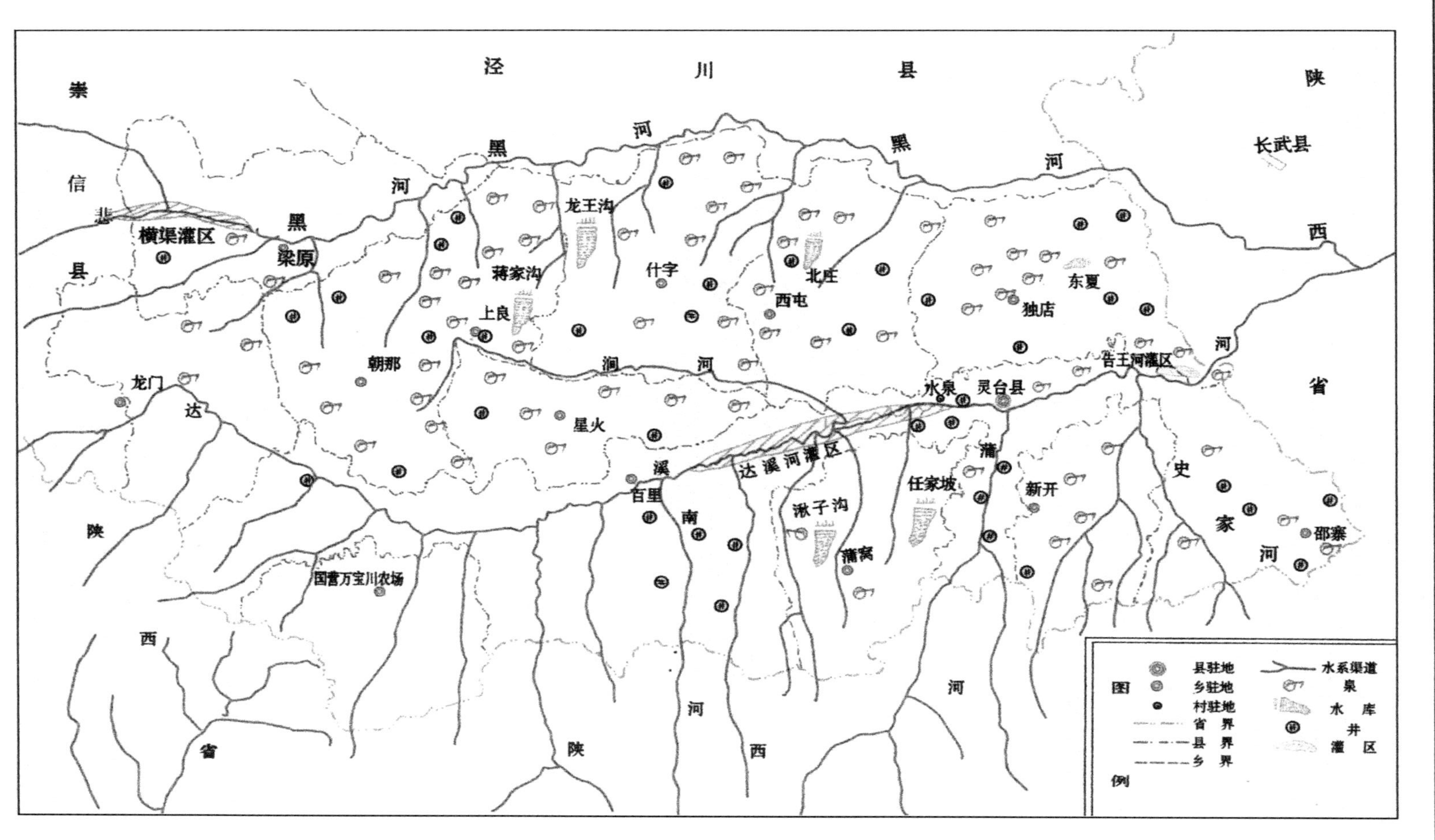

图 2-11　灵台县水利工程分布示意图

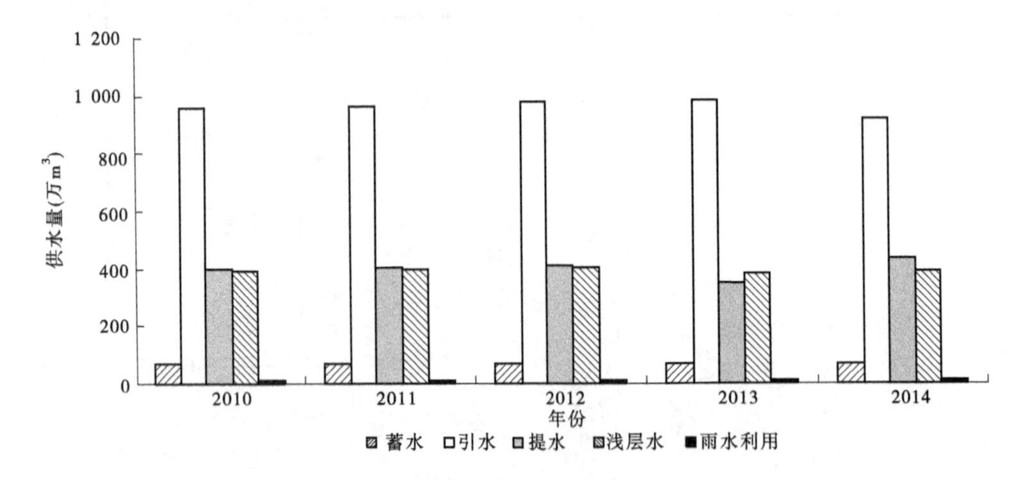

图 2-12　近 5 年灵台县各类供水工程供水量统计示意图

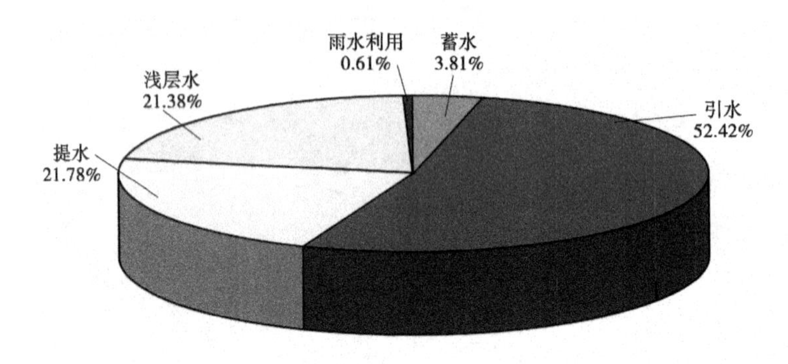

图 2-13　近 5 年灵台县各类供水工程平均供水比例示意图

2.3.2　取水量和用水结构

2.3.2.1　平凉市近 5 年取水量和用水结构分析

经统计,2010～2014 年平凉市平均用水量为 32 979 万 m³,其中农田灌溉用水量为 16 017万 m³,林牧渔畜用水量为 1 663 万 m³,工业用水量为 8 611 万 m³,城镇公共用水量 1 378万 m³,居民生活用水量为 4 545 万 m³,生态环境用水量为 765 万 m³。

现状年 2014 年平凉市总用水量为 31 519 万 m³,其中农田灌溉用水量为 13 934 万 m³,林牧渔畜用水量为 2 153 万 m³,工业用水 8 830 万 m³,城镇公共用水量 2 022 万 m³,居民生活用水 3 716 万 m³,生态环境用水 864 万 m³。

近 5 年平凉市用水统计见表 2-10,各业用水量示意图见图 2-14,近 5 年平凉市各业平均用水比例示意图见图 2-15。

2.3.2.2　灵台县近 5 年取水量和用水结构分析

经统计,2010～2014 年灵台县平均用水量为 1 850. 82 万 m³,其中农田灌溉用水量为 1 350. 10万 m³,工业用水量为 126. 52 万 m³,城镇生活用水量为 68. 94 万 m³,乡村生活用水量为 284. 26 万 m³,生态环境用水量为 7 万 m³。

表2-10　近5年平凉市用水统计　（单位：亿 m^3）

年份	农田灌溉	林牧渔畜	工业	城镇公共	居民生活	生态环境	合计
2010	1.880 4	0.144 4	0.635 2	0.111 6	0.510 5	0.070 8	3.352 9
2011	1.856 6	0.133 6	0.713 8	0.109 6	0.510 5	0.069 8	3.393 9
2012	1.856 6	0.131 0	1.130 0	0.111 7	0.512 1	0.069 9	3.811 3
2013	1.021 5	0.207 3	0.943 3	0.154 1	0.367 6	0.085 6	2.779 4
2014	1.393 4	0.215 3	0.883 0	0.202 2	0.371 6	0.086 4	3.151 9
平均	1.601 7	0.166 3	0.861 1	0.137 8	0.454 5	0.076 5	3.297 9

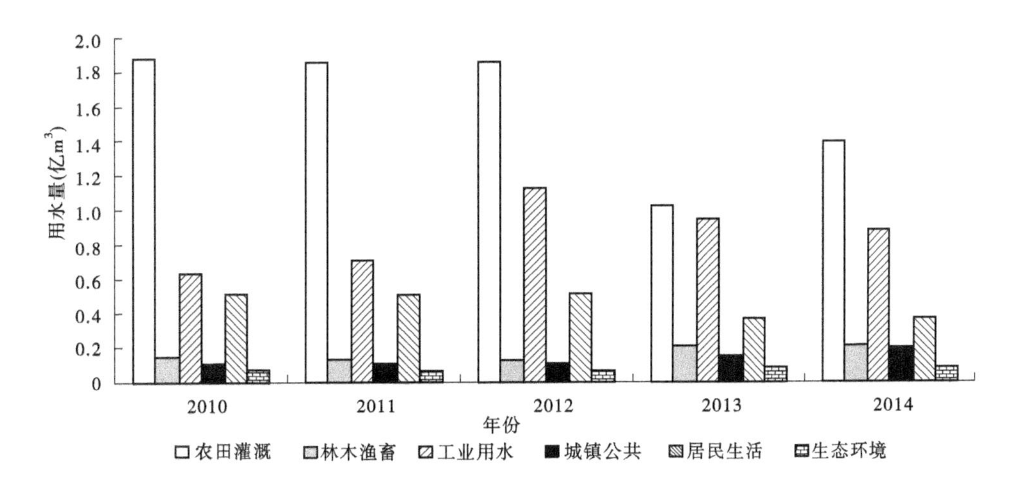

图2-14　近5年平凉市各业用水量示意图

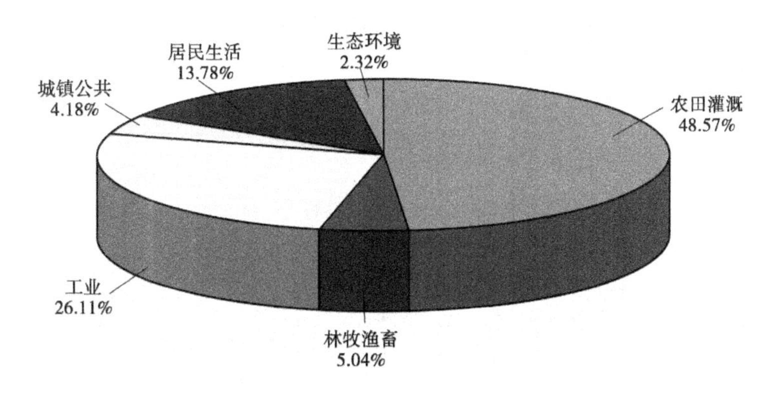

图2-15　近5年平凉市各业平均用水比例示意图

现状年2014年灵台县总用水量为1 832.74万 m^3，其中农田灌溉用水量为1 329.7万 m^3，工业用水量为124万 m^3，城镇生活用水量为80万 m^3，乡村生活用水量为292.04万 m^3，生态环境用水量为7万 m^3。近5年灵台县用水统计见表2-11，近5年灵台县各业用水量示意图见图2-16，近5年灵台县各业平均用水比例示意图见图2-17。

表 2-11　近 5 年灵台县用水统计　（单位：万 m^3）

年份	农田灌溉	工业	城镇生活	乡村生活	生态环境	合计
2010	1 397	132.61	98.70	261.61	7	1 896.92
2011	1 377	132	43	287.28	7	1 846.28
2012	1 377	132	43	316.15	7	1 875.15
2013	1 289.8	112	80	314.24	7	1 803.04
2014	1 329.7	124	80	292.04	7	1 832.74
平均	1 354.1	126.52	68.94	294.26	7	1 850.82

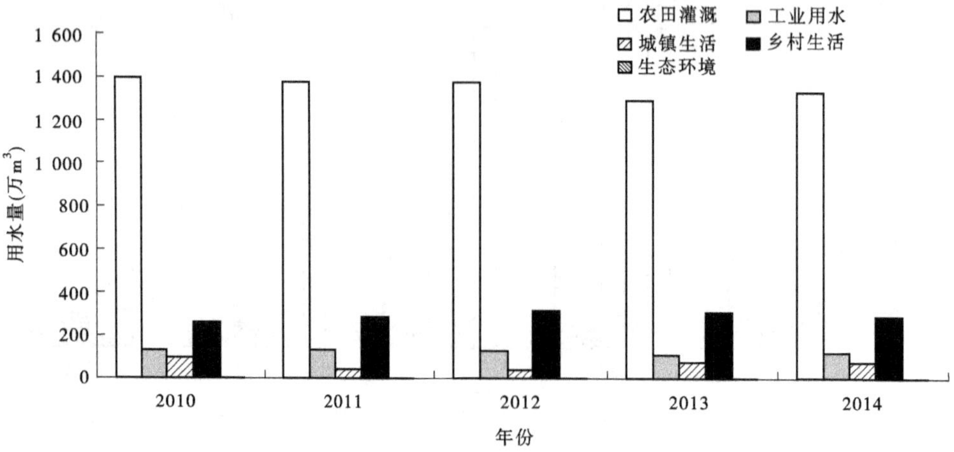

图 2-16　近 5 年灵台县各业用水量示意图

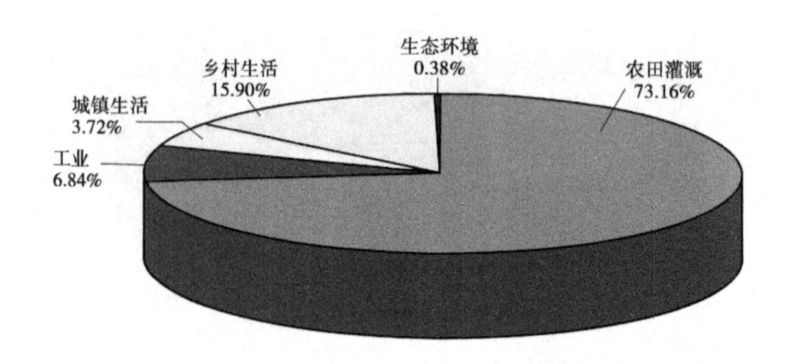

图 2-17　近 5 年灵台县各业平均用水比例示意图

2.3.3　现状用水水平与用水效率

综合用水水平主要以人均用水量、万元 GDP 用水量、万元工业增加值用水量等指标来反映。

经计算,现状年 2014 年平凉市人均用水量为 151 m^3,万元 GDP(当年价)用水量为 90 m^3,万元工业增加值用水量为 80 m^3,农田灌溉亩均用水量为 290 m^3,城镇居民综合生活用水指标 141 L/(人·d)。

现状年 2014 年灵台县人均用水量为 79 m^3,万元 GDP(当年价)用水量为 62 m^3,万元工业增加值用水量为 31 m^3,农田灌溉亩均用水量为 282 m^3/亩,城镇居民综合生活用水指标 84 L/(人·d)。2014 年平凉市、灵台县主要用水指标统计分析见表 2-12。

表 2-12　2014 年平凉市、灵台县主要用水指标统计分析

用水指标	灵台县	平凉市	甘肃省	全国
万元 GDP 用水量(m^3)	62	90	176	96
人均用水量(m^3)	79	151	465	447
农田灌溉亩均用水量(m^3/亩)	282	290	514	402
万元工业增加值用水量(m^3)	31	80	56	59.5
城镇居民综合生活用水指标(L/(人·d))	84	141	156	213

注:全国数据来自《2014 年中国水资源公报》,甘肃省、平凉市及灵台县数据来自《2014 年甘肃省水资源公报》。

2.3.4　平凉市水资源开发利用与水资源管理要求符合性分析

2.3.4.1　与平凉市黄河可供水量分配指标符合性分析

1. 平凉市黄河可供水量分配指标及实际发证情况统计

(1)平凉市黄河可供水量分配指标。

根据《国务院办公厅关于转发国家计委和水电部关于黄河可供水量分配方案报告的通知》(国办发〔1987〕61 号),南水北调工程生效之前,正常来水年份,甘肃省黄河流域可供水量分配指标为 30.4 亿 m^3,其他年份按照同比例丰增枯减、多年调节水库蓄丰补枯的原则确定。根据《甘肃省水利厅关于报送甘肃省黄河流域取水许可总量控制指标细化方案调整意见的报告》(甘水发〔2014〕96 号),平凉市黄河流域可供水量分配指标为 2.28 亿 m^3(均在支流,其中泾河流域 1.64 亿 m^3,渭河流域 0.64 亿 m^3)。

(2)截至 2014 年底平凉市地表水取水许可证发放情况统计。

根据平凉市水务局提供的资料,截至 2014 年底,平凉市境内各级水行政主管部门地表水取水许可证共发放 187 套,许可水量为 16 066.44 万 m^3,见表 2-13。

表 2-13　截至 2014 年底平凉市地表水取水许可证统计

发证单位	地表取水许可证(套)	地表水许可量(万 m^3)
黄河水利委员会	2	384
甘肃省水利厅	0	0
平凉市水务局	4	1 770.9
县区水务局	181	13 911.54
合计	187	16 066.44

注:平凉市渭河流域地表水许可量 3 523.8 万 m^3,泾河流域地表水许可量 12 542.64 万 m^3。

2. 甘肃省取耗用黄河流域地表水情况统计分析

依据《黄河流域水资源公报》(2009 ~ 2013 年)和《黄河可供耗水量年度分配及非汛期水量调度计划》(2008 年 7 月至 2014 年 6 月)对甘肃省 2009 ~ 2013 年取、耗用黄河地表水情况进行统计,情况统计见表 2-14,甘肃省近 5 年黄河流域实际地表水耗水量与分配水量示意图见图 2-18。

表 2-14 甘肃省 2009 ~ 2013 年取耗用黄河流域地表水情况统计 (单位:亿 m^3)

年份	2009	2010	2011	2012	2013	平均
甘肃省黄河流域地表水取水量	38.70	40.01	41.24	40.51	38.51	39.79
甘肃省黄河流域地表水耗水量	29.91	30.32	33.23	31.88	30.89	31.25
甘肃省黄河流域地表水耗水系数	0.77	0.76	0.81	0.79	0.80	0.79
“八七”分水方案中甘肃省黄河可供水量分配指标	30.4	30.4	30.4	30.4	30.4	30.4
水利部分配甘肃省可供耗水量(丰增枯减比例,%)	27.76 (91.32)	27.89 (91.74)	27.95 (91.94)	29.21 (96.09)	28.27 (92.99)	28.22 (92.82)
剩余指标	-2.15	-2.43	-5.28	-2.67	-2.62	-3.03

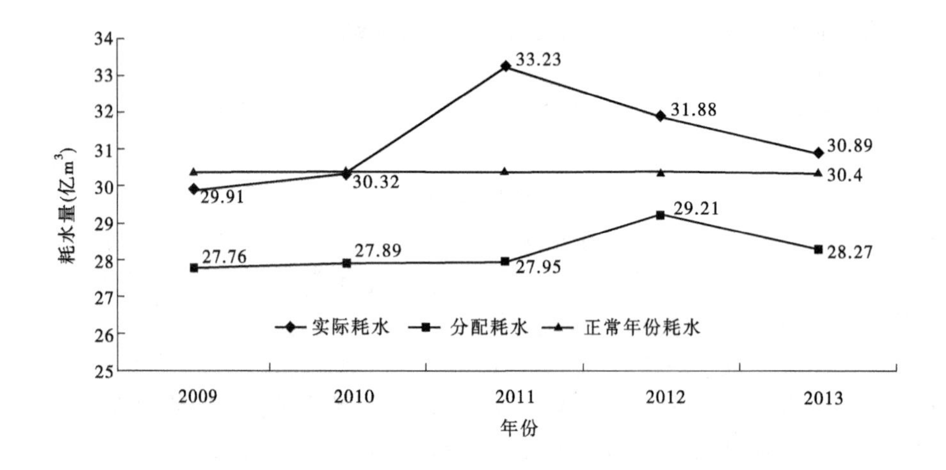

图 2-18 甘肃省近 5 年黄河流域实际地表水耗水量与分配水量示意图

由表 2-14 和图 2-18 可知,甘肃省近 5 年(2009 ~ 2013 年)黄河流域地表水取水量平均为 39.79 亿 m^3,地表水耗水量平均为 31.25 亿 m^3,地表水耗水系数平均为 0.79;近 5 年(2009 ~ 2013 年)水利部下达的甘肃省黄河流域可供耗水量平均为 28.22 亿 m^3,则甘肃省 2009 ~ 2013 年平均超指标耗用黄河地表水量为 3.03 亿 m^3。

3. 平凉市耗用黄河地表水情况统计分析

《黄河流域水资源公报》仅统计到省一级的取耗水量,未细化到各地区(市)。平凉市全境均位于黄河流域,论证根据《甘肃省水资源公报》、《平凉市水利统计年报》中平凉市地表水取水统计数据，参考表2-14中计算出的甘肃省各年度黄河流域耗水系数，分析平凉市近5年(2009～2013年)的地表水耗水情况，见表2-15、表2-16和图2-19。

表2-15　平凉市2009～2013年取耗用黄河流域地表水情况统计

年份	2009	2010	2011	2012	2013	平均
平凉市地表水取水量(亿 m^3)	2.15	2.18	2.25	2.61	1.46	2.13
甘肃黄河流域地表水耗水系数	0.77	0.76	0.81	0.79	0.80	0.79
平凉市地表水耗水量(亿 m^3)	1.66	1.66	1.82	2.06	1.17	1.67
考虑丰增枯减平凉市可供耗水量(亿 m^3)①	2.08	2.09	2.10	2.19	2.12	2.12
正常来水年份平凉市可供耗水量(亿 m^3)	2.28	2.28	2.28	2.28	2.28	2.28
平凉市剩余可供地表耗水量(亿 m^3)②	0.42 (0.62)	0.43 (0.62)	0.28 (0.46)	0.13 (0.22)	0.92 (1.11)	0.44 (0.61)

注：①按照水利部分配给甘肃省近5年黄河可供耗水量与正常年份可供耗水量的比例计算平凉市可供耗水量。

②括号外为考虑丰增枯减比例后平凉市近5年剩余的黄河可供耗水量指标，括号内为正常来水年份平凉市近5年剩余的黄河可供耗水量指标。

表2-16　平凉市2009～2013年分流域取耗用地表水情况统计

年份	地表水取水量		耗水系数	地表水耗水量(万 m^3)		考虑丰增枯减平凉市可供耗水量(万 m^3)		剩余可供地表耗水量(万 m^3)	
	渭河	泾河		渭河	泾河	渭河	泾河	渭河	泾河
2009	6 072	15 463	0.77	4 675	11 907	5 800	15 000	1 125	3 093
2010	6 260	15 538	0.76	4 758	11 809	5 900	15 000	1 142	3 191
2011	6 188	16 269	0.81	5 012	13 178	5 900	15 100	888	1 922
2012	6 509	19 590	0.79	5 142	15 476	6 100	15 800	958	324
2013	4 215	10 386	0.80	3 372	8 309	6 000	15 300	2 628	6 991
平均	5 849	15 449	0.79	4 592	12 136	5 940	15 240	1 348	3 104

由表2-15、表2-16和图2-19可知，平凉市近5年(2009～2013年)黄河流域地表水取水量平均为2.13亿 m^3，地表水耗水量平均为1.67亿 m^3。甘肃省分配给平凉市黄河流域地表水可供耗水量指标为2.28亿 m^3，考虑丰增枯减原则情况下，近5年(2009～2013年)平凉市尚剩余0.44亿 m^3的可供地表耗水量；分流域进行统计，考虑丰增枯减原则情况下，近5年(2009～2013年)平凉市渭河流域尚剩余0.13亿 m^3可供地表耗水量，泾河流域剩余0.31亿 m^3可供地表耗水量。

2.3.4.2　平凉市最严格水资源管理控制指标

1. 平凉市最严格水资源管理控制指标

根据《甘肃省人民政府办公厅关于下达地级行政区2015年、2020年、2030年水资源管理控制指标的通知》(甘政办发〔2013〕171号)，平凉市2015年、2020年、2030年的水资源管理控制指标见表2-17。

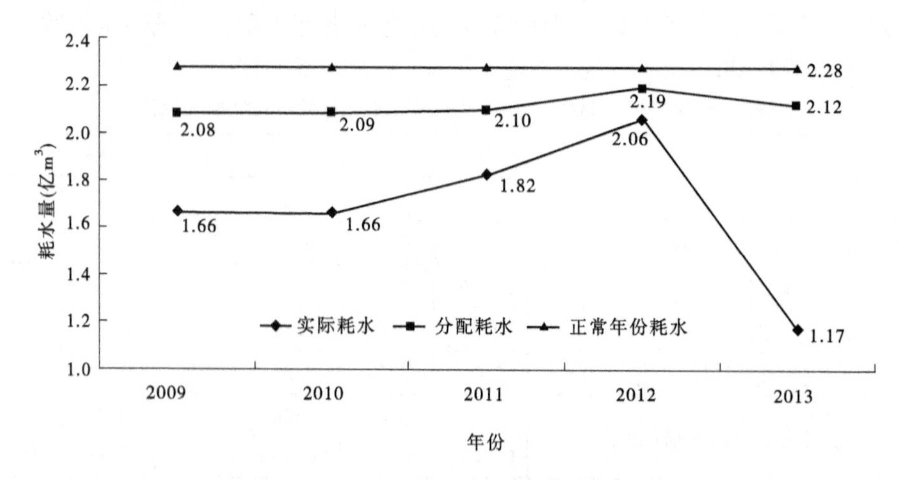

图 2-19 平凉市近 5 年黄河流域实际地表水耗水量与分配水量示意图

表 2-17 平凉市最严格水资源管理控制目标一览表

控制指标	用水总量(亿 m^3)	用水效率		重要江河湖泊水功能区水质达标率(%)
		万元工业增加值用水量(m^3/万元)	农田灌溉水有效利用系数	
2015 年控制指标	4.15	75	0.49	50
2020 年控制指标	4.09	50	0.55	75
2030 年控制指标	4.96	30	0.58	90
2014 年平凉市实际情况	3.15	80	0.49	43.5

2. 灵台县最严格水资源管理控制指标

根据《平凉市人民政府办公室关于下达平凉市各县(区)及平凉工业园区 2015 年、2020 年、2030 年水资源管理控制指标的通知》(平政办发〔2014〕123 号),灵台县 2015 年、2020 年、2030 年的水资源管理控制指标见表 2-18。

表 2-18 灵台县最严格水资源管理控制指标一览表

控制指标	用水总量(万 m^3)	用水效率		重要江河湖泊水功能区水质达标率(%)
		万元工业增加值用水量(m^3/万元)	农田灌溉水有效利用系数	
2015 年控制指标	2 200	37	0.49	50
2020 年控制指标	2 200	35	0.55	75
2030 年控制指标	2 200	30	0.58	90
2014 年灵台县实际情况	1 833	31	0.49	100*

注:*灵台县涉及黑河华亭、崇信、灵台、泾川开发利用区,达溪河崇信、灵台工业、农业用水区和达溪河甘陕缓冲区,2014 年各水功能区水质均达标。

2.4　水资源开发利用潜力及存在的主要问题

2.4.1　水资源开发利用潜力分析

水资源开发利用程度是评价区域水资源开发与利用水平的重要特征指标。根据《建设项目水资源论证导则》，水资源开发利用程度主要以地表水开发利用率（指多年平均地表水源供水量占地表水资源量的百分比）、地下水开发利用率（多年平均地下水源供水量占地下水可开采量的百分比）等具体表示，计算出平凉市和灵台县近 5 年水资源开发利用率，分别见表 2-19 和表 2-20。

表 2-19　平凉市近 5 年水资源开发利用率分析表

年份	地表水			地下水		
	用水量（亿 m^3）	地表水资源量	开发利用率（%）	用水量（亿 m^3）	地下水可开采量	开发利用率（%）
2010	2.179 8	6.47	33.7	1.090 3	1.054	103
2011	2.245 7		34.7	1.065 3		101
2012	2.609 9		40.3	1.118 0		106
2013	1.460 1		22.6	0.799 6		75.9
2014	1.926 7		29.8	1.062 9		100.8
年均	2.084 4		32.2	1.027 2		97.5

表 2-20　灵台县近 5 年水资源开发利用率分析表

年份	地表水			地下水		
	用水量（亿 m^3）	地表水资源量（亿 m^3）	开发利用率（%）	用水量（亿 m^3）	地下水可开采量（亿 m^3）	开发利用率（%）
2010	1 425.71	7 770	18.3	390.01	261	149.4
2011	1 440.08		18.5	394.88		151.3
2012	1 461.51		18.8	402.15		154.1
2013	1 407.03		18.1	384.91		147.5
2014	1 429.94		18.4	391.60		150.0
年均	1 432.85		18.4	392.71		150.5

从表 2-19、表 2-20 中可以看出，平凉市全市地表水资源开发利用率相对较高，但灵台县地表水资源尚有一定开发利用潜力；平凉市和灵台县地下水开发利用程度均较高。

2.4.2 水资源开发利用中存在的主要问题

2.4.2.1 工程性和水质型缺水问题突出，水资源供需矛盾将不断加剧

受季风气候和地形条件的影响，平凉市水资源时空分布不均，6～9月降雨量占年降雨总量的69.5%以上，汛期径流量占年径流量的64.3%，而灌溉需水主要集中在3～6月，占年灌溉需水量的68%，由于来、用水过程不匹配，工程性缺水问题突出。

平凉市煤炭资源丰富，特色产业发展潜力巨大，产业聚集能力较强，与周边国家级工业园区形成了产业互补，承接产业转移优势突出。随着平凉市煤电化等工业的快速发展，水资源供需矛盾也将越来越突出。

2.4.2.2 水资源利用效率较低

农业节水设施和节水技术较为落后。目前平凉市农田灌溉以渠道灌溉为主，有效灌溉面积54.58万亩中，高效节水面积仅占有效灌溉面积的6.8%。据统计，2014年平凉市干支渠长度1 733 km，衬砌长度1 140 km，衬砌率65.8%，农田灌溉水利用系数仅为0.49左右。同时，施肥、耕作、秸秆覆盖等农艺节水技术措施推广应用力度不够，农业节水管理工作相对薄弱，未形成综合节水模式。

工业用水水平较低。近年来，平凉市通过大力推进节水型社会建设，2014年万元工业增加值用水量已降低到80 m^3/万元，用水水平和利用效率有了较大提高。但与国内先进地区和国外发达国家相比，仍存在较大差距。

城镇供水管网漏失率偏高、节水器具普及率较低。现状平凉市城镇供水管网老化较为严重，管网漏失率为13.3%，未达到我国住房和城乡建设部颁布的“不高于12%”的标准。同时，平凉市城镇居民生活节水器具的普及率仅为60%左右，也影响用水的总体效率。

2.4.2.3 水利工程老化失修，利用效率较低

目前，全市现有水利工程中，能正常运行的仅占1/3，1/3带病运行，1/3处于停运或报废状态。其中，部分水库和塘坝因泥沙淤积而有效库容逐年减少，部分病险水库蓄水能力低下，不仅不能发挥正常的调蓄功能，影响工程供水能力的发挥，而且存在安全隐患，制约了平凉市经济社会发展。

2.4.2.4 局部河段水污染严重

随着城市人口的不断增多和工矿企业的快速发展，水污染问题越来越突出。据统计，全市工业和生活排污口有80个，废污水排放总量为2 839万t/a，水功能区个数达标率仅为43.5%。全市泾河、渭河流域的主要河流中，干流及主要支流都存在不同程度的污染问题，评价河长1 045.9 km，河长达标率仅为47.6%。日趋严重的水污染不仅破坏了水环境，而且导致水质型缺水问题更为突出，也增加了水资源利用及调配的难度。

2.4.2.5 水资源高效利用的管理机制尚未形成，难以适应现代水资源管理的需要

目前平凉市水资源的开发利用及其管理属于不同部门，地表水、地下水的开发利用分别由水利、地矿、农业、城建等部门“多龙管水”，水利工程的建设、调度和管理分属不同部门和各级政府。水资源管理的责、权、利不明确，致使现行的水资源管理体制与机构已不足以应对缺水和水污染的挑战。

全民节水意识不强，体现资源稀缺性的水价形成机制仍未建立，存在浪费水现象。由于现行水价构成不是全成本水价，水价偏低，不利于节水工作的开展和水资源的合理配置；水价分摊补偿机制不健全，制约了平凉市城市供水企业的可持续发展。水价严重背离成本也是造成水资源浪费现象严重的重要原因，平凉市大部分自流灌区水价不足成本的50%。由于水价严重偏低，丧失了节约用水的内在经济动力，阻碍了节水工程的建设和节水技术的推广使用。水资源利用方式粗放，用水效率较低，浪费仍较严重。

促进中水和煤矿矿井水等水资源开发利用激励机制尚不完善。现状平凉市城镇废污水再处理利用率仍十分低，煤炭矿井水未得到有效利用，既污染了水生态环境，又浪费了水资源。长期以来节水工作主要靠工程建设和行政推动，缺乏促进自主节水的激励机制和适应市场经济的管理体制，节水主体与节水利益之间没有挂钩，致使公众参与节水的程度和节水意识受到一定影响。

第3章　取用水合理性分析

本章内容包括取水合理性分析，用水合理性分析，节水措施、水计量器具配备与管理等，具体研究内容及思路如下：

(1)从安家庄煤矿所属行业、当地水资源条件、水资源配置、工艺技术等方面，对照国家、地方相关产业政策、水资源管理要求，分析项目取水的合理性。

(2)在简要介绍安家庄煤矿可研设计用排水情况基础上，按照煤炭行业标准、规范，对各主要用水系统进行详细的分析与核定，分析其节水潜力，并提出相应的节水减污措施与建议；确定项目总的合理用水量与退水量；计算项目各用水指标，与行业相关用水水平进行对比，分析项目的用水水平。

3.1　取水合理性分析

3.1.1　产业政策相符性

为贯彻落实《国务院办公厅关于进一步支持甘肃经济社会发展的若干意见》(国办发〔2010〕29号)文件精神，推动甘肃经济社会的发展，平凉天元煤电化有限公司拟在平凉市灵台县建设安家庄煤矿。安家庄煤矿是陇东能源基地的重要组成部分，可促进灵台县和平凉市的经济发展，使能源优势尽快转化为经济优势，进一步提高当地人民生活水平。

安家庄煤矿设计生产能力为5.0 Mt/a，采用立井开拓，综采一次采全高采煤，矿井涌水全部利用；选煤厂生产规模与矿井一致，采用块煤重介浅槽分选工艺，洗煤水闭路循环。项目采用国内、国外成熟的先进工艺及设备，全面提高矿井机械化程度，充分体现高产、高效的设计理念，符合国家《煤炭工业“十二五”发展规划》、《产业结构调整指导目录(2011年本)(修正)》、《煤炭产业政策》、《能源发展“十二五”规划》、《国务院办公厅关于进一步支持甘肃经济社会发展的若干意见》等相关产业政策的要求，属鼓励类项目。

安家庄煤矿与国家产业政策相符性分析见表3-1。

3.1.2　水资源规划的相符性

3.1.2.1　与《甘肃省灵台矿区总体规划》的相符性

2015年8月10日，国家发展改革委批复了《甘肃省灵台矿区总体规划》，批复文件第六条明确指出：生活用水取自地下水，生产用水优先利用处理后的矿井排水和生活污水。

安家庄煤矿立足于自身矿井涌水和生产生活污水的全部处理回用，但不能完全满足项目用水需求，生活用水尚有较大缺口，需落实生活水源。

表 3-1 安家庄煤矿与国家产业政策相符性分析

相关政策标题	要求	安家庄煤矿情况	符合性
《煤炭工业“十二五”发展规划》(2012年)	①新建煤矿以大型现代化煤矿为主,优先建设露天煤矿、特大型矿井和煤电一体化项目。按照一个矿井一个工作面或不超过两个工作面的模式,采用先进技术装备,设计和建设大型现代化煤矿。 ②晋陕蒙宁甘新重点建设300万t/a及以上煤矿。 ③大中型煤矿要配套建设选煤厂,鼓励在小型煤矿集中矿区建设群矿选煤厂。 ④推进煤矿重大装备国产化。 ⑤推进煤矿瓦斯抽采利用。 ⑥西部地区采取煤矸石发电、井下充填、地表土地复垦和立体开发、植被绿化、保水充填开采等措施,煤矸石利用率达到70%,矿井水利用率达到80%,沉陷土地复垦率超过50%,煤矿瓦斯利用率超过55%	①安家庄煤矿位于甘肃省平凉市灵台县,属国家规划矿区甘肃省灵台矿区规划项目,是陇东能源基地的重要组成部分。 ②安家庄煤矿设计能力5.0Mt/a,配套同等规模的选煤厂,采用块煤重介浅槽分选工艺,洗煤水闭路循环。 ③矿井采用立井开拓,采煤方法为综采一次采全高。矿井投产时分别布置一个厚度较小的中厚煤层(5-1煤)工作面和一个厚度较大的中厚煤层(8-2煤)工作面。首采区回采率不小于80%,5-1煤、8-2煤和9-3煤工作面回采率为95%,6-2煤工作面回采率为97%。	符合
《产业结构调整指导目录(2011年本)(修正)》	①鼓励建设120万t/a及以上高产高效煤矿(含矿井、露天)、高效选煤厂。 ②限制井下回采工作面超过2个的新建煤矿项目		
《煤炭产业政策》(2007年)	①神东、陕北、黄陇(陇东)、宁东基地有序建设大型现代化煤矿,重点建设一批千万吨级矿井群。 ②山西、内蒙古、陕西等省(区)新建、改扩建矿井规模原则上不低于120万t/a。……其他地区新建、改扩建矿井规模不低于30万t/a。 ③鼓励采用高新技术和先进适用技术,建设安全高效矿井。发展综合机械化采煤技术,推行壁式采煤。 ④加强煤矿瓦斯抽采利用,减少排放。鼓励原煤洗选,洗煤水应当实现闭路循环		
《能源发展“十二五”规划》(国发〔2013〕2号)	①积极推广保水开采、充填开采等先进技术,实施采煤沉陷区综合治理。因地制宜开发煤炭共伴生资源,大力发展矿区循环经济。 ②到2015年,……采煤机械化程度达到75%以上……矿井水利用率达到75%。原煤入选率达到65%以上,煤矸石综合利用率提高到75%。 ③统筹当地电力市场情况和跨区输电需要……在贵州、皖北、陇东等地区适度建设一定规模的外送煤电项目		

续表 3-1

<table>
<tr><th>相关政策标题</th><th>要求</th><th>安家庄煤矿情况</th><th>符合性</th></tr>
<tr><td>《国家能源局 环境保护部 工业和信息化部关于促进煤炭安全绿色开发和清洁高效利用的意见》(国能煤炭〔2014〕571号)</td><td>①到2020年,煤炭工业生产力水平大幅提升,资源适度合理开发,全国煤矿采煤机械化程度达到85%以上,掘进机械化程度达到62%以上。
②到2020年,厚及特厚煤层、中厚煤层、薄煤层采区回采率分别达到70%、85%和90%以上。
③大力发展煤炭洗选加工,所有大中型煤矿均应配套建设选煤厂或中心选煤厂……到2020年,原煤入选率达到80%以上,实现应选尽选</td><td rowspan="4">④矿井的采煤机、选煤厂的浅槽分选机、快开隔膜压滤机、浓缩机、离心脱水机等主要设备均选用国产优质产品,全面提高矿井机械化程度。
⑤初期考虑运往临时矸石处置场用于填沟造地,后期煤矸石考虑在制砖方面利用。
⑥矿井涌水处理达标后全部利用。
⑦根据具体情况,采用剥离、保存表土-填充矸石-覆土垦殖工艺,对地表沉陷产生裂缝的区域,进行植树种草、土地整平、堵塞裂缝等。</td><td rowspan="4">符合</td></tr>
<tr><td>《国家能源局关于促进煤炭工业科学发展的指导意见》(国能煤炭〔2015〕37号)</td><td>①新建煤矿以大型现代化煤矿为主,优先建设露天煤矿、特大型矿井。严格新建煤矿准入,严禁核准新建30万t/a以下煤矿、90万t/a以下煤与瓦斯突出矿井。
②加快建设煤大中型炭洗选设施,煤矿应配套建设选煤厂……提高原煤入洗率和商品煤质量</td></tr>
<tr><td>《国务院办公厅关于进一步支持甘肃经济社会发展的若干意见》(国办发〔2010〕29号)</td><td>①着力推动平(凉)庆(阳)、酒(泉)嘉(峪关)经济区加快发展。加快陇东煤炭、油气资源开发步伐,积极推进煤电化一体化发展,构建以平凉、庆阳为中心,辐射天水、陇南的传统能源综合利用示范区。
②加快陇东煤电化建设,加强煤炭资源勘探和开发利用,逐步建成一批大型煤炭矿区,高起点、高水平地建设国家大型煤炭生产基地</td></tr>
<tr><td>《国家能源局关于陇东能源基地开发规划的批复》(国能规划〔2014〕61号)</td><td>“十二五”期间重点开发宁正矿区,适度开发灵台、沙井子矿区,“十三五”期间逐步扩大灵台、宁正、沙井子矿区产能,积极推进泾川、宁北、罗川矿区开发</td></tr>
</table>

续表 3-1

相关政策标题	要求	安家庄煤矿情况	符合性
《国家发展改革委关于甘肃灵台矿区总体规划的批复》(发改能源〔2015〕1840号)	《甘肃省灵台矿区总体规划》是灵台矿区煤炭资源开发的指导性文件,是矿区煤矿开展前期工作的项目核准的依据。新建煤矿必须配套建设同等规模的选煤厂,对原煤进行洗选。矿区生活用水取自地下水,生产用水优先利用处理后的矿井涌水和生活污水,矿区开发应采取保水、节水措施	⑧煤矿设瓦斯抽采站,对瓦斯逐步进行利用。 ⑨本矿煤炭用户为电厂用煤、化工用煤及民用等,拟供给已建的中水华亭电厂、中水崇信电厂、华能平凉电厂,在建的陇能煤化工、陕西星王煤化工、酒钢煤化工园区及规划的灵台电厂等	符合
《甘肃省国民经济和社会发展第十二个五年规划纲要》(2011年)	进一步加强能源建设:煤炭生产按照“加快东部、稳定中部、开发西部”的布局要求,加快陇东煤田建设,抓好华亭、宁正、沙井子、宁中等大型矿区建设……推进煤层气资源勘探和规模化开发利用		
《平凉市国民经济和社会发展第十二个五年规划纲要》(2011年)	稳步提升煤炭产能。立足基地化建设以实现产业化开发、规模化经营、集团化发展为方向,按照做强华亭、崇信,发展灵台,开发崆峒、泾川煤炭资源的战略布局,做大煤炭工业,努力提高煤炭资源回收利用率,延长资源开采年限		

《取水许可和水资源费征收管理条例》(国务院令第460号)第二十条规定:有下列情形之一的,审批机关不予批准:……(五)城市公共供水管网能够满足用水需要时,建设项目自备取水设施取用地下水的。《国务院关于加强城市供水节水和水污染防治工作的通知》(国发〔2000〕36号)要求“在城市公共供水管网覆盖范围内,原则上不再批准新建自备水源”。考虑到安家庄矿井主副工业场地位于灵台县自来水管网供水范围之内,本书研究认为安家庄煤矿生活用水不可开采地下水,应采用灵台县坷台水厂自来水供水。

3.1.2.2　与《平凉市水资源综合规划》的相符性

根据2014年7月经甘肃省水利厅批复的《平凉市水资源综合规划》(甘水资源发〔2014〕260号),灵台县工业发展用水以达溪河地表水为主,辅以煤炭矿井水、再生水联合供水。

安家庄煤矿以自身矿井涌水作为生产水源,以坷台水厂自来水作为生活水源,废污水经处理后全部回用,符合《平凉市水资源综合规划》要求。

3.1.3 水资源配置的合理性

3.1.3.1 自来水水源配置的合理性

自来水水源供水对象为项目施工期用水和生产期生活用水，符合《取水许可和水资源费征收管理条例》(国务院令第460号)第二十条规定和《国务院关于加强城市供水节水和水污染防治工作的通知》(国发〔2000〕36号)相关要求，水源配置是合理的。

安家庄煤矿工业场地地处灵台县城东北1.3 km处的河湾村，该村自来水管网已入户，坷台水厂的供水主干管从项目工业场地边经过，供水管道为DN355的UPVC管，供水压力1.0 MPa，设计流量240 m^3/h。目前，坷台水厂尚有较大的供水能力，业主单位与灵台县自来水公司协商后，决定采用坷台水厂地表水作为安家庄煤矿施工期用水和生产期生活用水。

坷台水厂设计供水规模6 040 m^3/d，2014年实际供水水量平均约为3 200 m^3/d，尚剩余2 840 m^3/d的供水能力，完全可以满足安家庄煤矿施工期和生产期生活用水需求，同时结合安家庄工业场地建设，对现状供水管道进行改造后为安家庄煤矿预留接口，取水方便。

3.1.3.2 矿井涌水水源配置的合理性

安家庄煤矿立足于自身矿井涌水、生产生活废污水处理后全部回用，符合《煤炭工业节能减排工作意见》中"矿区生产、生活必须优先采用处理后的矿井水；有外供条件的，当地行政管理部门应积极协调，支持矿井水的有效利用"、《中国节水技术政策大纲》中"推广矿井水作为矿区工业用水和生活用水、农田用水等替代水源应用技术"等水资源管理的相关要求。安家庄煤矿取用矿井涌水与国家政策相符性一览表见表3-2。

表3-2 安家庄煤矿取用矿井涌水与国家政策相符性一览表

名称	政策要求	相符性
《国务院关于促进煤炭工业健康发展的若干意见》(国发〔2005〕18号)	推进资源综合利用。按照高效、清洁、充分利用的原则，开展煤矸石、煤泥、煤层气、矿井排放水以及与煤共伴生资源的综合开发与利用	符合
《中国节水技术政策大纲》(2005年)	发展采煤、采油、采矿等矿井水的资源化利用技术。推广矿井水作为矿区工业用水和生活用水、农田用水等替代水源应用技术	符合
《国务院关于印发节能减排综合性工作方案的通知》(2007年)	实施水资源节约利用：加快实施重点行业节水改造及矿井水利用重点项目加快节能减排技术产业化示范和推广	符合

续表 3-2

名称	政策要求	相符性
《煤炭工业节能减排工作意见》(2007年)	采用保水、节水开采措施,合理保护矿区水资源。矿井水必须进行净化处理和综合利用,矿区生产、生活必须优先采用处理后的矿井水;有外供条件的,当地行政管理部门应积极协调,支持矿井水的有效利用	符合
《中华人民共和国国民经济和社会发展第十二个五年规划纲要》(2011年)	加强水资源节约,大力推进再生水、矿井水、海水淡化和苦咸水利用	符合
《节水型社会建设"十二五"规划》(2012年)	"通过加强用水管理、节水技术改造以及非常规水源利用等措施,降低单位产品取水量和排污量,全面提高工业节水水平"	符合
《国务院关于实行最严格水资源管理制度的意见》(国发〔2012〕3号)	鼓励并积极发展污水处理回用、雨水和微咸水开发利用、海水淡化和直接利用等非常规水源开发利用。加快城市污水处理回用管网建设,逐步提高城市污水处理回用比例。非常规水源开发利用纳入水资源统一配置	符合
《水利部办公厅关于做好大型煤电基地开发规划水资源论证工作的意见》(办资源〔2013〕234号)	煤电基地燃煤电厂建设与煤矿开采等项目用水应统筹安排、综合利用。矿坑排水处理达标后,没有全部回用的,不得申请地表水	符合
《产业结构调整指导目录》(2011年本)(修正)	环境保护与资源节约综合利用类第15项中的"三废综合利用"	符合

续表 3-2

名称	政策要求	相符性
《国家能源局 环境保护部 工业和信息化部关于促进煤炭安全绿色开发和清洁高效利用的意见》(国能煤炭〔2014〕571号)	在水资源短缺矿区、一般水资源矿区、水资源丰富矿区,矿井水或露天矿矿坑水利用率分别不低于95%、80%、75%	符合
《国家能源局关于促进煤炭工业科学发展的指导意见》(国能煤炭〔2015〕37号)	有序发展低热值煤发电等资源综合利用项目,加大与煤共伴生资源和矿井水的利用力度,发展矿区循环经济	符合
《国家发展改革委关于甘肃灵台矿区总体规划的批复》(发改能源〔2015〕1840号)	矿区生活用水取自地下水,生产用水优先利用处理后的矿井涌水和生活污水,矿区开发应采取保水、节水措施	符合

3.1.4 工艺技术的合理性

3.1.4.1 井筒选择及施工工艺的合理性

安家庄井田煤层埋藏最浅的东南部区域可采煤层埋藏深度达到700 m以上,未来井巷要穿越白垩系环河组及洛河组含水层,平均厚度达330.69 m。据本矿区及矿井周围白垩系含水层抽水资料,钻孔涌水量500~5 090 m^3/d,说明该含水层富水性变化很大,未来建井井巷穿越白垩系环河组下部及进入洛河组后有突然大量涌水的可能,最大涌水量可达200~500 m^3/h,由于水压大,地层松散,涌水的同时有可能产生涌砂,不具备平硐和斜井开拓的条件,而且用常规方法难以施工,因此本矿井开拓方式确定为立井开拓,采用冻结法施工。

冻结技术是利用人工制冷技术,使地层中的水结冰,把天然岩土变成冻土,增加其强度和稳定性,隔绝地下水与地下工程的联系,以便在冻结壁的保护下进行地下工程掘砌施工的特殊施工技术。其实质是利用人工制冷临时改变岩土性质以固结地层。冻结壁是一种临时支护结构,永久支护形成后,停止冻结,冻结壁融化。岩土工程冻结制冷技术通常是利用物质由液态变为气态,即汽化过程的吸热现象来完成的。其制冷系统多以氨作为制冷工质，为了使氨由液态变为气态，再由气态变为液态，如此循环进行，整个制冷系统由氨循环系统、盐水循环系统和冷却水循环系统三大循环系统构成。该工艺适应性强，几乎不受地层条件的限制，可有效隔绝保护地下水，基本无污染，同时在复杂地层施工经济合理。

根据调研，邻近的甘肃庆阳宁正矿区华能新庄矿井，主井筒原设计全长2 128.261 m，坡度16°，井筒掘砌158 m后停工，改为立井开拓方式，常规方法施工，出现几次淹井情况后，不得已采用冻结法施工，目前基本正常。宁正矿区华能核桃峪矿井，主斜井倾角7°，上半段斜长2 873 m，下半段斜长3 002 m，施工至洛河组含水层后涌水量达2万～3万m^3/d，导致无法施工，目前停工；副井采用立井、冻结法施工工艺，深度975 m，经下井实地调研，井筒渗水量不足80 m^3/d。

灵台矿区的华能邵寨矿井，在井筒选择和施工过程中吸取了宁正矿区两个煤矿的经验教训，设计施工均采用竖井、冻结法方案。目前，主井、副井、风井均已顺利到底，其中主井、副井已经解冻，根据实地调研情况，主井、副井建设情况良好，两个井筒底部基本不见水。据工程人员介绍，最大渗水量不足50 m^3/d，符合井筒不大于6 m^3/h的渗水量要求，说明冻结法施工可有效保护目标含水层。

安家庄煤矿采用竖井、冻结法方案，设计深度主副井筒均为900.5 m、风井井筒为990 m，冻结深度主立井为812 m、副立井为860 m、回风立井为959 m，3个井筒均冻结至侏罗系地层直罗组或延安组的泥岩隔水层中。由侏罗系中统安定组、直罗组泥岩及粉砂岩构成隔水层，平均厚度106.94 m，为较好的隔水层；由侏罗系中统延安组泥岩、砂质泥岩、炭质泥岩、煤层为主构成隔水层，平均厚度44 m，为井田内隔水性能良好的主要隔水层。结合上述调研成果进行分析，安家庄煤矿选择的施工工艺一方面可以确保井筒施工安全，另一方面可有效隔绝保护地下水，避免了地下水的漏失和污染，因此安家庄煤矿井筒选择和施工工艺是合理科学的。

3.1.4.2　瓦斯抽采站工艺的合理性

安家庄煤矿属高瓦斯矿井，可研设计在风井工业场地处建设地面固定式瓦斯抽采站1个，采用水环式真空瓦斯抽采泵进行抽采，配备$GBNL_3$-100型冷却塔1台。瓦斯具有爆炸性和可燃性，在抽放时不能产生高温高压现象，并应避免火源和机械火花及高温，因此煤矿进行瓦斯抽放时，通常选用水环式真空瓦斯抽放泵。该泵在抽放瓦斯时，以水为介质，可避免燃烧和爆炸事故。

传统水环式瓦斯抽采泵采用一般工业用水供水、开式循环系统，水环式瓦斯抽采泵使用一段时间后容易结垢，水垢会堵塞孔道、间隙，粘牢零件结合面，影响泵的工作性能，同时排水量较大。

本次瓦斯抽采泵设计中选用了带有冷却塔的闭式水环真空瓦斯抽采泵系统，其特点有：①降温效果明显；②冷却水循环利用，节约水资源。论证单位在后面用水合理性分析中，将经反渗透深度处理后的软化水作为瓦斯抽采站的补水水源，可以有效防止水环真空瓦斯抽采泵结垢，提高泵的安全性能，减少泵的检修时间和检修次数；同时，循环水系统浓缩倍率得到极大提高，补水量减少，节水效果显著。

地面式瓦斯抽采系统工作示意图见图3-1，地面式瓦斯抽采泵站内部实景见图3-2。

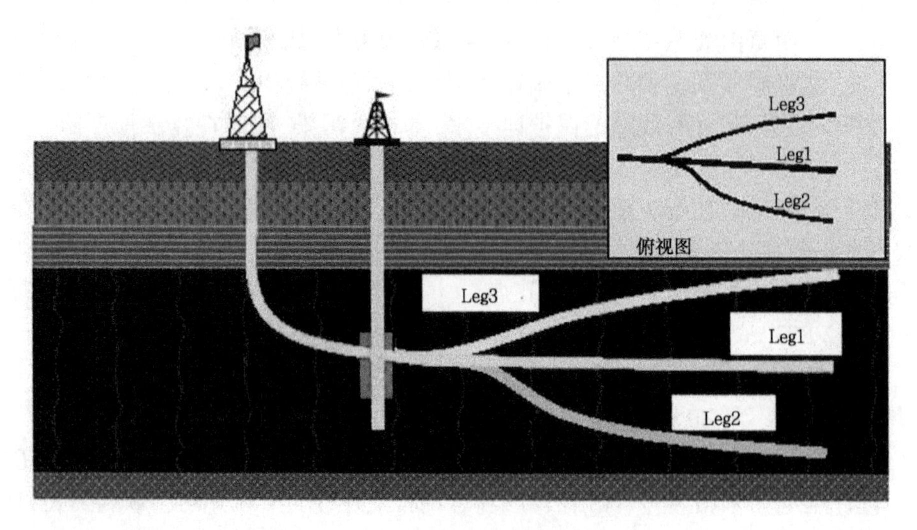

图 3-1　地面式瓦斯抽采系统工作示意图

图 3-2　地面式瓦斯抽采泵站内部实景

3.1.4.3　井下降温站工艺的合理性

安家庄煤矿开采深度较大，根据资料，随着矿井逐渐深入地下，受地热的影响也越来越严重，许多 500 m 以下矿井最高温度达到 40 ℃，严重影响工人的健康与工作效率。按照国家规定，所有矿井温度超过 30 ℃时严禁进行生产，故安家庄煤矿在主副井工业场地设置井下降温站一处，其制冷工艺原理见图 3-3。

根据调研，我国第一个井下集中降温系统建设于 1981～1985 年，为新汶矿务局孙村煤矿井下集中降温系统，经历多次技术改造，该矿目前采用的降温制冷工艺与安家庄煤矿类似。孙村矿制冷降温站立体示意图见图 3-4。

根据调研，在孙村矿采掘工作面垂深在 1 100 m 以上时，采用地面集中式制冷降温站降温效果较好；目前孙村矿开采垂深已达 1 350 m 左右，仅靠地面集中式制冷降温站已不

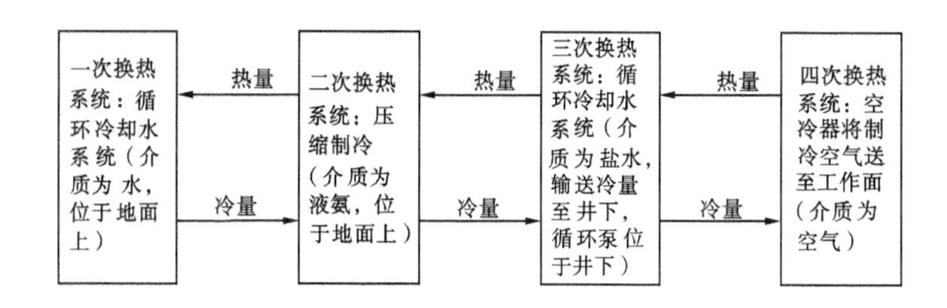

图3-3　安家庄煤矿井下降温站制冷工艺原理

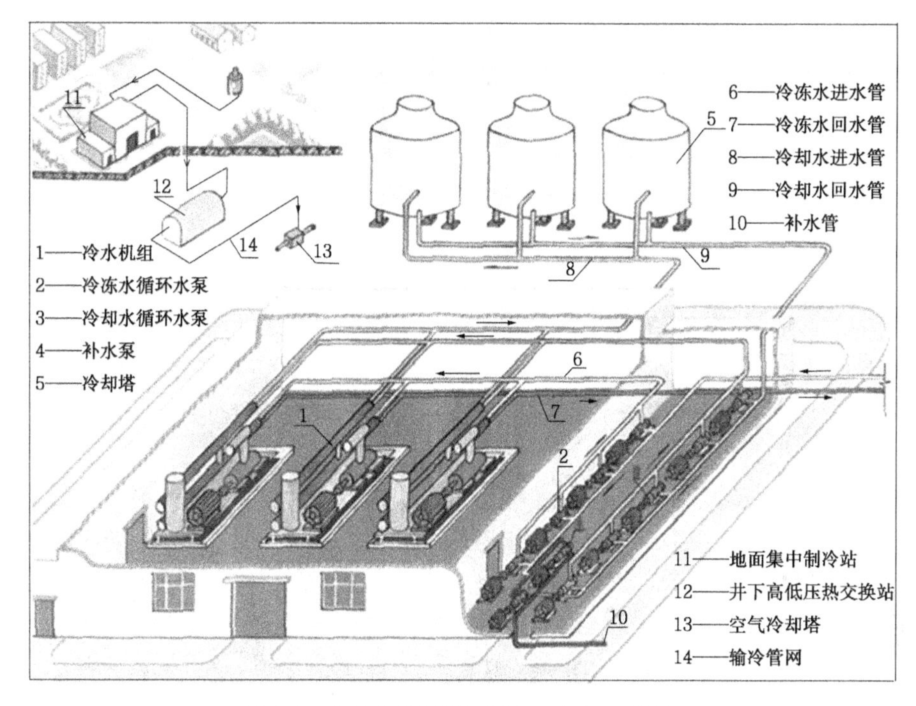

图3-4　孙村矿地面制冷降温站立体示意图

能满足井下降温需求，该矿又开发了煤矿冰冷辐射矿井降温系统用于井下降温。

安家庄煤矿首采区的开采垂深均在800 m以下，参考孙村矿的实际运行经验，分析认为首采区采用地面集中式井下降温系统用于井下降温是合理的。同时，安家庄煤矿所采用的地面集中式井下降温系统中，盐水循环系统为密闭循环，基本不消耗水量，仅地面冷却水塔在带出热量时有水量消耗。将经反渗透深度处理后的矿井涌水作为井下降温系统的补水水源，循环水系统浓缩倍率可得到极大提高，补水量减少，节水效果显著。

3.1.4.4　采煤工艺合理性

根据可研，本井田的主采煤层为8−2煤，其可采面积占全井田面积的95.28%，平均可采厚度3.34 m，属中厚煤层，考虑到煤厚区间范围、平均可采厚度、煤层赋存条件及国内外其他矿井开采经验，宜采用国内发展成熟的滚筒采煤机长壁综采一次采全高采煤方法。而对于薄煤层的开采，根据国内外薄煤层开采技术发展现状和煤层赋存特点，可供选择的采煤方法主要有刨煤机长壁综采、滚筒采煤机长壁综采、连采机短壁综采等。考虑到各配采薄煤层开采的设备互适性，以及与矿井厚煤层采用综采一次采全高采煤方法的互适性，

设计推荐采用滚筒采煤机长壁综采采煤方法,其优势如下:

(1)产量大,资源回收率高;

(2)对煤层起伏和厚度变化容易控制;

(3)通风系统安全性好,有利于“一通三防管理”;

(4)各种煤层适应性强,能截割硬煤,并能适应复杂的顶底板条件,有利于实现综采设备配套和自动控制。

综上所述,分析认为安家庄煤矿井田内薄、厚煤层均采用滚筒采煤机长壁一次采全高综采采煤方法合理。

3.1.4.5 选煤工艺合理性

根据煤质变化情况、市场情况和用户要求,从分选粒度上下限、排矸效果、技术经济等方面进行比较后,可研确定安家庄煤矿配套的选煤厂采用块煤(200~13 mm)重介浅槽分选、末煤(13~0 mm)不分选,粗煤泥离心脱水,细煤泥浓缩、过滤回收工艺。

选煤过程中精煤离心机的离心液、磁选尾矿及脱泥筛的筛下水一起进入浓缩旋流器分级浓缩,其底流先经过弧形筛一次脱水,然后进入煤泥离心机二次脱水,掺入混煤产品中。浓缩旋流器的溢流、弧形筛筛下水及煤泥离心机的离心液进入浓缩机浓缩,并加入絮凝剂以提高浓缩效果。浓缩机的底流用快开式压滤机回收,浓缩池溢流和压滤机的滤液作为系统循环水循环使用。由于煤泥采用高效浓缩机浓缩、快开隔膜压滤机脱水处理工艺,保证煤泥厂内回收,实现洗水闭路循环,安家庄煤矿煤泥水处理系统工艺先进合理。

3.1.4.6 水处理工艺合理性

1.矿井涌水处理工艺

安家庄煤矿的矿井涌水主要污染物为煤粉悬浮物(SS)、色度、浊度、细菌、COD 及盐分,拟采用预处理和反渗透深度处理工艺,按照“分级处理、分质回用”原则,对矿井涌水进行综合利用。

矿井涌水从井底水仓泵至地面预沉调节池后,经混凝反应、斜管沉淀、多介质过滤等流程处理后,送至清水池,部分回用于对水质要求较低的部门,其余送深度处理系统进行处理,处理后产品水为脱盐水,可作为安家庄煤矿各类工业用水使用,经消毒处理后可以作为生活用水;矿井涌水深度处理系统的排水盐分相对较高,但符合《煤炭洗选工程设计规范》(GB 50359—2005)和《煤矿井下消防、洒水设计规范》(GB 50383—2006)要求,可以用于选煤厂补水和井下洒水。该处理工艺成熟可靠,应用广泛,设计合理。

安家庄煤矿矿井涌水处理站预处理系统处理规模为 300 m^3/h(6 000 m^3/d),反渗透系统处理规模为 150 m^3/h(3 000 m^3/d),均按照经预测的最大可能矿井涌水量设计,能够满足矿井涌水的处理要求,设计合理。

2.生活污水处理工艺

安家庄煤矿生活污水拟采用 WMY-60 型一体化污水处理设备进行处理,此工艺具有基建投资少、投药量少、出水水质稳定和管理方便等优点,其出水水质满足《城市污水再生利用 城市杂用水水质》(GB/T 18920—2002)的要求后全部回用,分析认为合理。

3.2 用水合理性分析

3.2.1 建设项目用水环节分析

3.2.1.1 生活用水系统

安家庄煤矿矿井生活用水系统主要包括矿井职工日常生活、食堂、洗浴、洗衣等,达产时用水总人数1 725人,见表3-3。

表3-3 安家庄煤矿劳动定员汇总表

名称	序号	人员类别	出勤人数(人)					在籍系数	在籍人数(人)
			一班	二班	三班	四班	小计		
矿井	原煤生产工人	井下工人	202	203	201	178	784	1.50	1 176
		地面工人	40	38	30		108	1.40	151
	管理人员		38	28	16		82		82
	非原煤生产人员		55	46	32		133		133
	救护队		10	10	10		30		30
	小计		345	325	289	178	1 137		1 572
选煤厂	生产人员		39	34	29		102	1.40	140
	非生产人员		6	4	3		13		13
	小计		45	38	32		115		153
全矿合计			390	363	321	178	1 252		1 725

可研设计安家庄煤矿生活用水由灵台县坷台水厂自来水供给。经分析核定,安家庄煤矿生活用水首先使用经深度处理后的矿井涌水,不足部分采用坷台水厂自来水供水;结合安家庄工业场地建设,对现有供水管道进行改造后即可接管用水。

3.2.1.2 生产用水系统

生产用水系统包括井下防尘洒水、灌浆用水、瓦斯抽采泵站用水、井下集中降温系统用水、选煤厂选煤用水、锅炉补水、道路及绿化洒水等,水源主要为处理后的井下排水和生活污水,分列如下。

1.井下防尘洒水

井下防尘洒水来自处理后的井下排水,由工业场地的回用水池供给。井下掘进工作面防尘采用冲洗岩帮、湿式凿岩、装岩洒水等综合措施,使总粉尘浓度降低到2 mg/m^{3}以下;在采煤工作面回风巷、运输巷及装煤点下风向设置风流净化水幕;运输巷内配备洒水器,在煤流的转载、装载处进行洒水。井下煤仓放煤口、溜煤眼放煤口、破碎机、输送机转载点和卸煤点设置喷雾装置。通过以上措施,采煤工作面的含尘量降低到10 mg/m^{3}以下。

2.灌浆用水

矿井灌浆站选用MYZ-60地面固动式灌浆注胶防灭火系统1套,处理后的井下排水由输水管线加压送至风井场地灌浆站,与来土在湿式制浆机内搅拌混合,达到设计水土比后,经注浆管路由回风立井重力供至井下进行灌浆灭火。

3.瓦斯抽采泵站用水

根据实际情况,安家庄煤矿考虑利用工作面顺槽进行本煤层抽采,对已采的老空区进行全封闭式抽采方法，对正在回采的采空区，在采空区预插抽采管、拖管抽采和分段封闭抽采。瓦斯抽采浓度暂定为30%，采空区瓦斯抽采浓度暂定为6%。瓦斯抽采站内设置1台 $GBNL_3$-100 型冷却塔，补给水为经深度处理后的软化水，从矿井涌水深度处理系统缓冲水池处经泵加压送至风井场地瓦斯抽采泵站循环水池，由水泵吸水经冷却塔冷却后向抽放瓦斯泵供水。

4.井下集中降温系统用水

安家庄煤矿为地面集中制冷，降温系统采用机械制冷降温，制冷站布置在主副井工业场地内，设置2台 $GBNL_3$-500 型低温冷却塔。整个系统经过三次换热后将冷量输送至采掘工作面的空气冷却器，空气冷却器与风流进行热交换后制造冷风降温。

5.选煤厂选煤用水

洗煤水来自处理后的生活污水及处理后的井下排水，通过管道加压至选煤厂浓缩车间循环水池，再进入生产用水系统，由于煤泥采用高效浓缩机浓缩、快开压滤机脱水处理工艺，保证煤泥厂内回收，实现洗水闭路循环。

6.锅炉补水

安家庄煤矿总热负荷采暖期16 765 kW，非采暖期2 757 kW，选用4台SZL10-1.0-AⅢ型蒸汽锅炉。采暖期4台锅炉同时运行，采暖期天数141 d，非采暖期1台锅炉运行为洗浴用热服务。可研设计锅炉补水由经深度处理后的矿井涌水补给。

7.道路及绿化洒水

道路及绿化洒水来自处理达标的生活污水，浇洒变频设备从工业场地回用水池吸水，加压供至绿地浇洒管网。

3.2.1.3 消防洒水系统

1.地面消防

地面消防给水单独设置，由工业场地内的日用消防水池供给，采用临时高压给水系统，环状布置，火灾初期由生产系统最高处消防水箱供水，启动专用消防水泵后通过消防水泵从清水池抽水加压送到灭火点，进行加压灭火。

工业场地室外消防流量30 L/s，室内消防流量15 L/s，火灾延续时间按3 h计算，消防水幕流量20 L/s，火灾延续时间按1 h计算，自动喷淋消防系统消防流量28 L/s，火灾延续时间按1 h计算。一次消防所需水量为658.8 m^3。

工业场地地面消防系统工作水压为1.10 MPa，给水干管管径DN250，次干管管径DN150，管材为内外环氧复合钢管。在干管、次干管上每隔100 m设1个SX100/65-1.0型地下式室外消火栓，间距 $L \leq 120$ m，保护半径 $R \leq 150$ m。

2.井下消防

井下消防与防尘洒水管道合二为一，由井下日用水池提供，采用常高压消防给水系统，从矿井工业场地回用水池重力流方式沿主副井设1条消防洒水管，管径为DN150，管材为无缝钢管。在主井和副井井底车场连接处、带式输送机机头、机电硐室、材料库、爆炸器材库等处设置消火栓箱，箱内存放防腐水龙带和SN50型水枪。在带式输送机巷道易发火点处，设置由烟感或温感控制的自动喷水灭火装置。在井底两侧，设置水喷雾隔火装置。

井下消防流量为22.5 L/s，其中消火栓系统消防流量为7.5 L/s，火灾延续时间为6 h，自动喷淋系统消防流量为 15 L/s,火灾延续时间为 2 h。井下一次消防用水量为 270 m^3。

3.2.2　设计参数的合理性识别

3.2.2.1　可研设计用水参数及用水量

根据可研设计,安家庄煤矿总用水量为 5 790 m^3/d,其中取新水量为 5 528 m^3/d(自来水量 947 m^3/d,自身矿井涌水量 4 581 m^3/d),可研设计用水参数见表 3-4,水量平衡见表 3-5 和图 3-5。

表 3-4　可研设计用水参数

序号	用水名称	用水标准		用水人数(人)		用水时间(h)	用水量(m^3)	K	最高时量(m^3/h)	备注
		单位	数量	一昼夜	最大班					
1	单身宿舍用水	L/(人·d)	150	1 095		24	164	2.5	17.1	
2	食堂用水	L/(人·餐)	20	1 095	190	12	44.0	1.5	5.5	每人每日以两餐计
3	职工日常生活用水	L/(人·班)	30	1 095	190	8	33	2.5	3.5	
4	浴室用水				190		500	1.0	62.6	
	其中:淋浴	L/(个·h)	540	178 个			384		48.1	
	浴池	m(水深)	0.7				109		13.7	面积 39 m^2
	洗脸盆	L/(个·h)	100	18 个脸盆			7.0			
5	洗衣房用水	L/kg 干衣	80	935	190	12	112	1.5	14.0	每人每天洗 1.5 kg 干衣
6	锅炉补充水		40%			16	320		20	蒸发量的 40%
7	绿化用水	L/(m^2·d)	3.0			6	106		17.7	面积 3.6 hm^2
8	道路洒水	L/(m^2·次)	3.0			3	131		43.5	面积 4.4 hm^2
9	瓦斯抽采及矿井降温补水	补水量由采矿专业提供				24	698		29.1	
10	未预见用水	上述之和的 15%				12	316		31.9	
11	井下防尘洒水	洒水量由采矿专业提供				24	1 200		141.4	
12	灌浆用水	用水量由采矿专业提供		—			1 050		77.8	
13	选煤厂生活用水	L/(人·d)		108	34		41		4.7	
14	选煤厂生产用水						1 075		67.2	补水量 0.071 m^3/t
合计							5 790			
消防用水		地面一次消防所需水量 658.8 m^3。工业场地室外消防流量 30 L/s,室内消防流量 15 L/s,火灾延续时间按 3 h 计算,消防水幕流量 20 L/s,火灾延续时间按 1 h 计算,自动喷淋消防系统消防流量 28 L/s,火灾延续时间按 1 h 计算。 井下一次消防用水量 270 m^3。消防流量 22.5 L/s,其中消火栓系统消防流量 7.5 L/s,自动喷淋系统消防流量 15 L/s								

表 3-5　可研设计安家庄煤矿水量平衡一览表　　（单位：m^3/d）

<table>
<tr><th rowspan="2">序号</th><th rowspan="2">用水项目</th><th colspan="2">取新水量</th><th rowspan="2">用水量(含回用水)</th><th rowspan="2">耗水量</th><th rowspan="2">回用量</th><th rowspan="2">排水量</th><th rowspan="2">备注</th></tr>
<tr><th>自来水</th><th>矿井水</th></tr>
<tr><td>1</td><td>单身宿舍用水</td><td>164</td><td>0</td><td>164</td><td>8</td><td>0</td><td>156</td><td rowspan="7">至生活污水处理站</td></tr>
<tr><td>2</td><td>食堂用水</td><td>44</td><td>0</td><td>44</td><td>7</td><td>0</td><td>37</td></tr>
<tr><td>3</td><td>洗衣用水</td><td>112</td><td>0</td><td>112</td><td>6</td><td>0</td><td>106</td></tr>
<tr><td>4</td><td>职工生活用水</td><td>33</td><td>0</td><td>33</td><td>2</td><td>0</td><td>31</td></tr>
<tr><td>5</td><td>洗浴用水</td><td>500</td><td>0</td><td>500</td><td>25</td><td>0</td><td>475</td></tr>
<tr><td>6</td><td>锅炉补充水</td><td>0</td><td>0</td><td>320</td><td>288</td><td>320</td><td>32</td></tr>
<tr><td>7</td><td>瓦斯抽采泵站及矿井降温补水</td><td>0</td><td>0</td><td>698</td><td>623</td><td>698</td><td>75</td></tr>
<tr><td>8</td><td>绿化用水</td><td>0</td><td>0</td><td>106</td><td>106</td><td>106</td><td>0</td><td></td></tr>
<tr><td>9</td><td>地面及道路洒水</td><td>0</td><td>0</td><td>131</td><td>131</td><td>131</td><td>0</td><td></td></tr>
<tr><td>10</td><td>未预见水量</td><td>53</td><td>0</td><td>316</td><td>134</td><td>263</td><td>182</td><td>至生活污水处理站</td></tr>
<tr><td>11</td><td>井下洒水</td><td>0</td><td>0</td><td>1 200</td><td>1 200</td><td>1 200</td><td>0</td><td></td></tr>
<tr><td>12</td><td>灌浆用水</td><td>0</td><td>0</td><td>1 050</td><td>1 050</td><td>1 050</td><td>0</td><td></td></tr>
<tr><td>13</td><td>选煤厂生活用水</td><td>41</td><td>0</td><td>41</td><td>1</td><td>0</td><td>40</td><td>至生活污水处理站</td></tr>
<tr><td>14</td><td>选煤厂生产用水</td><td>0</td><td>0</td><td>1 075</td><td>1 075</td><td>1 075</td><td>0</td><td></td></tr>
<tr><td colspan="2">小计</td><td>947</td><td>0</td><td>5 790</td><td>4 656</td><td>4 843</td><td>1 134</td><td></td></tr>
<tr><td>15</td><td>矿井水处理站</td><td>0</td><td>4 581</td><td>4 581</td><td>90</td><td>0</td><td>4 491</td><td>浓盐水 751 至灵台电厂</td></tr>
<tr><td>16</td><td>生活污水处理站</td><td>0</td><td>0</td><td>1 134</td><td>31</td><td>1 134</td><td>1 103</td><td>处理达标后全部回用</td></tr>
<tr><td colspan="2">合计</td><td>947</td><td>4 581</td><td>11 505</td><td>4 777</td><td>5 977</td><td>6 728</td><td></td></tr>
<tr><td rowspan="2">消防用水</td><td>地面消防</td><td colspan="7">地面一次消防所需水量为 658.8 m^3。工业场地室外消防流量 30 L/s，室内消防流量 15 L/s，火灾延续时间按 3 h 计算，消防水幕流量 20 L/s，火灾延续时间按 1 h 计算，自动喷淋消防系统消防流量 28 L/s，火灾延续时间按 1 h 计算</td></tr>
<tr><td>井下消防</td><td colspan="7">井下一次消防用水量 270 m^3。井下消防流量 22.5 L/s，其中消火栓系统消防流量 7.5 L/s，自动喷淋系统消防流量 15 L/s</td></tr>
</table>

根据《企业水平衡测试通则》(GB/T 12452—2008)：

(1)用水量是指在确定的用水单元或系统内，使用的各种水量的总和，即新水量和重复利用水量之和。

(2)新水量是指企业内用水单元或系统取自任何水源被该企业第一次利用的水量。

(3)重复利用水量为循环用水量与回用水量之和。

(4)回用水量是指企业产生的排水，直接或经处理后再利用于某一用水单元或系统的水量。

(5)耗水量是指在确定的用水单元或系统内，生产过程中进入产品、蒸发、飞溅、挟带及生活饮用等所消耗的水量。

(6)排水量是指对于确定的用水单元或系统，完成生产过程和生产活动之后排除企业之外及排出该单元进入污水系统的水量

注：消防系统用水不计入项目总用水量中。

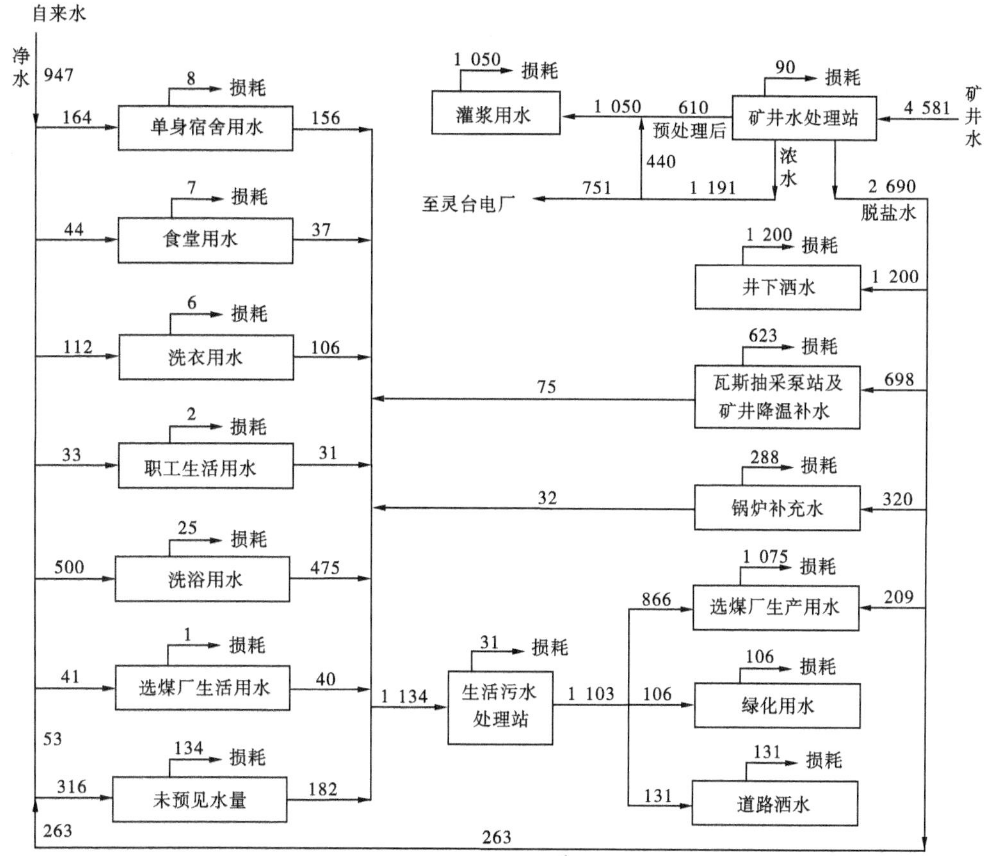

图 3-5　可研设计安家庄煤矿用水水量平衡图

3.2.2.2　可研设计参数的合理性识别

比照国家及行业有关标准规范要求、先进用水工艺、节水措施及用水指标，结合可研提出的取用水方案，本书对项目生活、生产用水系统的用水设计参数进行合理性分析。

1. 生活用水系统

生活用水系统包括职工生活用水、食堂用水、洗衣用水、洗浴用水等。论证按照《煤炭工业矿井设计规范》（GB 50215—2005）、《建筑给水排水设计规范》（GB 50015—2009）和《煤炭工业给水排水设计规范》（GB 50810—2012），并结合《甘肃省行业用水定额》（修订本，2011 年），对生活系统用水设计参数进行合理性分析。

1）职工生活用水（含选煤厂生活）

可研设计矿井职工生活、选煤厂生活和单身宿舍用水互为单独的用水单元，分析认为选煤厂生活、单身公寓用水应包含在职工日常生活用水内。

可研设计矿井职工生活用水为 33 m^3/d，用水人数 1 095 人，用水定额 30 L/（人·班），是《煤炭工业矿井设计规范》（GB 50215—2005）规定的“职工日常生活用水为 30～50 L/（人·班）”标准的下限。

可研设计选煤厂生活用水为 41 m^3/d，用水人数为 108 人，经计算其用水为 380

L/(人·d),设计用水偏大。

可研设计单身宿舍用水 164 m³/d,用水人数为 1 095 人,用水定额为 150 L/(人·d),是《建筑给水排水设计规范》(GB 50015—2009)规定的"宿舍Ⅲ、Ⅳ类用水定额 100~150 L/(人·d)"标准的上限。

根据周边煤矿运行实际,矿井、选煤厂生活用水论证按 30 L/(人·班)计,宿舍用水取 120 L/(人·d),按扣除与生活用水重复部分,降至 90 L/(人·d)。另外,可研在职工生活和宿舍用水人数上与其劳动定员不符,按照表 3-3,论证认为职工生活用水人数按日出勤人数 1 252 人计(含选煤厂),单身宿舍用水人数按在籍人数 1 725 人计。经计算,合理性分析后全矿职工日常生活用水合计为 193 m³/d。

2)食堂用水

可研设计食堂生活用水量 44 m³/d,用水定额为 20 L/(人·餐),日出勤总人数 1 095 人,用水定额符合《煤炭工业矿井设计规范》(GB 50215—2005)"食堂生活用水为 20~25 L/(人·餐),日用水量按日出勤总人数、每人每天两餐计算"的要求,但用餐人数与劳动定员不符,按照表 3-3,应为 1 252 人(含选煤厂)。经计算食堂生活合理用水为 50 m³/d。

3)洗衣用水

可研设计洗衣用水量为 112 m³/d,人数为 935 人,用水定额为 80 L/kg 干衣,1.5 kg/(人·d),符合《煤炭工业矿井设计规范》(GB 50215—2005)"洗衣用水 80 L/kg 干衣,按全矿下井人员 1.5 kg 干衣/(人·d)计"的要求,但洗衣人数与劳动定员不符,按照表 3-3,全矿下井人员为 784 人,经计算洗衣合理用水为 94 m³/d。

4)洗浴用水

可研设计洗浴用水 500 m³/d,浴室配备有 178 只淋浴器,设计水量 540 L/(只·h);浴池面积 39 m²,设计水深 0.7 m;洗脸盆 18 个,设计水量 100 L/(h·个)。

根据调研,目前甘肃省平凉市境内大部分新建煤矿均未建设浴池。考虑到项目区水资源紧缺的实际,与业主沟通后,确定安家庄煤矿池浴用水可取消。

按全矿出勤人数 1 252 人,每天每人洗 1 次,淋浴用水按照《甘肃省行业用水定额》(修订本,2011 年)中"洗浴业用水定额:淋浴 100 L/(人·次)"的标准,经计算,安家庄煤矿洗浴用水为 125 m³/d。

2.生产系统用水

生产系统用水主要包括灌浆用水、瓦斯抽采补水、矿井降温、井下洒水、选煤厂补水和锅炉补水等。论证参照《煤炭工业矿井设计规范》(GB 50215—2005)、《煤炭工业给水排水设计规范》(GB 50810—2012)、《煤矿井下消防、洒水设计规范》(GB 50383—2006),《煤矿瓦斯抽采工程设计规范》(GB 50471—2008)、《煤炭洗选工程设计规范》(GB 50359—2005)、《锅炉房设计规范》(GB 50041—2008)的相关要求,对生产系统用水设计参数进行合理性分析。

1)灌浆用水

安家庄矿井各可采煤层自燃倾向性等级为Ⅰ~Ⅱ级,属容易自燃煤-自燃煤,本着预防为主的方针,设计考虑对煤层自然发火,采取以灌浆为主,注氮等防灭火方法为辅的安全措施。

根据安家庄煤矿的地理位置、地面条件及煤层开采特点，拟以工业场地周边黄土作为灌浆材料，采用采空区埋管灌浆的方法进行预防性灌浆，回采工作面随采随灌，灌浆工作制度为每天三班工作，每班纯灌浆时间为3.5 h，可研设计灌浆用水为1 050 m^3/d，灌浆工作与回采工作紧密配合。可研设计的日灌浆量计算过程如下：

(1)灌浆所需土量Q_t，其计算公式为

$$Q_t = K \times G/r = 0.03 \times 15\ 152/1.38 = 329(m^3/d)$$

式中 K——灌浆系数，取0.03；

G——矿井产量，t/d 取15 152 t/d；

r——煤的容重，t/m^3，取1.38 t/m^3。

(2)灌浆所需实际开采土量Q_{t1}，其计算公式为

$$Q_{t1} = a \times Q_t = 1.1 \times 329 = 362(m^3/d)$$

式中 a——取土系数，取1.1。

(3)灌浆泥水比。

矿井灌浆泥水比取1：2.5。

(4)制浆所用水量Q_s，其计算公式为

$$Q_s = Q_{t1} \times g = 362 \times 2.5 = 905(m^3/d)$$

式中 Q_s——制泥浆用水量，m^3/d；

g——泥水比的倒数，2.5。

(5)灌浆所用水量Q_{s1}，其计算公式为

$$Q_{s1} = Q_s \times K_s = 905 \times 1.16 \approx 1\ 050(m^3/d)$$

式中 Q_{s1}——灌浆所用水量，m^3/d；

K_s——冲洗管道防止堵塞的水量备用系数。

(6)灌浆量Q，其计算公式为

$$Q = (Q_t + Q_{s1}) \times M \approx (329 + 1\ 050) \times 0.792 = 1\ 092(m^3/d)$$

式中 Q——灌浆量，m^3/d；

M——浆液制成率。

经本书研究分析，除冲洗管道防止堵塞的水量备用系数和浆液制成率外，可研设计的灌浆系数、取土系数、灌浆泥水比等都符合《煤矿注浆防灭火技术规范》(MT/T 702—1997)的要求。按以往经验，冲洗管道防止堵塞的水量备用系数取1.1，浆液制成率取0.9，据此核定项目灌浆用水为996 m^3/d，灌浆量为1 193 m^3/d。

灌浆过程中有一定的析出水，参考麟游矿区郭家河煤矿实际运行经验，论证按照40%取值，经计算灌浆析出水为477 m^3/d，与矿井涌水一同进入处理站处理后回用。

综上分析，安家庄煤矿灌浆合理用水量为996 m^3/d，灌浆析出水量为477 m^3/d。

2)瓦斯抽采站补水

可研设计瓦斯抽采站及矿井降温补水量未单独区分，合计为698 m^3/d。安家庄煤矿投产时相对瓦斯涌出量为7.35 m^3/t，绝对瓦斯涌出量为77.3 m^3/min，属高瓦斯矿井，必须进行瓦斯抽采，拟在回风井附近设置地面抽采瓦斯站。可研推荐回采前预抽、边采边

抽、采空区全封闭抽采、分段封闭、预插抽采管拖管抽采等方法。

可研设计瓦斯抽采站内设置 1 台 $GBNL_3$-100 型开式冷却塔，循环水量为 2 400 m^3/d。根据当地气象条件，分析推算出冷却塔蒸发风吹损失率冬季为循环水量的 1.2%，夏季为 1.7%，小于《煤炭工业给水排水设计规范》(GB 50810—2012)中"循环冷却补充水占循环水量 10%"的规定。经计算，瓦斯抽采站合理补水采暖期为 29.0 m^3/d，非采暖期为 41.0 m^3/d。

根据项目周边的郭家河煤矿瓦斯抽采站的实际用水统计数据(瓦斯抽采工艺与安家庄煤矿一致)，该矿绝对瓦斯涌出量为 88.7 m^3/min，用水量为 45 m^3/d，确认合理性分析后的安家庄煤矿瓦斯抽采站补水量能够满足实际生产运行需求，其补水为软化水，排污量极小且为临时性排污，可忽略不计。

3)矿井降温补水

本矿开采深度大于 700 m，各煤层底板岩温均大于 31 ℃，且大部分区域岩温大于 37 ℃，属一、二级热害区。本矿各盘区均采用工作面降温，选用地面集中制冷水的降温系统进行机械制冷降温，制冷站布置在工业场地内，总冷负荷初期为 8 652 kW。

由于项目井下温度较高，为保证煤矿的安全生产，可研设计地面制冷站设置 2 台 $GBNL_3$-500 型开式冷却塔，循环水量为 24 000 m^3/d。根据当地气象条件，论证推算出冷却塔蒸发风吹损失率冬季为循环水量的 1.2%，夏季为 1.7%，小于《煤炭工业给水排水设计规范》(GB 50810—2012)中"循环冷却补充水占循环水量 10%"的规定。经计算，合理性分析后矿井降温补水采暖期为 288 m^3/d，非采暖期为 408 m^3/d，因其补水为软化水，排污量极小且为临时性排污，可忽略不计。

4)井下洒水

安家庄煤矿井下洒水主要用于回采和综掘工作面的降尘喷雾。可研设计安家庄煤矿井下回采工作面 2 个，综掘工作面 4 个，设计洒水量为 1 200 m^3/d，见表 3-6。

表 3-6　可研设计井下洒水量计算表

工作面	序号	用水设施名称	设施数量(台(个))	用水定额(L/min)	日工作时间(h)	用水量(m^3/d)
回采工作面	1	采煤机喷雾泵站	2	315	12	453
	2	净化风流水幕喷头	24	6	16	138
	3	工作面喷雾防尘喷头	12	6	10	43
	4	工作面冲洗顺槽用给水栓	11	20	3	40
	5	转载点喷雾防尘喷头	8	6	10	29
综掘进工作面	6	煤巷掘进机	4	80	15	287
	7	装载机喷雾防尘(防尘面积按约 8 m^2计)	4	3	10	58
	8	混凝土搅拌机	2	25	4	12
	9	净化风流水幕喷头	12	6	8	35
合计			—	—	—	1 200(含 10%的未预见水量)

根据《煤炭工业矿井设计规范》(GB 50215—2005)、《煤矿井下消防、洒水设计规范》(GB 50383—2006)的规定,并参考华亭矿区山寨煤矿、麟游矿区郭家河煤矿的实际运行经验,分析认为喷雾泵站和煤巷掘进机的用水时间可分别按10 h和8 h计,同时井下洒水一般不考虑未预见水量。经计算井下洒水应为886 m^3/d。

5)选煤厂补水

安家庄矿井配套建设选煤厂规模与矿井一致(为5.0 Mt/a,日处理量15 152 t),采用重介浅槽分选工艺,煤泥水闭路循环,补水量为1 075 m^3/d,吨煤耗水为0.071 m^3,产品煤含水量为11.0%,洗选后产品平衡见表3-7。

表3-7 可研设计选煤厂洗选后产品平衡

产品名称		数量				质量		
		r%	t/h	t/d	Mt/a	A_d(%)	M_t(%)	$Q_{net,ar}$(kcal/kg)
洗大块(200~80 mm)		8.05	76.27	1 220.38	0.40	12.91	10.00	6 066
洗中块(80~30 mm)		11.79	111.67	1 786.76	0.59	11.74	11.00	6 088
洗小块(30~13 mm)		10.13	95.93	1 534.93	0.51	11.99	11.50	6 030
末煤(-13 mm)	筛末煤	45.90	434.66	6 954.55	2.30	21.29	12.00	5 245
	离心末煤	6.09	57.64	922.21	0.30	20.39	11.00	5 384
	浅槽末煤	0.57	5.35	85.63	0.03	18.75	17.00	5 108
	粗煤泥	0.30	2.83	45.28	0.01	25.28	18.00	4 550
	压滤煤泥	2.72	25.76	412.11	0.14	29.89	24.00	3 857
	小计	55.58	526.24	8 419.78	2.78	21.60	12.66	5 177
洗块矸		14.45	136.86	2 189.74	0.72	79.28	13.00	
原煤		100.00	946.97	15 151.52	5.00	27.10	11.00	4 837

安家庄煤矿原煤内在水量为464 m^3/d(根据地勘报告,原煤空气干燥基水分3.06%),根据井下洒水量计算表(见表3-6),推算出井下防尘洒水随原煤带走水量约为547 m^3/a(扣除工作面冲洗、煤巷掘进及混凝土搅拌用水),二者相加即为原煤进入选煤厂前含水量(1 011 m^3/d),经洗选后产品煤带出水量为1 667 m^3/d(产品煤含水量为11.0%),则选煤过程中需补充的水量为656 m^3/d(吨煤耗水量0.043 m^3)。

因仅从理论上推算选煤补水量,为保证项目选煤厂用水需要,本书研究对该地区已建选煤厂进行调研后得出选煤耗水量一般在0.05 m^3/t左右,从用水安全角度考虑,本书研究按0.05 m^3/t核定安家庄煤矿的选煤厂吨煤耗水量,即选煤厂补充水量为758 m^3/d。

6)锅炉补水

安家庄煤矿总热负荷采暖期16 765 kW,非采暖期2 757 kW,选用4台SZL10-1.0-AⅢ型蒸汽锅炉。采暖期4台锅炉同时运行,采暖期天数141 d,非采暖期1台锅炉运行为洗浴用热服务。

可研设计采暖期锅炉补水为320 m^3/d。4台锅炉总蒸发量为40 t/h,每天运行16 h,补水按蒸发量的40%计。经本书研究复核,补水计算符合《煤炭工业矿井设计规范》(GB

50215—2005)中规定的“采暖蒸汽锅炉补水按蒸发量的 20%~40%计”的标准,但补水量略有差异,经计算,采暖期锅炉补水应为 256 m^3/d。

可研设计采暖期锅炉排水量为 32 m^3/d。安家庄煤矿 4 台锅炉蒸汽压力都小于 2.5 MPa,总蒸发量为 640 t/d,经计算排污率为 5%,符合《锅炉房设计规范》(GB 50041—2008)“锅炉蒸汽压力小于等于 2.5 MPa(表压)时,排污率不宜大于 10%”的规定。综上,合理性分析后采暖期锅炉补水 256 m^3/d,耗水量 224 m^3/d,排污 32 m^3/d。

可研设计未考虑非采暖期锅炉补水,分析认为锅炉补充水量采暖期与非采暖期应分开计算。非采暖期 1 台 SZL10-1.0-AⅢ型锅炉运行为洗浴用热服务,蒸发量为 10 t/h,每天运行 3 h,根据《煤炭工业矿井设计规范》(GB 50215—2005)“非采暖蒸汽锅炉补水按蒸发量的 60%~80%计”及《锅炉房设计规范》(GB 50041—2008)关于排污率的规定,研究认为非采暖期锅炉补水可按蒸发量的 70%计,排污水按总蒸发量的 5%计。合理性分析后非采暖期锅炉补水量 21 m^3/d,耗水量 19 m^3/d,排污水 2 m^3/d。

7)绿化用水

可研设计绿化用水 106 m^3/d,绿化面积 3.6 hm^2,用水定额 3.0 L/(m^2·d)。参考《煤炭工业给水排水设计规范》(GB 50810—2012)“绿化用水量可采用 1.0~3.0 L/(m^2·d)计算”及《甘肃省行业用水定额》(修订本,2011 年)规定“园林绿化业 1.5 L/(m^2·次)”的要求,用水定额论证取 1.5 L/(m^2·d),安家庄煤矿绿化面积为 4.0 hm^2。经计算,分析后安家庄煤矿绿化用水量为 60 m^3/d,项目冬季不进行厂区绿化喷洒。

8)地面及道路洒水

可研设计地面及道路洒水 131 m^3/d,地面及道路面积 4.4 hm^2,用水定额 3.0 L/(m^2·d),符合《煤炭工业给水排水设计规范》(GB 50810—2012)“浇洒道路用水量可采用 2.0~3.0 L/(m^2·d)计算”的要求,道路洒水量合理。考虑到矿区扬尘较大及冬季寒冷的情况,冬季地面道路洒水应以地面不结冰为原则进行少量喷洒,分析预估冬季厂区道路喷洒为 50 m^3/d。

3.消防用水

可研设计工业场地室外消防流量 30 L/s,室内消防流量 15 L/s,火灾延续时间按 3 h 计算,消防水幕流量 20 L/s,火灾延续时间按 1 h 计算,自动喷淋消防系统消防流量 28 L/s,火灾延续时间按 1 h 计算,一次消防所需水量为 658.8 m^3。

可研设计井下消防流量为 22.5 L/s,其中消火栓系统消防流量为 7.5 L/s,火灾延续时间为 6 h,自动喷淋系统消防流量为 15 L/s,火灾延续时间为 2 h。井下一次消防用水量为 270 m^3。

按照《煤矿井下消防、洒水设计规范》(GB 50383—2006)对上述可研设计消防用水进行复核,分析认为可研设计消防用水基本合理。消防用水不计入项目总用水量之中。

4.未预见水量分析

可研设计未预见水量按矿井地面用水量的 15%确定,符合《煤炭工业矿井设计规范》(GB 50215—2005)“其它用水量按总用水量的 10%~20%计算”和《煤炭工业给水排水设计规范》(GB 50810—2012)“未预见水量及管网漏失水量可按最高日用水量的 15%~25%计算”的要求。但考虑项目地处水资源紧缺地区,本书研究认为未预见水量应严格控制,宜按生活用水系统用水量的10%计。未预见水量是针对各用水系统难以预测的各项因素而准备的水量,可按照全部损耗处理。

3.2.2.3　核定后的项目用水量

经分析核定,安家庄煤矿采暖期用水量为3 771 m^3/d,非采暖期用水量为3 809 m^3/d,见表3-8。

表3-8　合理性分析后的项目各用水参数及用水量表

序号	用水名称	用水量(m^3/d)	备注
1	职工生活用水	193	生活用水定额30 L/(人·d),用水人数1 252人; 宿舍用水定额90 L/(人·d),用水人数1 725人
2	食堂用水	50	用水定额为20 L/(人·餐),每人每天按两餐计算, 日出勤总人数1 252人
3	洗衣房用水	94	用水定额为80 L/kg干衣,1.5 kg/(人·d),下井人员784人
4	浴室用水	125	淋浴100 L/(人·次),日出勤总人数1 252人
5	瓦斯抽采补水	29(41)	补水采暖期为循环水量的1.2%,非采暖期为1.7%
6	矿井降温补水	288(408)	补水采暖期为循环水量的1.2%,非采暖期为1.7%
7	锅炉补充水	256(21)	采暖期4台锅炉同时运行,非采暖期1台锅炉运行
8	灌浆用水	996	析出水量按40%的灌浆量计
9	井下洒水	886	—
10	选煤厂生产补水	758	吨煤耗水量0.05 m^3
11	绿化用水	0(60)	用水定额1.5 L/(m^2·d)
12	道路洒水	50(131)	用水定额3.0 L/(m^2·d)
13	未预见水量	46.0	生活系统用水量的10%
14	合计	3 771(3 809)	—

注:括号外数字为采暖期用水量,括号内数字为非采暖期用水量。

3.2.3　污废水处理及回用

安家庄煤矿污废水来源主要包括工业场地生活生产污废水、井下生产废水及初期雨水,采取雨污分流、污污分流制排水系统。

3.2.3.1　污废水产生量

1.工业场地生活、生产污废水量

根据合理性分析后的项目用水量及《煤炭工业给水排水设计规范》(GB 50810—2012)中关于排水的相关规定,对项目工业场地生活、生产污废水量进行核定,见表3-9。

表 3-9　工业场地生活、生产污废水产生量对比

序号	排水项目	可研设计		论证核定后		备注
		排水量(m^3/d)	占用水量比例(%)	排水量(m^3/d)	占用水量比例(%)	
1	单身宿舍排生活污水	156	95	183	95	职工日常生活污水
2	办公楼排生活污水	31	94			
3	选煤厂排生活污水	40	98			
4	食堂排生活污水	37	84	43	85	
5	洗衣房排生活污水	106	95	89	95	
6	浴室排生活污水	475	95	119	95	
7	锅炉房排污水	32	5	32(2)	5	按蒸发量计
8	瓦斯抽采泵站排污水	75	11	0	0	
9	矿井降温冷却排污水			0	0	
10	未预见排生活污水	182	上述之和的 19%	0	0	
11	绿化及道路洒水	0	0	0	0	0
12	选煤厂煤泥水	洗水闭路循环,不外排				
合计		1 134		466(436)		

注:括号外数字为采暖期用水量,括号内数字为非采暖期用水量。

从表 3-9 可知,经合理性分析后项目工业场地生活、生产污废水量采暖期为 466 m^3/d,非采暖期为 436 m^3/d。

2. 井下生产废水产生量

安家庄煤矿井下生产废水主要为矿井涌水、灌浆析出水,井下防尘洒水全部消耗。

根据本书研究分析,安家庄煤矿自身矿井涌水可供水量为 2 606 m^3/d ,灌浆析出水量为 477 m^3/d;井下生产废水产生量合计为 3 083 m^3/d。

3.2.3.2　污废水处理工艺及回用方案

根据项目污废水水量、水质及可研回用工艺方案,结合同地区其他矿井污废水回用实例,本书研究确定项目污废水处理工艺、回用方案如下:

(1)地面生活污水经二级生物接触氧化法处理后,达到《城市污水再生利用　城市杂用水水质》(GB/T 18920—2002)中的绿化杂用水水质标准和《煤炭洗选工程设计规范》(GB 50359—2005)中的选煤用水水质标准的要求,回用于绿化、道路洒水及选煤厂生产。生活污水处理站处理损耗取经验值为 5%。

(2)安家庄煤矿井下排水盐分较高,从前节核定后的用水量可以看出,经预处理后的矿井涌水除用于生产外尚有余量,多余矿井涌水送反渗透系统进行深度脱盐处理,深度处

理系统的产品水(脱盐水)作为锅炉、瓦斯抽采站、井下集中降温站等补水,多余的脱盐水经消毒处理后向生活供水;深度处理系统排出的浓盐水与处理达标的生活污水掺混后用作选煤厂的补水。根据以往经验,矿井涌水预处理系统损耗按5%计,反渗透深度处理系统净水得率按75%计。

根据第4章水样分析成果,安家庄煤矿井下排水经预处理后,出水水质可满足《煤炭工业污染物排放标准》(GB 20426—2006)、《煤矿井下消防、洒水设计规范》(GB 50383—2006)和《煤炭洗选工程设计规范》(GB 50359—2005)的要求。

(3)工业场地内雨水由雨水沟收集排出至蓄水池,用作道路洒水及绿化等,雨水沟采用砌片石结构,在车行、人行处设置钢筋混凝土盖板。

3.2.4　用水水平指标计算与比较

3.2.4.1　用水水平指标及计算公式

根据《清洁生产标准　煤炭采选业》(HJ 446—2008)和《节水型企业评价导则》(GB/T 7119—2006),单位产品选用原煤生产水耗、单位产品选煤生产补水量、矿井水利用率、单位产品取水量、污水回用率、人均生活用水定额等6个主要用水指标,安家庄矿井用水水平评价指标及计算公式见表3-10。

表3-10　安家庄矿井用水水平评价指标及计算公式

序号	评价指标	计算公式	参数概念
1	单位产品原煤生产水耗	$S_S = \frac{h}{R}$	S_S—单位产品原煤生产水耗,m^3/t; h—年原煤生产耗水量,m^3; R—年原煤产量,t; 煤生产水耗不包括生产办公区、生活区等用水
2	单位产品选煤生产补水量	$S_b = \frac{B}{M}$	S_b—单位产品选煤生产补水量, m^3/t; B—年选原煤补水量,m^3; M—年入选原煤量,t
3	矿井水利用率	$S_k = \frac{K}{K_Z} \times 100\%$	S_k—矿井水利用率(%); K—年矿井水利用总量,m^3; K_Z—年矿井水产生总量,m^3
4	单位产品取水量	$V_{ui} = \frac{V_i}{Q}$	V_{ui}—单位产品取水量,m^3/t; V_i—年取水量,m^3; Q—年原煤产量,t
5	污水回用率	$K_w = \frac{V_w}{V_d} \times 100\%$	K_w—污水回用率(%); V_w—年污水回用量,m^3; V_d—年污水排放量,m^3
6	人均生活用水定额	$V_{1f} = \frac{V_{y1f}}{n}$	V_{1f}—职工人均生活日新水量,$m^3/(人·d)$; V_{y1f}—全矿生活日用新水量,m^3; n—全矿职工总人数,人

3.2.4.2 用水水平指标比较与分析

根据《清洁生产标准 煤炭采选业》(HJ 446—2008)和《节水型企业评价导则》(GB/T 7119—2006)及《甘肃省行业用水定额》(修订本,2011 年),对项目可研设计及核定后的用水水平进行分析,见表 3-11。

表 3-11 用水量合理性分析前后主要用水指标对比分析

序号	指标	单位	可研设计	核定后	比较	核定后符合标准
1	单位产品原煤生产水耗	m^3/t	0.149	0.093	降低 0.056	清洁生产指标:一级≤0.1(国际清洁生产先进水平),二级≤0.2(国内清洁生产先进水平)
2	单位产品选煤补水量	m^3/t	0.071	0.05	降低 0.021	清洁生产指标:一级≤0.1 甘肃省行业用水定额:0.15
3	矿井水利用率	%	100	100	保持	清洁生产一级标准:100% 甘肃省行业用水定额:90%
4	单位产品取水量	m^3/t	0.29	0.15	降低 0.14	甘肃省行业用水定额:0.34
5	污水回用率	%	100	100	保持	—
6	人均生活用水量	$m^3/(人·d)$	0.52	0.27	降低 0.25	—

从表 3-11 可知,安家庄原煤生产水耗从 0.149 m^3/t 降至 0.093 m^3/t,达到《清洁生产标准 煤矿采选业》(HJ 446—2008)一级标准,属国际清洁生产先进水平;选煤生产补水量从 0.071 m^3/t 降至 0.05 m^3/t,符合《清洁生产标准 煤矿采选业》(HJ 446—2008)一级标准及《甘肃省行业用水定额》(修订本,2011 年)的要求,属国际清洁生产先进水平;单位产品取新水量从 0.29 m^3/t 降至 0.15 m^3/t,符合《甘肃省行业用水定额》(修订本,2011 年)的要求;全矿综合生活用水定额从 0.52 $m^3/(人·d)$ 降至 0.27 $m^3/(人·d)$,节水效果明显;全矿井下排水及生活污水处理达标后全部回用,实现了废污水资源化。

3.2.5 节水潜力分析

在满足生产工艺要求的前提下,安家庄煤矿设备选型遵循技术先进、性能可靠、效率高、能耗低的原则,在两个投产工作面分别选用 MG200/456-AWD 型和 MG500/1280-WD 型采煤机,选煤厂的浅槽分选机、快开隔膜压滤机、浓缩机、离心脱水机等都选用国产优质设备,其他生产设备采用低耗水或不耗水设备,全矿自动化程度达到国内先进水平,是具有新技术、新工艺、新设备的高产高效现代化企业。

在保障正常用水需求的前提下,经合理性分析后安家庄煤矿取水量比可研设计最低减少 2 456 m^3/d,做到了矿井涌水全部回用,节水减污效果明显,其各项用水指标也优于或接近同区域煤矿各项用水指标,各单项用水指标大部分比可研有所降低,节水效果显著。

综上,本书研究结合项目建设区域水资源条件,在保障工程经济技术可行、合理的用水要求前提下，对主要用水系统合理性进行全面分析，尽可能优化用水流程，挖掘节水潜力。就目前的生产工艺而言，安家庄煤矿原煤生产水耗、选煤厂补水量两项指标均达到国际先进水平，其节水潜力主要靠将来研发和采用更先进的采煤工艺或用水设施来挖掘。

3.2.6 合理取用水量的确定

3.2.6.1 施工期合理取用水量的确定

安家庄煤矿施工期主要用水环节为施工人员生活、冷冻站用水、混凝土搅拌站用水和场地降尘洒水。根据对同一矿区的邵寨煤矿调研结果，预估夏季施工期最大用水量为280 m^3/d，冬季非施工期用水量按20 m^3/d计。

3.2.6.2 运行期用水量的确定

经合理性分析后安家庄煤矿采暖季用新水量为3 005 m^3/d（自身矿井涌水2 606 m^3/d，自来水399 m^3/d），非采暖季用新水量为3 072 m^3/d（自身矿井涌水2 606 m^3/d，自来水466 m^3/d），水量平衡见表3-12、表3-13和图3-6、图3-7。

表3-12 合理性分析后安家庄煤矿采暖期用水平衡一览表 （单位：m^3/d）

序号	用水项目	取新水量		用水量（含回用水）	耗水量	回用量	排水量	备注
		自来水	矿井水					
1	职工生活用水	193	0	193	10	0	183	排水量466，至生活污水处理站
2	食堂用水	50	0	50	7	0	43	
3	洗衣用水	94	0	94	5	0	89	
4	洗浴用水	62	0	125	6	63	119	
5	锅炉补水	0	0	256	224	256	32	
6	瓦斯抽采泵站补水	0	0	29	29	29	0	
7	矿井降温补水	0	0	288	288	288	0	
8	井下洒水	0	0	886	886	886	0	
9	灌浆补水量	0	0	996	519	996	477	析出水至矿井水处理站
10	选煤厂补水	0	0	758	758	758	0	
11	地面及道路洒水	0	0	50	50	50	0	
12	绿化用水	0	0	0	0	0	0	
13	未预见水量	0	0	46	46	46	0	
生产生活用水量小计		399	0	3 771	2 828	3 372	943	
14	矿井水处理站	0	2 606	3 083	154	477	2 929	处理水为灌浆析出水477，矿井涌水2 606
15	生活污水处理站	0	0	466	23	466	443	
合计		399	2 606	7 320	3 005	4 315	4 315	排水处理后全部回用，不外排

表 3-13　合理性分析后安家庄煤矿非采暖期用水一览表　（单位：m^3/d）

序号	用水项目	取新水量		用水量（含回用水）	耗水量	回用量	排水量	备注
		自来水	矿井水					
1	职工生活用水	193	0	193	10	0	183	排水量 436，至生活污水处理站
2	食堂用水	50	0	50	7	0	43	
3	洗衣用水	94	0	94	5	0	89	
4	洗浴用水	125	0	125	6	0	119	
5	锅炉补水	0	0	21	19	21	2	
6	瓦斯抽采泵站补水	0	0	41	41	41	0	
7	矿井降温补水	0	0	408	408	408	0	
8	井下洒水	0	0	886	886	886	0	
9	灌浆补水量	0	0	996	519	996	477	析出水至矿井水处理站
10	选煤厂补水	0	0	758	758	758	0	
11	地面及道路洒水	0	0	131	131	131	0	
12	绿化用水	0	0	60	60	60	0	
13	未预见水量	4	0	46	46	42	0	
生产生活用水量小计		466	0	3 809	2 896	3 343	913	
14	矿井水处理站	0	2 606	3 083	154	477	2 929	处理水为灌浆析出水 477，矿井涌水 2 606
15	生活污水处理站	0	0	436	22	436	414	
合计		466	2 606	7 328	3 072	4 256	4 256	排水处理后全部回用，不外排

根据《企业水平衡测试通则》（GB/T 12452—2008）：1.用水量是指在确定的用水单元或系统内，使用的各种水量的总和，即新水量和重复利用水量之和。2.新水量是指企业内用水单元或系统取自任何水源被该企业第一次利用的水量。3.重复利用水量为循环用水量与回用水量之和。4.回用量是指企业产生的排水，直接或经处理后再利用于某一用水单元或系统的水量。5.耗水量是指在确定的用水单元或系统内，生产过程中进入产品、蒸发、飞溅、携带及生活饮用等所消耗的水量。6.排水量是指对于确定的用水单元或系统，完成生产过程和生产活动之后排除企业之外及排出该单元进入污水系统的水量

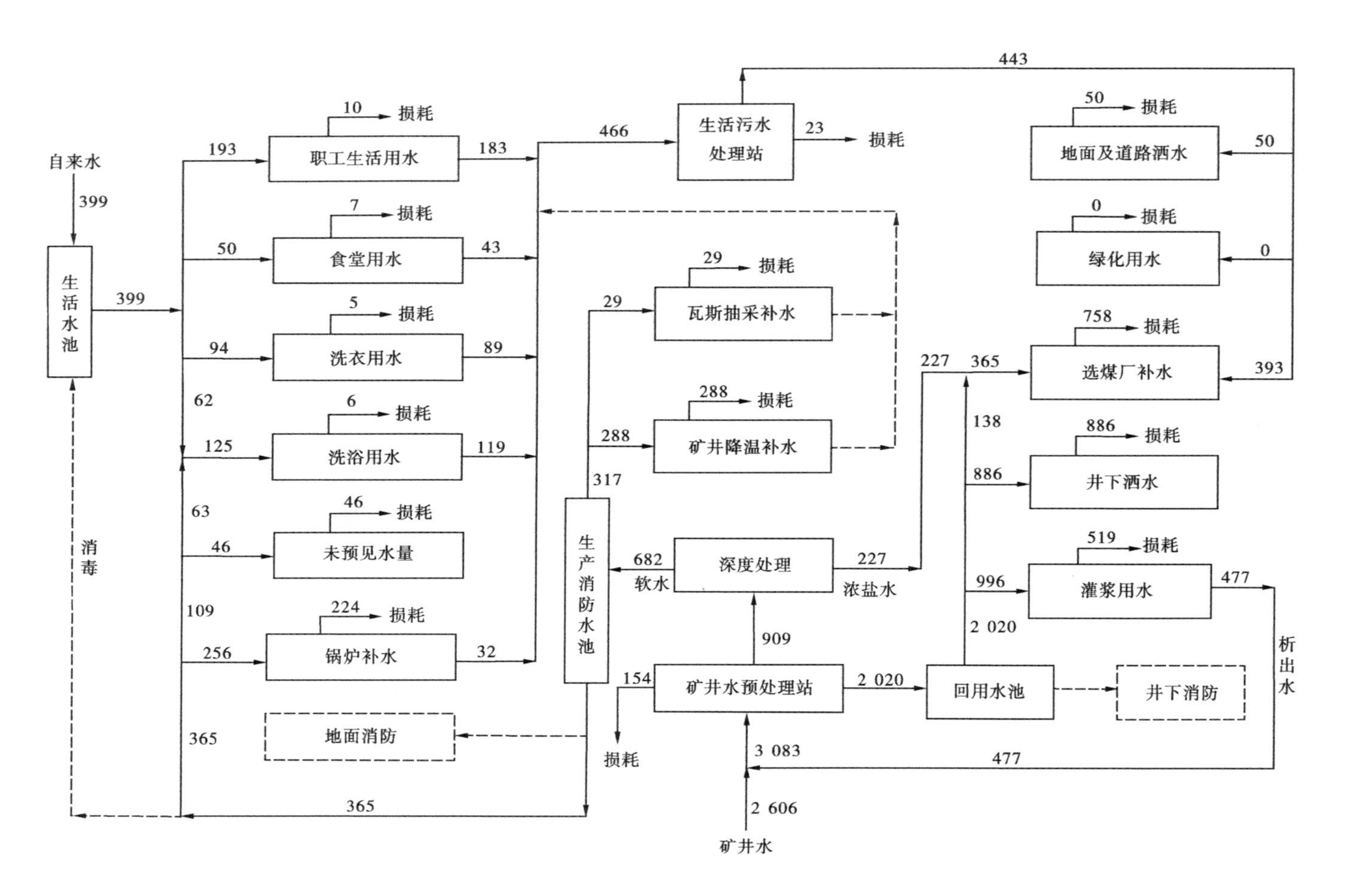

图 3-6　合理性分析后安家庄煤矿采暖期用水水量平衡图　（单位：m^3/d）

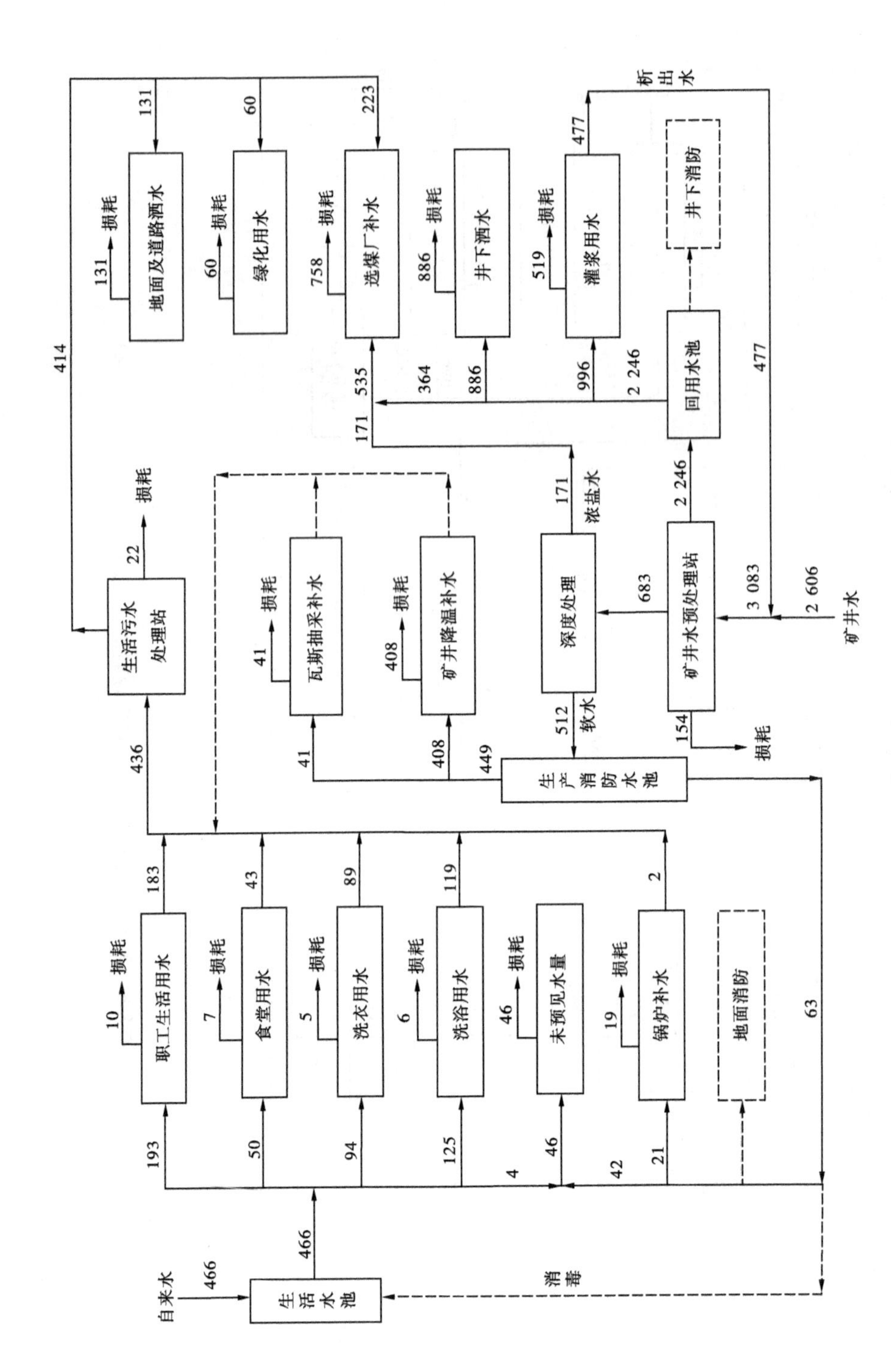

图 3-7　合理性分析后安家庄煤矿非采暖期用水水量平衡图　（单位：m^3/d）

3.2.6.3 项目年取水总量的核定

经分析确定,安家庄煤矿采暖季用新水量为42.3万m^3(生活5.6万m^3,生产36.7万m^3),非采暖季用新水量为61.7万m^3(生活10.5万m^3,生产51.2万m^3)。项目全年用新水量为104万m^3/a,其中坷台水厂自来水16.1万m^3/a,矿井涌水87.9万m^3/a。

安家庄煤矿矿井涌水可供水量2 606 m^3/d,供水时间为365 d,可供水量为95.1万m^3/a,实际用矿井涌水量87.9万m^3/a,即在35 d的检修期间(主要为保障生产安全的停产检修及春节放假停产),尚有7.2万m^3/a矿井涌水无法用于生产。

为节约水资源,本书研究建议安家庄煤矿检修期的矿井涌水,经预处理和深度处理后一部分用于矿井生活等,以减少坷台水厂自来水的使用量,剩余部分可用于矿区周边的独店镇苹果示范园建设项目非采暖季灌溉用水,浓盐水全部用于黄泥灌浆或代替生活污水至选煤厂洗煤。

鉴于煤矿检修期主要集中在采暖季,为最大回用矿井涌水,检修期矿井涌水的回用量按分析后的采暖季自来水水量来计算。

安家庄煤矿采暖季合理性分析后的坷台水厂自来水用水量为399 m^3/d,经计算,35 d检修期内,可减少使用自来水1.4万m^3,多使用矿井涌水量2.0万m^3(预处理损耗5%,深度处理净水得率75%)。

为避免对区域环境造成影响,本书研究建议设置不小于4.5万m^3的矿井水回用水池,用于储存检修期经深度处理后的矿井涌水,非采暖季用于独店镇苹果示范园绿化。

综上,安家庄煤矿总取水量为104.6万m^3/a,其中取自身矿井涌水量89.9万m^3/a(85.4万m^3/a用于生产,4.5万m^3/a用于生活),取自来水14.7万m^3/a(全部用于生活)。

3.3 节水措施、水计量器具配备与管理

3.3.1 节水措施与管理

为有效贯彻国家的产业政策规定和节水管理要求,提高安家庄煤矿的用水效率,本书研究认为还应做到以下几点:

(1)在矿井建设和生产过程中选用高效、节水环保型设备和产品,同时供水系统采取防渗、防漏措施,降低水资源无效消耗。

(2)根据实际情况规定各部门的用水定额,制订用水和节水计划,并严格按计划、定额供水,实行节奖超罚。

(3)开发节水监控系统,以实现合理控制和分配水资源,对供用水点运行情况进行实时在线监测。

(4)在生产期间根据实际情况,应对全矿用水系统做水平衡测试及水质分析测试,找出薄弱环节和节水潜力,及时调整和改进节水方案,并建立测试技术档案。

(5)增强全矿节水意识,加强节水知识教育。

3.3.2 水计量器具配备和管理

安家庄煤矿建设单位应按照《用水单位水计量器具配备和管理通则》(GB 24789—

2009)要求,配备水计量器具计量各用水系统水量,建立水计量管理体系,并严格实施。

3.3.2.1 水计量器具的配备原则

(1)应对各类供水进行分质计量,满足对取水量、用水量、重复利用水量、回用水量和排水量等进行分项统计的需要。

(2)生活用水与生产用水应分别计量。

(3)开展企业水平衡测试的水计量器具配备应满足《企业水平衡测试通则》(GB/T 12452—2008)的要求。

(4)能够满足工业用水分类计量的要求。

3.3.2.2 水计量器具的计量范围

(1)整个煤矿的输入水量和输出水量。

(2)次级用水单位的输入水量和输出水量。

3.3.2.3 水计量器具的配备要求

1.配备要求

按照《用水单位水计量器具配备和管理通则》(GB 24789—2009)要求,安家庄煤矿水计量器具配备率和水表计量率应均达到100%,次级用水单位水计量器具配备率和水表计量率均达到95%。主要用水系统水计量器具配备率达到80%,水表计量率达到85%。本书研究给出的原则性水计量器具配备示意图见图3-8。

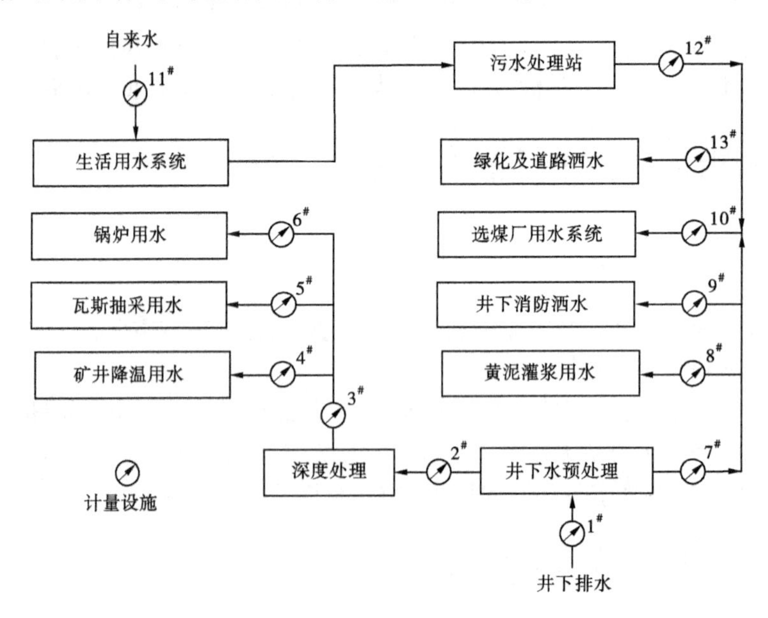

图3-8 安家庄煤矿原则性水计量器具配备示意图

2.准确度要求

按照《用水单位水计量器具配备和管理通则》(GB 24789—2009)要求,安家庄煤矿水计量器具准确度应满足表3-14的要求。

表 3-14　水计量器具准确度等级要求

计量项目	准确度等级要求
取水、用水的水量	优于或等于 2 级水表
废水排放	不确定度优于或等于 5%

冷水水表的准确度等级应符合《冷水水表检定规程》(JJG 162—2009)的要求。

3.3.2.4　水计量管理要求

1.水计量制度

安家庄煤矿应建立水计量管理体系及管理制度,形成文件,并保持和持续改进其有效性。安家庄煤矿应建立、保持和使用文件化的程序来规范水计量人员行为、水计量器具管理和水计量数据的采集和处理。

2.水计量人员

安家庄煤矿应设专人负责水计量器具的管理,负责水计量器具的配备、使用、检定(校准)、维修、报废等管理工作。安家庄煤矿应设专人负责主要次级用水单位和主要用水设备水计量器具的管理。水计量管理人员应通过相关部门的培训考核,持证上岗;用水单位应建立和保存水计量管理人员的技术档案。

3.水计量器具

安家庄煤矿应备有完整的水计量器具一览表。表中应列出计量器具的名称、型号规格、准确度等级、测量范围、生产厂家、出厂编号、用水单位管理编号、安装使用地点、状态(指合格、准用、停用等)。主要次级用水单位和主要用水设备应备有独立的水计量器具一览表分表。

应建立水计量器具档案,内容包括水计量器具使用说明书、水计量器具出厂合格证、水计量器具最近连续两个周期的检定(测试、校准)证书、水计量器具维修或更换记录及水计量器具其他相关信息。

应备有水计量器具量值传递或溯源图,其中作为用水单位内部标准计量器具使用的,要明确规定其准确度等级、测量范围、可溯源的上级传递标准。

水计量器具, 凡属自行校准且自行确定校准间隔的,应有现行有效的受控文件(自校水计量器具的管理程序和自校规范)作为依据。

水计量器具应由专业人员实行定期检定(校准)。凡经检定(校准)不符合要求的或超过检定周期的水计量器具一律不准使用。属强制检定的水计量器具,其检定周期、检定方式应遵守有关计量技术法规的规定。

在用的水计量器具应在明显位置粘贴与水计量器具一览表编号对应的标签,以备查验和管理。

4.水计量数据

安家庄煤矿应建立水统计报表制度,水统计报表数据应能追溯至计量测试记录。水计量数据记录应采用规范的表格式样,计量测试记录表格应便于数据的汇总与分析,应说明被测量与记录数据之间的转换方法或关系。根据需要建立水计量数据中心,利用计算机技术实现水计量数据的网络化管理。

5.水计量网络图

安家庄煤矿应有详细的全厂供水、排水管网网络图。安家庄煤矿应有详细的全厂水表配备系统图。根据项目的用、排水管网图和用水工艺,绘制出企业内部用水流程详图,包括层次的、车间或用水系统层次、重要装置或设备(用水量大或取新水量大)层次的用水流程图。

3.4　小　结

(1)安家庄煤矿及选煤厂以处理达标后的自身矿井涌水作为生产水源,以坷台水厂自来水作为生活水源和施工期水源,从产业政策、水资源管理与配置等方面分析,安家庄煤矿取水是合理可行的。

(2)合理性分析后安家庄煤矿及选煤厂项目总取水量为104.6万m^3/a,其中取自身矿井涌水89.9万m^3/a(85.4万m^3/a用于生产,4.5万m^3/a用于生活),取自来水14.7万m^3/a(全部用于生活)。项目井下排水和生活废污水处理达标后全部回用,正常工况下不外排。

(3)安家庄煤矿及选煤厂项目原煤生产水耗0.093 m^3/t、选煤补水量0.05 m^3/t,符合《清洁生产标准　煤矿采选业》(HJ 446—2008)一级标准;单位产品取水量0.15 m^3/t,符合《甘肃省行业用水定额》(修订本,2011年)要求,综合用水水平属国内清洁生产先进水平。

第4章　取水水源论证研究

4.1　水源方案

按照《国务院关于实行最严格水资源管理制度的意见》(国发〔2012〕3号),国家鼓励并积极发展污水处理回用、雨水和微咸水开发利用、海水淡化和直接利用等非常规水源开发利用。

经分析,安家庄煤矿在全部回用自身矿井涌水基础上的所缺水量均为生活用水。根据《国家发展改革委关于甘肃灵台矿区总体规划的批复》(发改能源〔2015〕1840号)的要求,灵台矿区各矿井生活用水取自地下水。

《取水许可和水资源费征收管理条例》(国务院令第460号)第二十条规定:有下列情形之一的,审批机关不予批准:……(五)城市公共供水管网能够满足用水需要时,建设项目自备取水设施取用地下水的。《国务院关于加强城市供水节水和水污染防治工作的通知》(国发〔2000〕36号)要求"在城市公共供水管网覆盖范围内,原则上不再批准新建自备水源"。考虑到安家庄矿井主副工业场地位于灵台县自来水管网供水范围之内,论证认为安家庄煤矿生活用水不宜开采地下水,应尊重可研设计,采用灵台县坷台水厂自来水供水。

综上分析,确定安家庄煤矿施工期的供水水源为坷台水厂自来水,运行期的供水水源为自身矿井涌水和坷台水厂自来水,对于其他水源方案不再赘述。

4.2　水源研究范围

4.2.1　矿井涌水水源研究范围

煤矿开采过程中伴随着矿井涌水的疏干,同时会形成冒落带、裂隙带和弯曲带,在地表会产生沉陷,对地表水和地下水都会产生影响;本书研究结合地表沉陷影响范围(最大为采煤边界外432.08 m)和矿井涌水疏干范围(最大为采煤边界外117.34 m)综合确定矿井涌水水源研究范围,初步分析后确定为安家庄井田及井田边界向外延伸500 m的区域,见图4-1。

4.2.2　自来水水源研究范围

安家庄煤矿施工期用水和运行期生活用水均取自灵台县坷台水厂自来水,坷台水厂水源为达溪河一级支流涧河的地表水,据此确定自来水取水水源研究范围为灵台县坷台水厂涧河渠首坝址以上涧河流域范围,见图4-2。

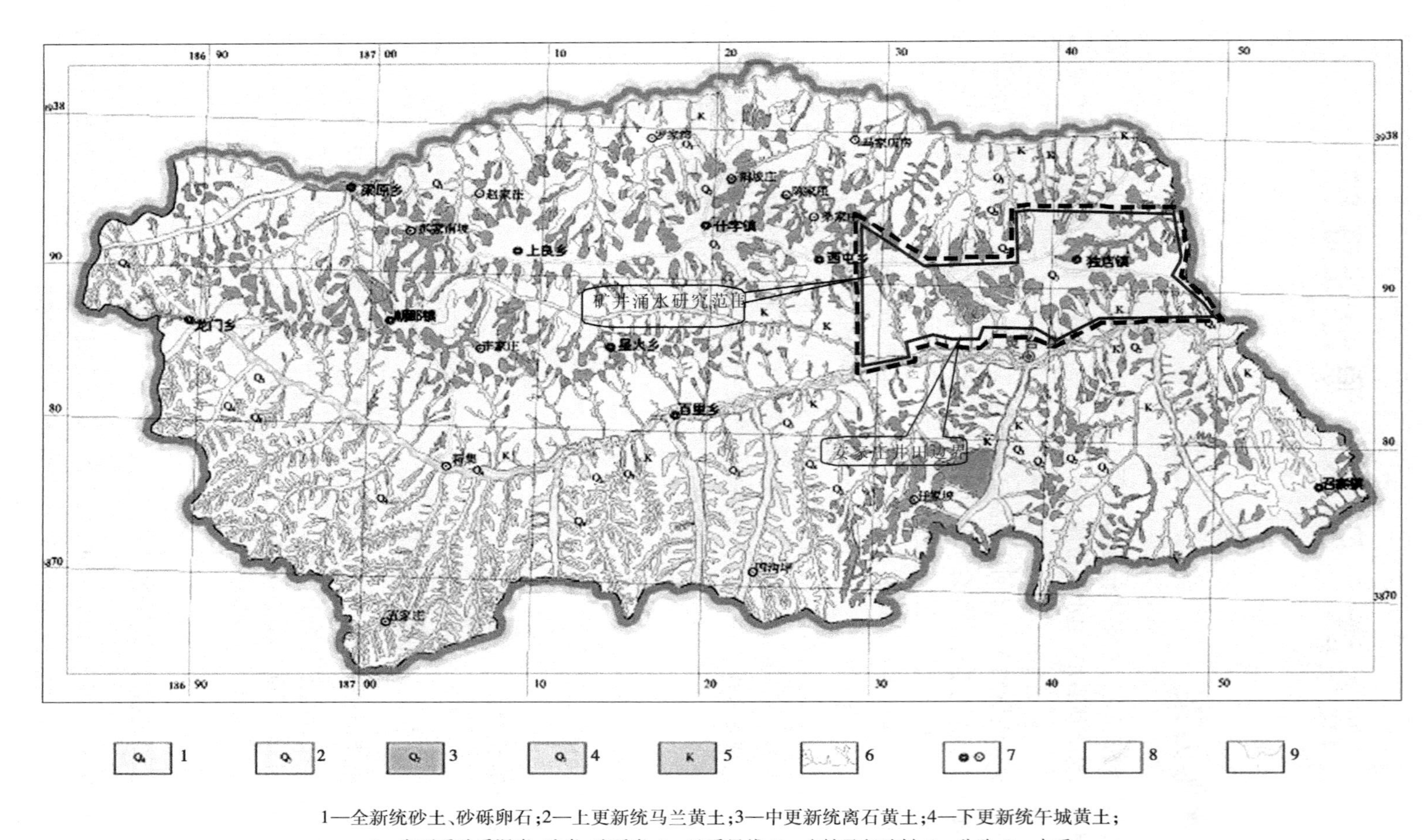

1—全新统砂土、砂砾卵石;2—上更新统马兰黄土;3—中更新统离石黄土;4—下更新统午城黄土;
5—白垩系砂质泥岩、砂岩、砂砾岩;6—地质界线;7—乡镇及行政村;8—公路;9—水系

图 4-1 安家庄煤矿矿井涌水水源研究范围示意图

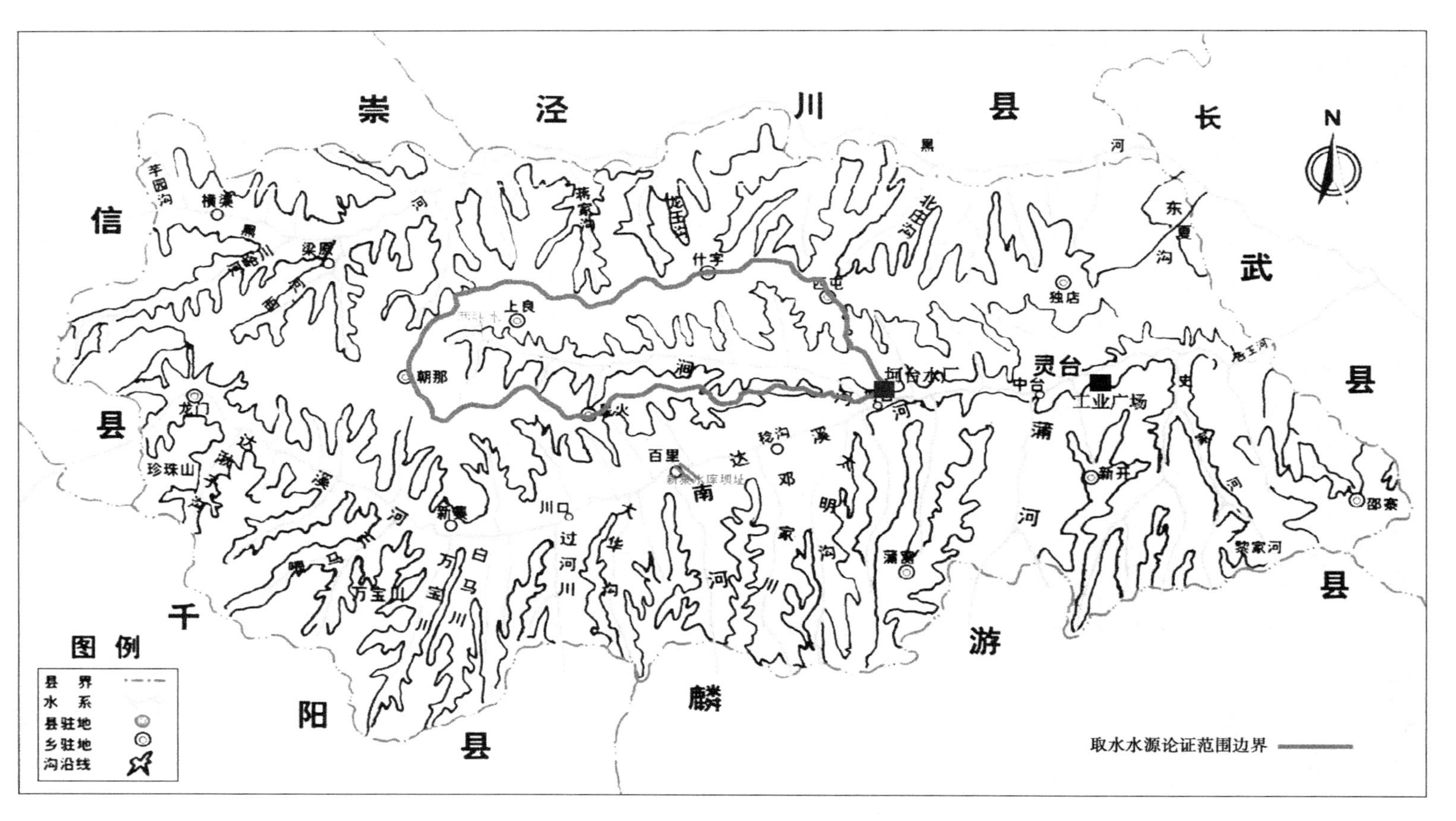

图4-2　安家庄煤矿取用自来水水源研究范围示意图

4.3 自来水取水水源研究

安家庄煤矿施工期及运行期的生活用水由灵台县坷台水厂自来水提供，坷台水厂水源来自达溪河一级支流涧河。

4.3.1 来水量分析

涧河亦称小涧河，发源于灵台县朝那镇樊家坝，从西北向东南流经上良、星火、北沟、什字、西屯等乡镇，在中台镇坷台村汇入达溪河。涧河干流全长30 km，整个流域面积160 km^2，河床狭窄，落差较大，水流湍急，河口有零星耕地分布。坷台水厂在涧河上设置有引水坝一处，渠首坝址以上主河道长28.40 km，控制流域面积154.0 km^2。涧河流域水系图见图4-3。

4.3.1.1 坷台水厂渠首坝址处涧河天然径流量

由于涧河无水文测站，故利用《甘肃省水文图集》和《平凉市水资源调查评价报告》中的年径流深等值线图进行年径流计算。查图得出涧河坷台水厂渠首坝址以上中心位置多年平均径流深度为50 mm。

多年平均流量计算公式为

$$Q = \frac{1\,000 \times F \times Y}{T}$$

式中 Q——多年平均流量，m^3/s；

F——流域面积，km^2；

Y——多年平均径流深，mm；

T——年秒换算单位，s。

计算得到涧河渠首坝址处多年平均天然径流量为770万 m^3，多年平均天然流量为0.244 m^3/s。

4.3.1.2 坷台水厂渠首坝址处涧河天然径流量频率分析

根据《平凉市水资源调查评价报告》，涧河坷台水厂渠首处年径流离差系数 C_v = 0.55，采用 C_v/C_s = 2.5，代入P－Ⅲ型频率曲线分析软件，可求得涧河坷台水厂渠首坝址处不同保证率下的年径流量，见表4-1。

表4-1 坷台水厂渠首坝址处涧河不同频率下径流量成果

分析断面	面积(km^2)	多年平均水资源量		C_v	C_s/C_v	不同频率年径流量(万 m^3)			
		mm	万 m^3			20%	50%	75%	95%
涧河坷台水厂坝址	154.0	50	770	0.55	2.5	1 071	677	461	295

涧河坷台水厂渠首坝址处 P = 95% 保证率月径流过程参考灵台水文站典型年月径流过程分配系数而得，见表4-2。

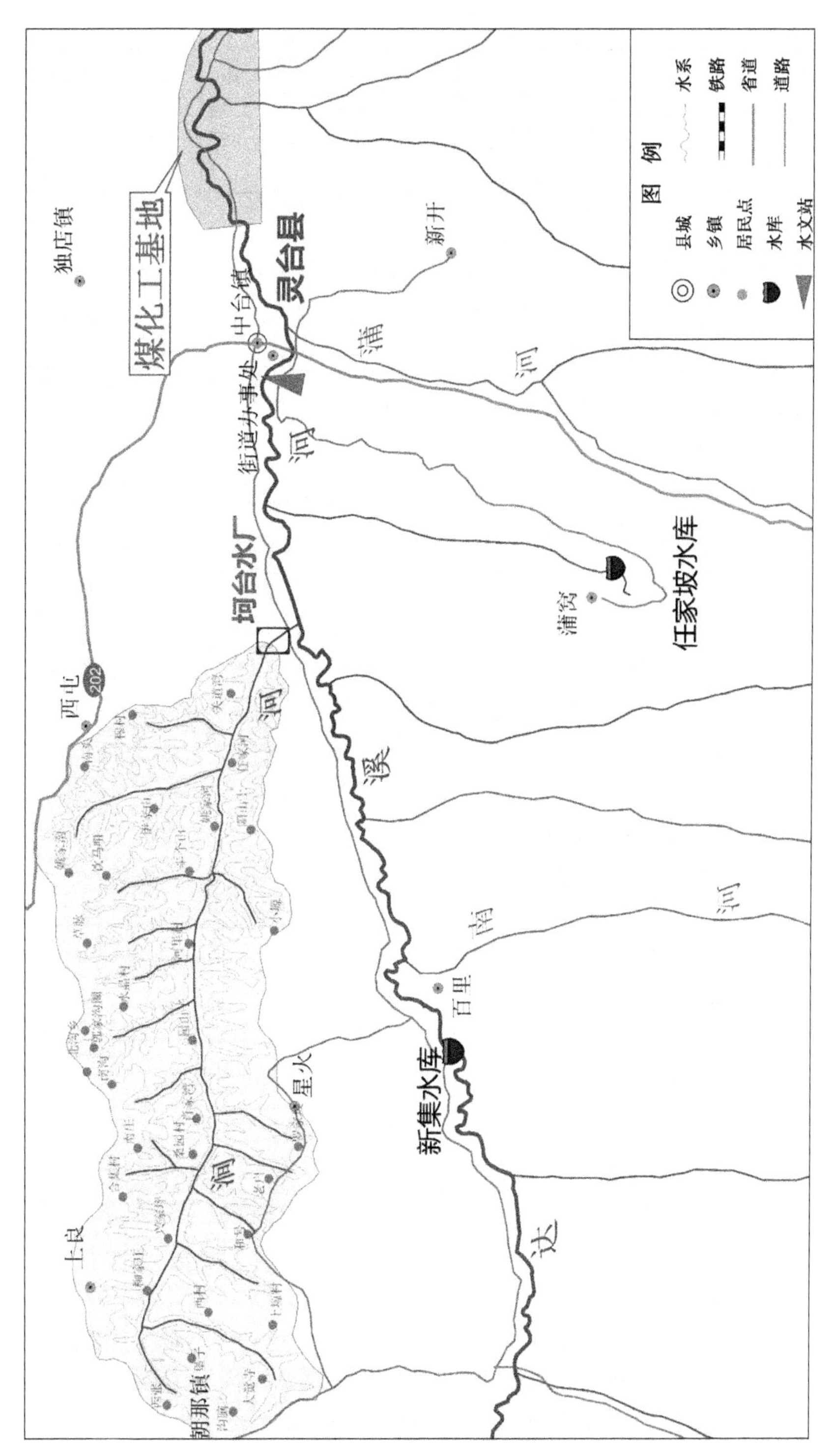
煤化工基地
独店镇
灵台县
中台镇
街道办事处
新开
蒲
河
涧
河
坷台水厂
任家坡水库
蒲窝
西屯
202
溪
南
河
百里
新集水库
星火
上良
朝那镇
达
图 例
县城
乡镇
居民点
水库
水文站
水系
铁路
省道
道路

图 4-3　涧河流域水系图

表 4-2 涧河渠首 $P=95\%$ 天然径流量月过程表

月份	1	2	3	4	5	6	7	8	9	10	11	12	全年
比例(%)	3.15	2.94	5.64	5.03	7.82	14.09	17.49	15.37	12.16	7.54	4.97	3.8	100
来水量(万 m^3)	9.29	8.67	16.64	14.84	23.07	41.57	51.60	45.34	35.87	22.24	14.66	11.21	295

4.3.2 用水量分析

4.3.2.1 涧河流域主要用水户

涧河流域内主要的取水户有 3 处，分别为坷台水厂渠首坝址以上的西张农村饮水安全工程、星火罗家坡农村饮水安全工程及坷台水厂工程。

1. 西张农村饮水安全工程简介

该工程于 2007 年建成运行。在涧河河道设截水墙，修建渗渠 1 道，安装引流管引水至 300 m^3 矩形蓄水池；在涧河北岸建一级加压泵站，提水至塬面，经净化处理后进二级加压泵站的 300 m^3 圆形清水池；在二级加压泵站处分为东西两支干管，东干管自流供水至上良乡西门 1 村 6 组，西干管经二泵站加压后提水至朝那镇 300 m^3 高位水池，由三泵站蓄水池逆向自流供水至朝那的西张、后沟、郑家什字、老庄及上良的涧沟 5 村 46 组；三泵站加压供水至朝那的街子、小寨、盘头及龙门的管庄沟、崾岘 5 村 33 组。工程设计最大日供水能力 400 m^3，供水保证程度 $P=95\%$，解决了 3 乡(镇)11 村 85 组近 6 000 人的饮水不安全问题。

2. 星火罗家坡农村饮水安全工程简介

该工程于 2007 年建成运行。工程在涧河河道修建取水枢纽 1 座，建混凝土引水暗涵 30 m，引水流至右岸 50 m^3 过滤池后进入 350 m^3 清水池，池内安装潜水泵，提水至塬面管理站 200 m^3 蓄水池，池内安装潜水泵提水至 20 m 高 50 t 型水塔，配水工程分东西两段，从 50 t 型水塔开始，向西供水至王家山、上塬、和号、西村 4 村；从 200 t 蓄水池向东供水至罗家坡、程家塬、星火、东岭、小塬 5 村。该工程设计日最大供水能力 350 m^3，供水保证程度 $P=95\%$，解决 1 乡 9 村 72 组近 5 000 人不安全饮水问题。

3. 坷台水厂工程(中台坷台农村饮水安全工程)简介

坷台水厂于 2009 年建成，根据坷台水厂初步设计，水厂设计日最大供水能力 6 040 m^3(220.5 万 m^3/a)，设计供水保证率 $P=95\%$。工程在涧河坷台修建取水枢纽 1 座，自流引水至位于涧河右岸 2 座调蓄水库(现状总库容 45 万 m^3，“十三五”期间计划增加调蓄水库 1 处，总库容可增加至 60 万 m^3)，引提至净水厂净化处理后，通过 DN350 上水钢管提水至白村后山坡平地处 1 000 t 高位水池内，通过地形高差从高位水池自流供水。安装供水管道从西往东可供水至灵台县城及中台镇坷台、杨村、水泉、城关、南店子、康家沟、红崖沟、胡家店、下河、东王沟、许家沟、安家庄 12 村各用水户，供水范围见图 4-4。

4.3.2.2 现状用水量分析

根据调研，2013 年上良西张农村饮水安全工程年总取水量为 14.5 万 m^3，星火罗家坡

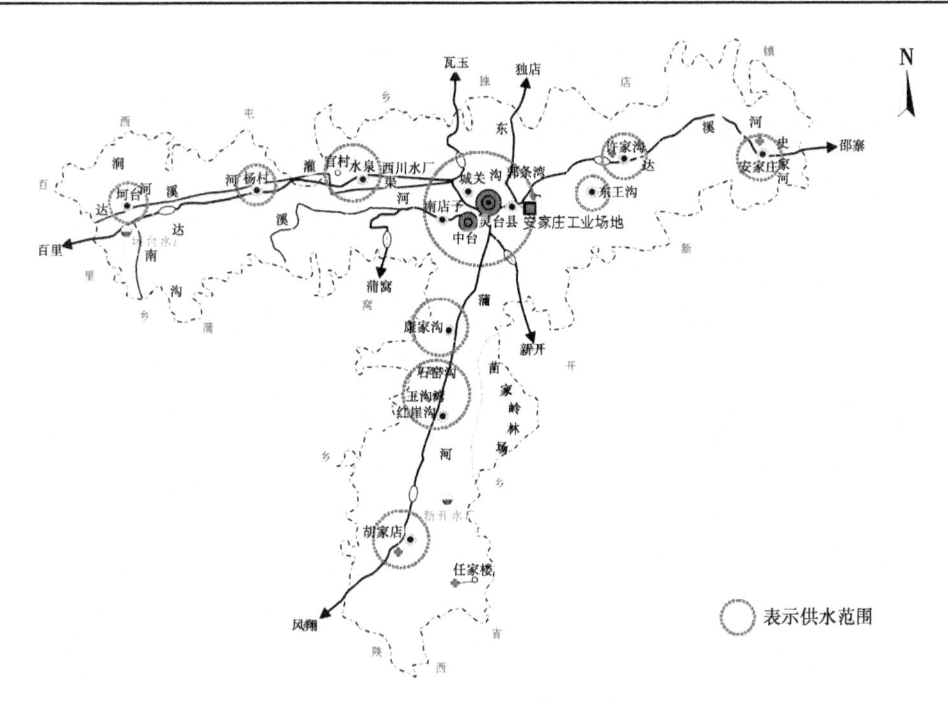

图 4-4　坷台水厂供水范围示意图

饮水安全工程年总取水量为 10.6 万 m^3，坷台水厂年总取水量为 120.1 万 m^3。

2014 年上良西张农村饮水安全工程年总取水量为 14.4 万 m^3，星火罗家坡饮水安全工程年总取水量为 11.0 万 m^3，坷台水厂年总取水量为 116.7 万 m^3。从现状用水量数据可知，3 个水厂均有供水余量，其中坷台水厂供水能力留有余量较大。

4.3.2.3　规划水平年取水量分析

1. 西张水厂、罗家坡水厂规划水平年取水量分析

对近 5 年灵台县农业人口数据分析可知，灵台县农业人口近年来呈现下降趋势，随着灵台县城镇化进程的加快，预计将来灵台县农业人口不会超过现状人口，具体确定上良西张农村饮水安全工程、星火罗家坡饮水安全工程等 2 个以农村生活供水为主的供水工程在规划水平年供水规模不会超出最大设计规模，规划水平年上良西张农村饮水安全工程、星火罗家坡饮水安全工程两工程最大供水量不会超过 750 m^3/d，即 27.4 万 m^3/a。

2. 坷台水厂规划水平年取水量分析

根据《灵台县县城总体规划(2011－2030)》及《甘肃省农村饮水安全工程初步设计报告编制大纲》中确定的生活用水定额，分析坷台水厂供水对象的规划水平年的需水量。由表 4-3 可知，坷台水厂供水对象规划水平年的最大需水量为 5 100 m^3/d、186.2 万m^3/a。

合理性分析后安家庄煤矿施工期最高峰用水量不会超过 280 m^3/d(夏季)、20 m^3/d(冬季)；运行期用水量 399 m^3/d(采暖期)、466 m^3/d(非采暖期)；均未超出灵台县自来水公司与平凉天元煤电化有限公司签订的协议中供水量 500 m^3/d。从供水安全角度考虑，以 500 m^3/d 作为安家庄煤矿的需水规模，进行坷台水厂供水保证程度分析(调节计算)。

表 4-3　灵台县坷台水厂规划水平年需水量分析

水平年	规划水平年
城市人口(人)	33 700
城市生活用水定额(L/(d·人))	100
城市生活用水量(万 m^3/a)	123.0
城市生活日平均用水量(万 m^3)	0.337
农村人口(人)	13 209
农村生活综合用水定额(L/(d·人))	54
农村生活用水量(万 m^3/a)	26.0
农村生活日平均用水量(万 m^3)	0.071
工业用水量(万 m^3/a)	现有 20.3(新建工业由达溪河新集水库和污水处理厂供给)
总用水量(万 m^3/a)	169.3
未预见及漏失水量	16.9
年用总水量(万 m^3)	186.2
日平均总用水量(万 m^3)	0.51

在考虑安家庄煤矿用水需求基础上,规划水平年坷台水厂的需供水量为 5 600 m^3/d。

4.3.3　可供水量计算

由于坷台水厂初步设计报告中未显示调节计算成果表,本书研究依据涧河流域各取水户的取水节点关系,简单计算涧河坷台水厂渠首坝址断面的安家庄煤矿可供水量和保证程度,分析安家庄煤矿施工期和运行期生活用水由坷台水厂供水的可靠性。

4.3.3.1　涧河坷台水厂渠首坝址断面水资源供需平衡计算的原则

(1)涧河各取水户用水为生活和工业,供需平衡计算选用 $P=95\%$ 来水频率。

(2)根据地表水用水节点,自上游至下游地进行地表水平衡;该区域基本上未利用地下水,因此供需中不考虑地下水平衡。

(3)生态基流按照来水的 10% 确定;水库损失按照实际情况取值,夏季为 2%,冬季为 1%。

(4)根据坷台水厂初步设计报告和灵台县自来水公司建设计划,坷台水厂水库调节库容按照 60 万 m^3 进行分析。

(5)安家庄煤矿需水规模按照灵台县自来水公司与平凉天元煤电化有限公司签订的协议中供水量 500 m^3/d 进行分析。

4.3.3.2　涧河坷台水厂渠首坝址断面水资源供需平衡计算

根据来水量、用水量分析,以及坷台水厂水库调节库容,在 $P=95\%$ 来水频率下,按照以上水资源供需平衡计算原则进行简单供需平衡分析,确定安家庄煤矿的可供水量,计算结果见表 4-4。

表 4-4　规划水平年涧河坷台水厂可供水量计算($P=95\%$)　(单位:万 m^3)

月份			1	2	3	4	5	6	7	8	9	10	11	12	全年
来水量			9.29	8.67	16.64	14.84	23.07	41.57	51.60	45.34	35.87	22.24	14.66	11.21	295
需水量	西张水厂		1.24	1.12	1.24	1.2	1.24	1.2	1.24	1.24	1.2	1.24	1.2	1.24	14.6
	罗家坡水厂		1.09	0.98	1.09	1.05	1.09	1.05	1.09	1.09	1.05	1.09	1.05	1.09	12.81
	坷台水厂		17.36	15.68	17.36	16.8	17.36	16.8	17.36	17.36	16.8	17.36	16.8	17.36	204.4
	其中安家庄煤矿		1.55	1.4	1.55	1.5	1.55	1.5	1.55	1.55	1.5	1.55	1.5	1.55	18.25
	合计		19.69	17.78	19.69	19.05	19.69	19.05	19.69	19.69	19.05	19.69	19.05	19.69	231.78
供水量	西张水厂	供水	1.24	1.12	1.24	1.2	1.24	1.2	1.24	1.24	1.2	1.24	1.2	1.24	14.6
		余水	8.05	7.55	15.4	13.64	21.83	40.37	50.36	44.1	34.67	21	13.46	9.97	280.4
	罗家坡水厂	来水	8.05	7.55	15.4	13.64	21.83	40.37	50.36	44.1	34.67	21	13.46	9.97	280.4
		供水	1.09	0.98	1.09	1.05	1.09	1.05	1.09	1.09	1.05	1.09	1.05	1.09	12.78
		余水	6.97	6.57	14.32	12.59	20.75	39.32	49.28	43.02	33.62	19.92	12.41	8.89	267.63
	生态基流	来水	6.97	6.57	14.32	12.59	20.75	39.32	49.28	43.02	33.62	19.92	12.41	8.89	267.63
		生态基流	0.93	0.88	1.66	1.48	2.31	4.16	5.16	4.53	3.59	2.22	1.46	1.12	29.50
		余水	6.04	5.69	12.66	11.11	18.44	35.16	44.12	38.49	30.03	17.7	10.95	7.77	238.13
	坷台水厂	来水	6.04	5.69	12.66	11.11	18.44	35.16	44.12	38.49	30.03	17.7	10.95	7.77	238.13
		河道供水	6.04	5.69	12.66	11.11	17.36	16.8	17.36	17.36	16.8	17.36	10.95	7.77	157.26
		月可蓄水量	0	0	0	0	0	0	26.76	21.13	13.23	0.34	0	0	—
		水库损失	0.3	0.2	0.15	0.09	0	0	0.27	0.95	1.2	1.18	0.52	0.42	5.28
		水库供水	11.32	9.99	4.7	5.69	0	0	0	0	0	0	5.85	9.59	47.14
		月末蓄水	29.86	19.67	14.82	0	0	0	26.49	46.67	58.7	57.86	51.49	41.48	—
		供需结果	不缺水	不缺水	不缺水	不缺水	不缺水	不缺水	不缺水	不缺水	不缺水	不缺水	不缺水	不缺水	不缺水
		河道下泄	0.93	0.88	1.66	10.52	3.39	22.52	5.16	4.53	3.59	2.22	1.46	1.12	57.98
供需结果		缺水量	0	0	0	0	0	0	0	0	0	0	0	0	0
		河道下泄	0.93	0.88	1.66	10.52	3.39	22.52	5.16	4.53	3.59	2.22	1.46	1.12	57.98

由表 4-4 可知,在 $P=95\%$ 来水频率下,涧河流域内 3 个水厂总供水量 231.78 万 m^3(其中安家庄煤矿按照协议供水量 500 m^3/d 考虑),涧河坷台水厂渠首坝址处下泄水量为 57.98 万 m^3。通过坷台水厂调蓄水库的调节,坷台水厂各月供水量可以得到保证,即安家庄煤矿用水可以得到保障,不存在缺水现象,对整个涧河流域其他用水户也不存在影响。

4.3.4　水资源质量评价

4.3.4.1　坷台水厂水处理工艺

根据《甘肃省平凉市灵台县中台坷台农村饮水安全工程初步设计报告》,坷台水厂水处理工艺流程见图 4-5。

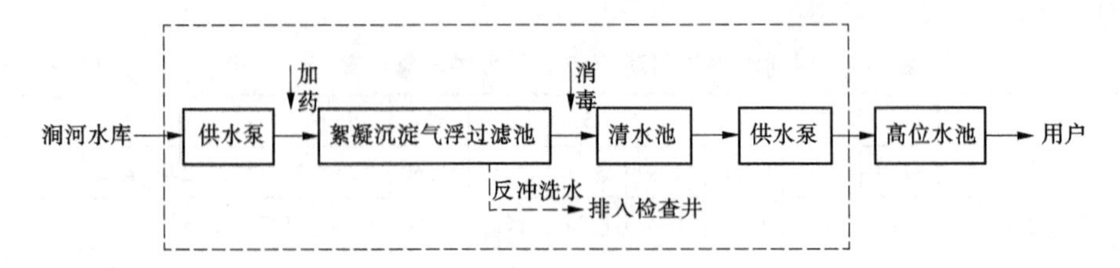

图 4-5　坷台水厂水处理工艺流程

汭河来水具有大多数时间浊度低、冬季低温低浊、水体微污染、夏秋季节易滋生藻类微生物、暴雨季节水质变化大等特点，根据上述特点，坷台水厂净化工艺选用絮凝→沉淀→气浮过滤→消毒处理工艺技术。气浮法净水是设法在水中通入大量的微细气泡，使其黏附在杂质絮粒上，造成整体比重小于水的状态，并依靠浮力使其上浮至水面，从而获得固、液分离的一种净水法。由于采用气浮法，释放出大量的微细气泡对水体产生曝气、充氧作用，因此对减少臭味、降低色度有一定的作用，并能增加水中溶解氧，降低耗氧量。坷台水厂出水水质按照《生活饮用水卫生标准》(GB 5749—2006)控制。

4.3.4.2　坷台水厂出厂水水质评价

2013 年 4 月 25 日、8 月 9 日，坷台水厂取出厂水水样分别委托平凉市卫生疾病预防控制中心和甘肃省水环境监测中心进行检测，按照《生活饮用水卫生标准》(GB 5749—2006)进行评价，水质检测数据及评价结果见表 4-5。

表 4-5　坷台水厂出厂水水质检测数据及评价结果

序号	检验项目	单位	国家标准	2013-04-25 检测结果	2013-08-09 检测结果	评价
1	色	铂钴色度单位	≤15°	<5°	—	符合
2	浑浊度	NTU	≤1	<1	—	符合
3	臭和味	—	无异臭异味	无异臭异味	无异臭异味	符合
4	肉眼可见物	—	无	无	无	符合
5	pH	—	6.5~8.5	8.44	8.4	符合
6	游离余氯	mg/L	<0.005	—	—	符合
7	总硬度	mg/L	≤450	162.1	135	符合
8	铝	mg/L	≤0.2	<0.008	—	符合
9	铁	mg/L	≤0.3	<0.3	<0.006	符合
10	锰	mg/L	≤0.1	<0.1	<0.01	符合
11	铜	mg/L	≤1.0	<0.2	<0.008	符合
12	锌	mg/L	≤1.0	<0.05	<0.005	符合
13	挥发酚类	mg/L	≤0.002	<0.002	<0.002	符合
14	阴离子合成洗涤剂	mg/L	≤0.3	<0.05	<0.05	符合

续表 4-5

序号	检验项目	单位	国家标准	2013-04-25 检测结果	2013-08-09 检测结果	评价
15	硫酸盐	mg/L	≤250	44.0	38.8	符合
16	氯化物	mg/L	≤250	15.7	13.0	符合
17	硝酸盐	mg/L	≤10	1.2	0.188	符合
18	溶解性总固体	mg/L	≤1 000	274	478	符合
19	耗氧量	mg/L	≤3	0.8	2.53	符合
20	砷	mg/L	≤0.01	<0.001	<0.000 2	符合
21	铅	mg/L	≤0.01	<0.002 5	<0.01	符合
22	硒	mg/L	≤0.01	<0.005	—	符合
23	六价铬	mg/L	≤0.05	<0.004	0.005	符合
24	氰化物	mg/L	≤0.05	<0.002	<0.004	符合
25	氟化物	mg/L	≤1.0	0.4	0.6	符合
26	汞	mg/L	≤0.001	<0.0001	—	符合
27	镉	mg/L	≤0.005	<0.0005	<0.002	符合
28	菌落总数	CFU/100 mL	≤100	28	5	符合
29	大肠菌群	CFU/100 mL	不得检出	未检出	<2	符合
30	耐热大肠菌群	CFU/100 mL	不得检出	未检出	—	符合
31	氨氮	mg/L	0.5	—	0.1	符合
32	亚硝酸盐氮	mg/L	—	—	<0.003	符合
33	硫化物	mg/L	0.02	—	<0.005	符合
34	电导率	1 s/cm	—	—	462	符合

由表4-5 可知,坷台水厂出厂水水质符合《生活饮用水卫生标准》(GB 5749—2006)。安家庄煤矿施工期用水主要是生活用水、冷冻站补水、混凝土搅拌用水、降尘用水和冲洗用水等,运行期用水全部为生活用水,坷台水厂出厂水水质完全可以满足安家庄煤矿用水需求。

4.3.5　取水口位置合理性分析

目前,坷台水厂供水主干网已经敷设至安家庄村,其中从坷台水厂到灵台县城的供水管道长度 4 170 m,供水压力 1.25 MPa,供水管道为 DN355 的 UPVC 管,设计流量 280 m^3/h;从灵台县城至下河村(安家庄煤矿工业场地)、许家沟村的供水管道长度 3 550 m,供水压力 1.0 MPa,供水管道为 DN355 的 UPVC 管,设计流量 270 m^3/h,日供水能力为 5 400 m^3/d,该供水管道从安家庄煤矿工业场地边通过;从许家沟村至安家庄村的供水管道长2 570 m,供水压力 1.0 MPa,供水管道为 DN240 的 UPVC 管,设计流量 100 m^3/h,日供水能力为 2 000 m^3/d。

根据坷台水厂初步设计报告及本书研究分析，从灵台县城至下河村、许家沟村、安家庄村的供水范围内供水人口不足 5 600 人，最大日用水量不超过 500 m^3，而灵台县城至许家沟村供水干管的供水能力为 5 400 m^3/d，剩余供水能力可以满足安家庄煤矿施工期最大 280 m^3/d、运行期最大 466 m^3/d 的用水需求，不会对其他用水户造成影响。

根据灵台县自来水公司与平凉天元煤电化有限公司协商后的供水方案，拟结合供水干管走线和安家庄工业场地布置，选择合适点位就近接管引水，设计接管管径 DN150，取水极为便利。安家庄煤矿自来水水源接管关系示意图见图 4-6。

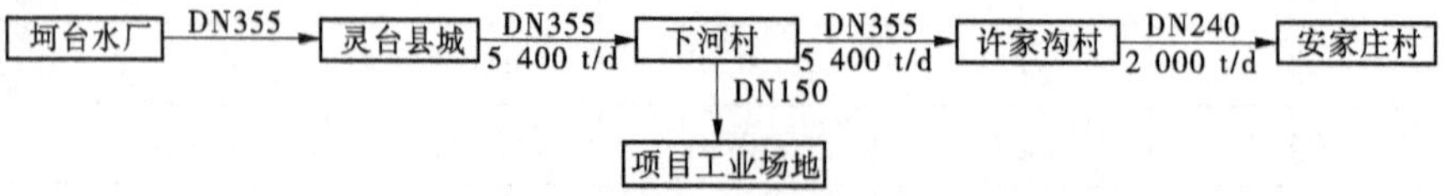

坷台水厂 —DN355→ 灵台县城 —DN355 5 400 t/d→ 下河村 —DN355 5 400 t/d→ 许家沟村 —DN240 2 000 t/d→ 安家庄村

下河村 —DN150→ 项目工业场地

图 4-6　安家庄煤矿自来水水源接管关系示意图

综上，安家庄煤矿由坷台水厂自来水供水，就近接管引水，不会对其他用水户造成影响，水量水质可靠，取水口位置设计合理。

4.3.6　取水可靠性分析

在规划水平年 P =95% 来水频率下，涧河内 3 个水厂总取水量 231.78 万 m^3，涧河坷台水厂渠首坝址处下泄水量为 57.98 万 m^3。通过调蓄水库的调节，坷台水厂各月供水量可以得以保证，即安家庄煤矿用水可以得到保障，不存在缺水现象，对整个涧河流域其他用水户也不存在影响。

坷台水厂出厂水水质符合《生活饮用水卫生标准》(GB 5749—2006)，完全可以满足安家庄煤矿用水需求。

坷台水厂供水主干管从安家庄煤矿工业场地边经过，安家庄煤矿可直接接管引水，供水能力有保证，不会对其他用水户造成影响，取水口位置设计合理。

因此，安家庄煤矿取用坷台水厂自来水，从水量、水质、取水口等多方面考虑均可满足要求，取水是可靠的。

4.4　矿井涌水取水水源论证

4.4.1　井田地质构造

4.4.1.1　井田地质

安家庄井田大部分区域被第四系全部覆盖，仅在沟谷与河谷中零星出露白垩系下统志丹群，出露面积小。据矿区钻孔揭露和区域地质资料，评价区发育的地层自下而上有三叠系上统延长群(T_3yn)，侏罗系下统富县组(J_1f)，侏罗系中统延安组(J_2y)、直罗组(J_2z)、安定组(J_2a)，白垩系下统志丹群宜君组(K_1y)、洛河组(K_1l)、环河组(K_1h)及第四系(Q)，见表 4-6、图 4-7、图 4-8。

表 4-6　安家庄井田地层

<table>
<tr><th colspan="5">地层</th><th rowspan="2">岩性</th><th rowspan="2">厚度(m)
最小值-最大值
平均值(钻孔数)</th></tr>
<tr><th>系</th><th>统</th><th>群</th><th>组</th><th>符号</th></tr>
<tr><td>第四系</td><td></td><td></td><td></td><td>Q</td><td>出露在达溪河河谷及阶地上的为砂砾石层。广泛分布在塬、梁、峁上的为各种黄土:浅黄、土黄、浅橙红色,含黑色锰质物,富含钙质结核,具垂直节理,孔隙发育,有细小孔洞。测井底界面清晰</td><td>4.00-293.51
161.22(158)</td></tr>
<tr><td rowspan="3">白垩系</td><td rowspan="3">下统</td><td rowspan="3">志丹群</td><td>环河组</td><td>K_1h</td><td>紫红、暗紫红色砂质泥岩、泥岩与同色粉-细砂岩互层,中夹灰绿、蓝灰色砂质泥岩及细砂岩,发育水平层理及虫孔构造,下部含石膏。测井底界面较清晰</td><td>226.90-715.74
416.66(158)</td></tr>
<tr><td>洛河组</td><td>K_1l</td><td>紫红、浅棕红色砂岩夹少量同色砂质泥岩及细砾岩,砂岩分选性较好,以中粒为主,砂岩胶结较差,岩性疏松均一,斜层理发育。测井底界面较清晰</td><td>214.10-489.83
352.44(158)</td></tr>
<tr><td>宜君组</td><td>K_1y</td><td>紫红色块状复成分中砾岩,泥铁质基底-接触式胶结,较致密。测井底界面清晰</td><td>1.0-73.30
19.73(149)</td></tr>
<tr><td rowspan="4">侏罗系</td><td rowspan="3">中统</td><td rowspan="3"></td><td>安定组</td><td>J_2a</td><td>紫红、暗紫红色少量灰绿色泥岩、砂质泥岩、粉砂岩及砂岩,下部为浅灰红、紫灰、灰褐、灰白色粗砂、砾岩。测井底界面较清晰</td><td>13.05-208.90
66.21(158)</td></tr>
<tr><td>直罗组</td><td>J_2z</td><td>紫红、灰绿、灰、蓝灰等杂色砂泥岩,中夹灰绿、灰白色含砾粗砂岩。泥岩、粉砂质泥岩往往成团块状,缺少层理。底部发育一层灰白色粗粒长石石英砂岩,含炭屑及黄铁矿结核。测井底界面清晰</td><td>30.13-164.60
96.88(158)</td></tr>
<tr><td>延安组</td><td>J_2y</td><td>灰、深灰、灰黑色泥岩,泥质粉砂岩、粉砂岩和浅灰、灰白色砂岩,中夹煤层及炭质泥岩,含黄铁矿结核及薄膜,富含植物化石、植物碎屑及植物根,发育斜波状层理、缓波状层理、水平层理、递变层理等。测井底界面不清晰,为含煤地层</td><td>28.70-200.19
90.66(158)</td></tr>
<tr><td>下统</td><td></td><td>富县组</td><td>J_1f</td><td>灰、灰绿、紫红、灰黑、褐紫色泥岩、粉砂岩、细砂岩。泥岩常见有杂色、灰色、紫红色斑块,普遍具似鲕状结构或豆状结构,缺少层理构造</td><td>1.06-30.50
9.53(68)</td></tr>
<tr><td>三叠系</td><td>上统</td><td>延长群</td><td></td><td>T_3yn</td><td>绿灰、灰、灰黑色泥岩、粉砂岩、细砂岩互层,中夹黑色页岩、含油页岩及薄层浅黄色菱铁质泥岩,含煤线,发育水平互层层理</td><td>最大揭露厚度 150.59
(2 808)</td></tr>
</table>

注:本表使用井田内钻孔 158 个孔。

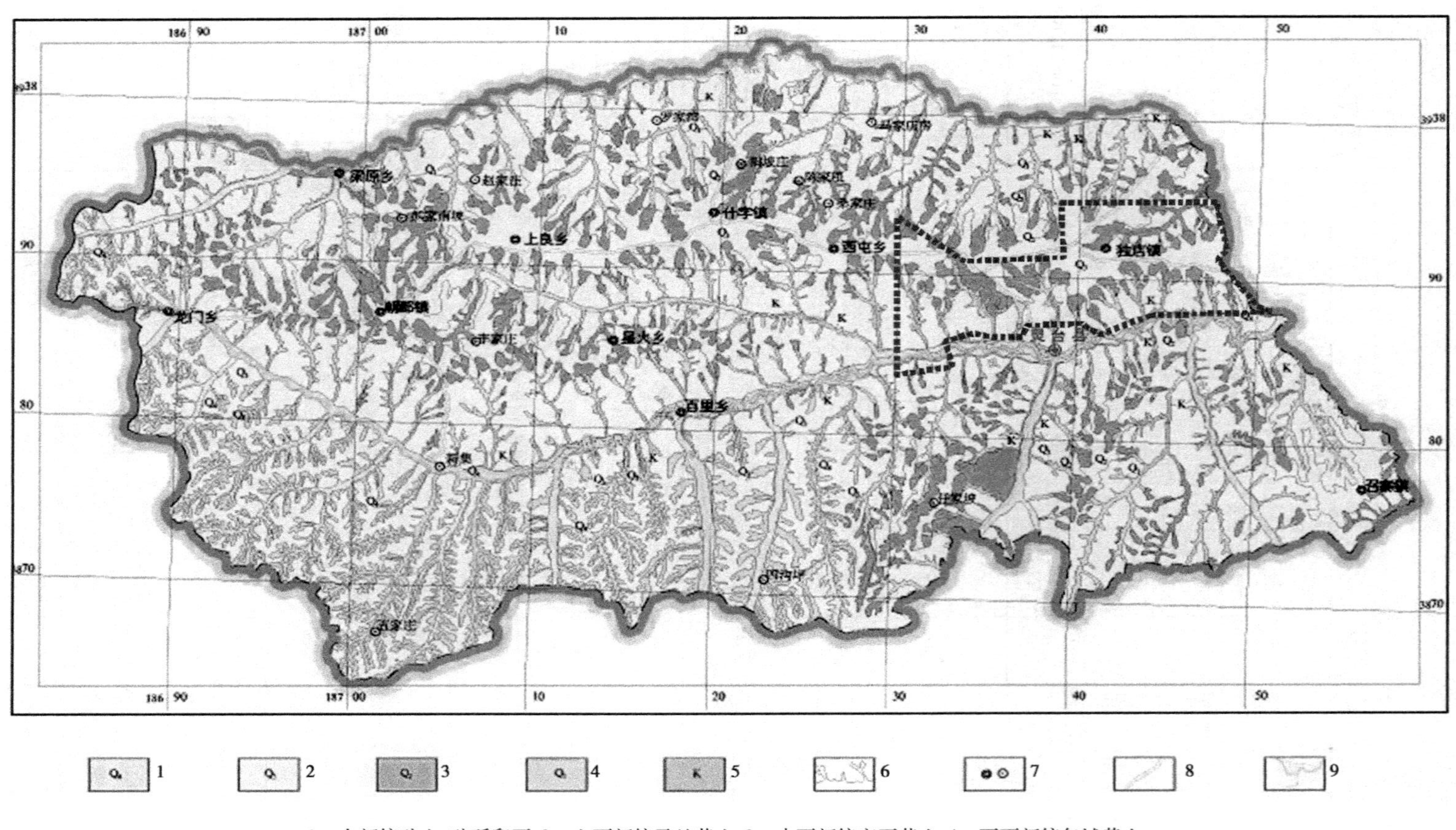

1—全新统砂土、砂砾卵石；2—上更新统马兰黄土；3—中更新统离石黄土；4—下更新统午城黄土；
5—白垩系砂质泥岩、砂岩、砂砾岩；6—地质界线；7—乡镇及行政村；8—公路；9—水系

图 4-7　灵台县地质略图

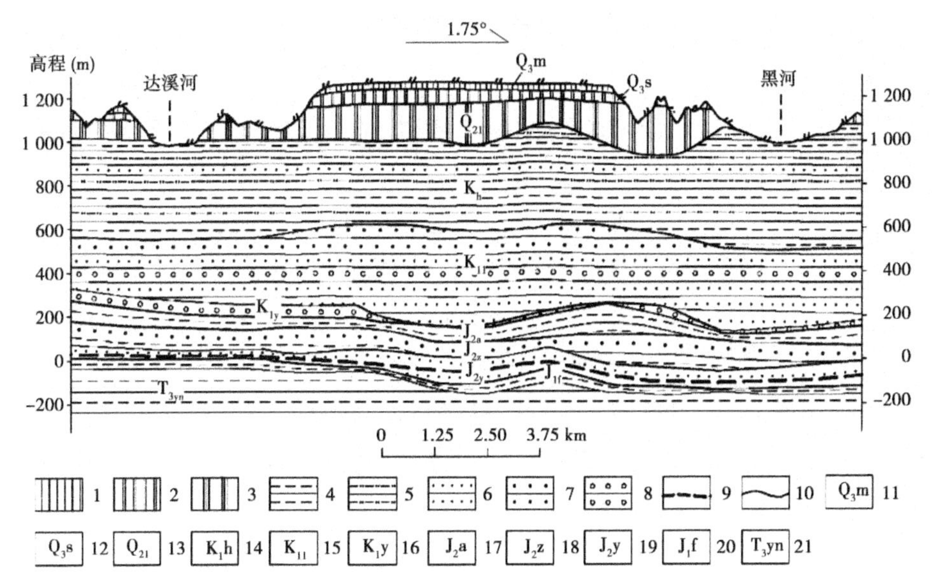

1—马兰黄土；2—萨拉乌苏黄土；3—离石黄土；4—泥岩；5—泥质砂岩、砂质泥岩；6—粉砂岩、细砂岩；7—中砂岩、粗砂岩；8—砾岩；9—煤层；10—地层界线；11—第四系上更新统马兰组；12—第四系上更新统萨拉乌苏组；13—第四系中更新统离石组；14—白垩系下统环河组；15—白垩系下统洛河组；16—白垩系下统宜君组；17—侏罗系中统安定组；18—侏罗系中统直罗组；19—侏罗系中统延安组；20—侏罗系下统富县组；21—三叠系上统延长群

图 4-8　研究区地层剖面图

4.4.1.2　构造

井田被第四系和白垩系下统志丹群全部覆盖，煤系地层没有出露，因而地表所见均为第四系及白垩系下统志丹群地层所构成的构造现象。白垩系与侏罗系之间经受燕山运动的第Ⅲ幕，使该两地层分别属不同构造层，因而白垩系下统地层所构成的构造现象不完全代表煤系地层的构造。

1. 白垩系下统志丹群地层构造

区域上属天环向斜东翼庆阳单斜和彬县—黄陵坳褶带的过渡部位，总体形态仍然继承了庆阳单斜的形态，为一向西倾斜（微偏北）的单斜构造，地表由于第四系覆盖较为严重，能够发现的断层很少。

2. 煤系地层构造

总体上为一向西（微偏北）平缓倾斜的单斜构造，地层倾角一般为 5° ~ 10°。但该区属不同构造单元的过渡地带，所以不同期形成南北向天环向斜的东西方向压应力和形成东西方向彬县—黄陵坳褶带的南北方向压应力都对本区进行了改造，从而使本区基本构造走向呈北东向，并在波浪起伏的单斜构造上主要发育有 2 条背斜、3 条向斜、20 个断层、3 个孤立断点，构造复杂程度属中等。

安家庄井田褶皱、断层统计分别见表 4-7 和表 4-8，煤系地层构造纲要见图 4-9。

表 4-7　安家庄井田褶皱统计

褶皱名称	特征描述
田家沟向斜	位于南部首采区的西部，走向北西，轴部一带东段浅，西段深，向北西倾伏，轴线长 1.66 km
王家山背斜	位于南部首采区中部，走向近南北，西翼长而缓，东翼短而陡，呈西陡东缓状。西翼倾角 5°，东翼倾角 3°，轴部一带中段浅，南、北段深，轴线长 1.26 km
魏家湾向斜	位于南部首采区东部，走向北东，轴部一带南段浅，北段深，向北倾伏。西翼倾角 3°，东翼倾角 4°，轴线长 1.99 km
陈家湾—罗家堡背斜	位于南部首采区东部，走向近南北，呈南浅北深状，轴线长 1.42 km
何家湾—庙洼向斜	位于井田西部，走向北东，北翼倾角 2°，南翼倾角 3°，轴线长 11 km。向斜两翼地层倾角平缓，在 3°左右，褶幅 35 m 左右，为宽缓向斜

表 4-8　安家庄井田断层统计

序号	断层编号	走向	倾向	倾角（°）	性质	落差（m）	延展长度（m）	断层切穿的煤层
1	DF10	近南北	西	25	正	0 ~ 5	124	煤$_{8-2}$层、煤$_{9-3}$层
2	DF11	近南北	西	45	正	0 ~ 10	175	煤$_{8-2}$层
3	DF12	北 53°东	北 37°西	31	正	0 ~ 20	1 060	煤$_{8-2}$层
4	DF13	北 43°西	北 47°东	14	正	0 ~ 17	560	煤$_{8-2}$层
5	DF14	北 57°东	南 33°东	14	正	0 ~ 18	1 513	煤$_{8-2}$层
6	DF15	北 32°西	北 58°东	15	逆	0 ~ 5	140	煤$_{8-2}$层、煤$_{9-3}$层
7	DF16	北 36°西	南 54°西	34	逆	0 ~ 20	253	煤 5 组、煤$_{8-2}$层、煤$_{9-3}$层
8	DF17	北 69°西	北 21°东	42	逆	0 ~ 20	725	煤 5 组、煤$_{8-2}$层、煤$_{9-3}$层
9	DF18	北 81°西	北 9°东	25	逆	0 ~ 15	1 136	煤 5 组、煤$_{8-2}$层、煤$_{9-3}$层
10	DF19	近南北	西	18	正	0 ~ 8	225	煤 5 组、煤$_{8-2}$层、煤$_{9-3}$层
11	DF20	近南北	东	26	逆	0 ~ 8	280	煤 5 组
12	DF21	北 74°东	北 16°西	23	逆	0 ~ 14	294	煤 5 组、煤$_{8-2}$层
13	DF22	北 79°东	北 11°西	11	逆	0 ~ 12	655	煤 5 组、煤$_{8-2}$层
14	DF23	北 77°东	南 13°东	54	逆	0 ~ 35	1 344	煤 5 组、煤$_{8-2}$层、煤$_{9-3}$层
15	DF24	北 78°东	南 12°东	48	逆	0 ~ 6	300	煤 5 组、煤$_{8-2}$层、煤$_{9-3}$层
16	DF25	北 78°西	北 12°东	30	逆	0 ~ 5	230	煤 5 组、煤$_{8-2}$层、煤$_{9-3}$层
17	DF26	北 70°东	南 20°东	61	逆	0 ~ 27	470	煤 5 组、煤$_{8-2}$层、煤$_{9-3}$层
18	DF27	北 69°东	北 21°西	44	逆	0 ~ 24	715	煤 5 组、煤$_{8-2}$层、煤$_{9-3}$层

续表 4-8

序号	断层编号	走向	倾向	倾角（°）	性质	落差（m）	延展长度（m）	断层切穿的煤层
19	DF6	北30°东	北西	39	逆	0～70	3 542	二维D4测线落差70 m 二维D8测线落差25 m
20	DF7	北17°东	南东	16	逆	0～28	1 714	二维D20测线落差20 m 二维L5测线落差28 m
21	df1		北西	32	逆	20		二维孤立断点
22	df2		南西	26	逆	21		二维孤立断点
23	df3		南西	15	逆	15		二维孤立断点

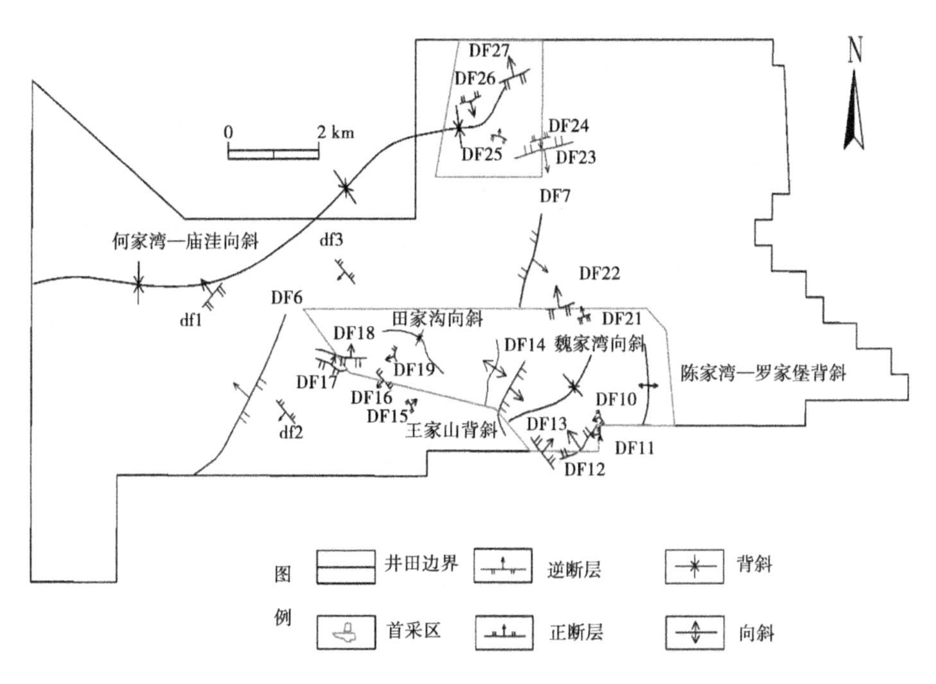

图 4-9　安家庄井田煤系地层构造纲要

4.4.1.3　岩浆岩

井田未发现岩浆岩。

4.4.2　区域水文地质

4.4.2.1　区域水文地质概况

本区属于鄂尔多斯大盆地中的一个相对独立的白垩系含水盆地，又称陇东承压水盆地，盆地的西部边界是彭阳—平凉—灵台一线，为弱补给边界；东边界在宁县子午岭以东的老地层露头分布区，为补给边界，北边界没有封闭，是一个补给边界。灵台以东的长庆桥至彬县亭口一带的泾河河谷是排泄边界,见图 4-10。

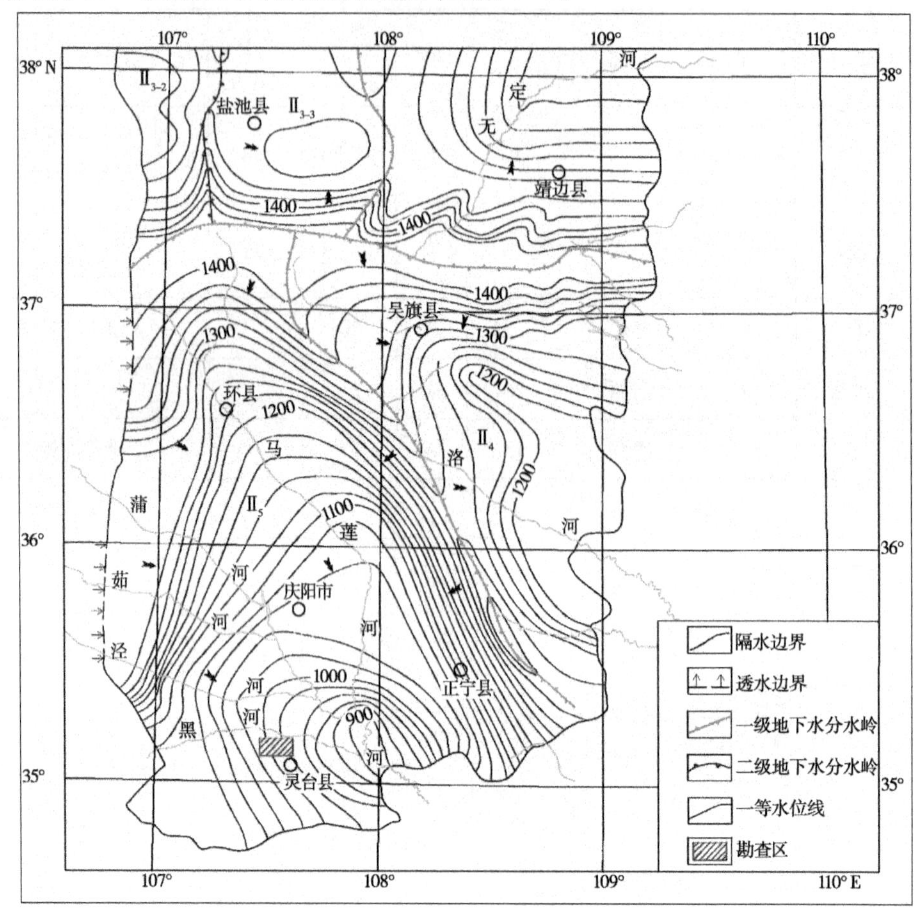

图 4-10　白垩系洛河组含水层区域地下水流场图

区域地下水以白垩系基岩裂隙承压水为主,第四系潜水及新近系甘肃群、侏罗系承压裂隙水次之。深部环河组、洛河组、直罗组、延安组普遍具有承压水分布,其中洛河组富水性相对较好,其他含水层的富水性差。

4.4.2.2　区域地下水类型及分布

(1)河谷区潜水中等富水性含水层:分布于泾河、黑河、达溪河等较大河谷中,由现代河流冲、洪积松散卵砾石层组成。

(2)塬区黄土层潜水弱富水性含水层:全区分布,沟谷有零星泉点出露。顶部透水而不含水,中部为弱含水层,下部具隔水性。

(3)新近系甘肃群砂质泥岩、砂砾岩复合弱富水性含水层:区域范围内大面积分布,大小沟谷均有出露,安家庄井田内缺失。

(4)罗汉洞组中粗粒碎屑岩弱含水岩组:主要出露于泾川县及灵台县以北,灵台南川河以西区域,岩性为棕红色中粗砂岩。区域内一般厚 50 ~ 330 m。据勘查资料,单孔涌水量 100 ~ 1 000 m^3/d,渗透系数 0.027 ~ 1.26 m/d,为富水性中等的含水岩组,安家庄井田内缺失。

(5)环河组弱富水性含水岩组:沟谷普遍出露,由粉砂岩、砂质泥岩组成。

(6)洛河组—宜君组中粗粒碎屑岩中等富水性含水岩组:区域内一般厚200~450 m。据周边地区勘查资料,单位涌水量0.33 L/(s·m),渗透系数0.46 m/d,为富水性中等的含水岩组。

(7)安定组—直罗组弱富水性含水岩组:由含砾粗砂岩及粗、中、细粒砂岩组成,由上到下可分为安定组中部、安定组底部、直罗组底部三个弱含水层段,其间夹有粉砂岩、砂质泥岩及泥岩隔水层。据资料抽水试验成果,其单位涌水量0.000 05~0.002 6 L/(s·m),渗透系数0.000 35~0.006 46 m/d,富水性微弱。

(8)延安组弱富水性含水岩组:由煤层与其上覆的细、中、粗粒砂岩、砾质砂岩含水层构成。该层富水性微弱,但水头压力大。

4.4.2.3 地下水的补给、径流和排泄

区域地下水的补给、径流和排泄主要受地形地貌和大气降水控制。上层潜水主要接受大气降水渗入补给,其径流方向由塬面向沟谷或河谷运移,在局部区域以泉的形式排泄;深层承压含水层的补给来源以区域性地下水流系统中的断面径流补给为主,其径流方向东部地区由西北流向东南,西部地区由西往东径流,泾河河谷为区域最低排泄地带。

(1)补给:河谷中潜水由大气降水和基岩中的地下水补给,梁塬区黄土层潜水主要为大气降水渗入补给,深层承压水的补给来自区域性的侧向径流补给。

(2)径流:上层潜水受其局部地形地貌制约,一般流向河谷,深层承压水径流方向在矿区由西往东汇入泾河,在马莲河以东区域则由西北流向东南,向马莲河沟谷区汇集,总体上该区地下水流向基本与地表水流向一致。

(3)排泄:大部分塬区潜水主要由人工取水(用水)排泄及以泉或渗出形式排泄至沟谷或河谷。深部承压水由于受泾河的切割,在泾河的长庆桥—亭口一带为深层承压水的排泄区。

4.4.3 井田水文地质条件

4.4.3.1 地表水

安家庄井田内无较大的地表水体。常年性流水河有达溪河,沿井田南部边界由西向东流出灵台县后与黑河汇流,在长武县亭南村汇入泾河。井田内沟谷支流均由北往南汇入达溪河,一般雨后有少量流水外,平时干涸。

4.4.3.2 含水层

安家庄井田内共施工了9个水文地质勘查孔,其中详查阶段施工了X1401、X1404、X2804共3个孔,进行了6次抽水试验。勘探阶段施工了A1107、A1405、A1705、A1710、A2007、A2402共6个水文地质勘查孔,进行了12次抽水试验。详查、勘探两阶段区内水文孔施工情况一览表见表4-9,水文地质勘查孔布置示意图见图4-11。

表 4-9　详查、勘探两阶段区内水文孔施工情况一览表

孔号	孔深(m)	抽水试验的含水层	抽水质量	位置	阶段	年份
X1401	1 359.54	$K_1h+K_1l+K_1y$	优质	区内	详查	2011
		$J_2a+J_2z+J_2y$(煤$_{9-3}$层顶以上)	合格	区内	详查	2011
X1404	1 389.36	$K_1h+K_1l+K_1y$	合格	区内	详查	2011
		$J_2a+J_2z+J_2y+T_3yn$	合格	区内	详查	2011
X2804	1 136.67	$J_2a+J_2z+J_2y$(煤$_{9-3}$层顶以上)	优质	区内	详查	2011
		J_2y(煤$_{9-3}$层顶以下)—三叠系	优质	区内	详查	2011
A1107	1 172.88	$K_1h+K_1l+K_1y$	优质	区内	勘探	2012
		$J_2a+J_2z+J_2y$(煤$_{9-3}$层顶以上)	优质	区内	勘探	2012
A1405	1 131.84	K_1h	优质	区内	勘探	2012
		$J_2a+J_2z+J_2y+T_3yn$	优质	区内	勘探	2012
A1705	1 031.69	$K_1h+k_1l+k_1y$	优质	区内	勘探	2012
		$J_2a+J_2z+J_2y$(煤$_{8-2}$层顶以上)	优质	区内	勘探	2012
A1710	950.61	$J_2a+J_2z+J_2y$(煤$_{8-2}$层顶以上)	优质	区内	勘探	2012
		J_2y(煤$_{8-2}$层底以下)—三叠系	优质	区内	勘探	2012
A2007	1 395.95	$J_2a+J_2z+J_2y$(煤$_{8-2}$层顶以上)	优质	区内	勘探	2012
		J_2y(煤$_{8-2}$层底以下)—三叠系	优质	区内	勘探	2012
A2402	1 348.58	$J_2a+J_2z+J_2y$(煤$_{9-3}$层顶以上)	优质	区内	勘探	2012
		J_2y(煤$_{9-3}$层底以下)—三叠系	优质	区内	勘探	2012

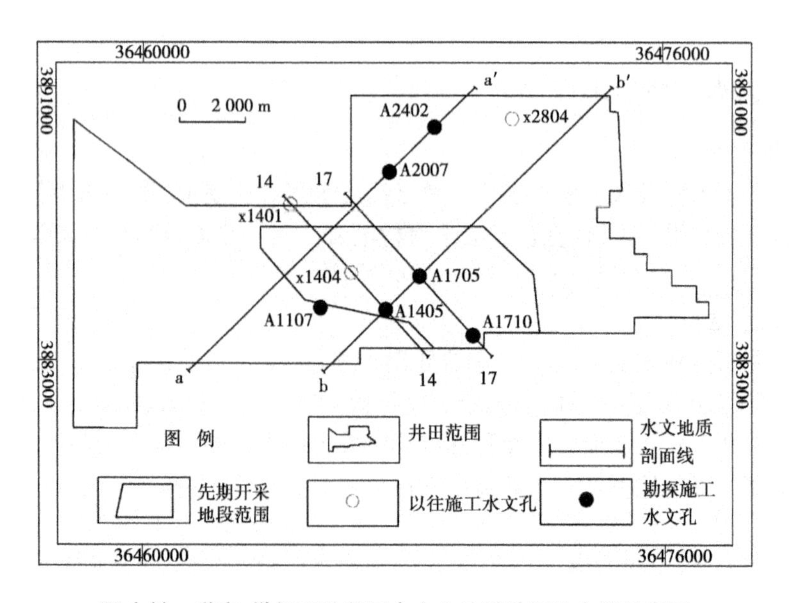

图 4-11　详查、勘探两阶段区内水文地质勘探孔布置示意图

根据钻孔资料并参考邻近矿区资料，安家庄井田内地下水以基岩层状裂隙承压水为主，第四系孔隙潜水次之。依据含水介质及地下水分布规律，将本区含水层划分为第四系松散岩类孔隙、裂隙潜水含水层，前第四系碎屑岩类孔隙—裂隙潜水含水层和前第四系碎屑岩孔隙、裂隙承压水含水层3大类，安家庄井田含水层特征一览表见表4-10，评价区水文地质略图见图4-12。

表4-10　安家庄井田含水层特征一览表

<table>
<tr><th>序号</th><th colspan="2">类别/层位</th><th>地层厚度
(m)</th><th>含水层厚度
(m)</th><th>单位涌水量
(L/(s·m))</th><th>富水性</th><th>性质</th></tr>
<tr><td rowspan="2">Ⅰ</td><td rowspan="2">第四系松散岩类孔隙、裂隙潜水</td><td>全新统孔隙潜水</td><td rowspan="2">4.00－293.51
161.22</td><td>3～15</td><td>—</td><td>中等</td><td rowspan="3">具有一定供水意义的含水层，当地居民分散取水水源</td></tr>
<tr><td>中、上更新统孔隙—裂隙潜水</td><td>100～150</td><td>—</td><td>弱</td></tr>
<tr><td>Ⅱ</td><td colspan="2">前第四系碎屑岩类孔隙—裂隙潜水</td><td>226.90－715.74
416.66</td><td>1～3</td><td>—</td><td>弱</td></tr>
<tr><td rowspan="9">Ⅲ</td><td rowspan="9">前第四系碎屑岩孔隙、裂隙承压水</td><td>白垩系环河组裂隙—孔隙承压水</td><td>226.90－715.74
416.66(158)</td><td>0～313.13
50</td><td>0.009</td><td>弱</td><td></td></tr>
<tr><td rowspan="2">白垩系洛河组—宜君组碎屑岩裂隙—孔隙承压水</td><td>洛河组：214.10－489.83
352.44</td><td rowspan="2">128.80～472.60
330.69</td><td rowspan="2">0.002 7～0.66</td><td rowspan="2">中等</td><td rowspan="2">具有一定供水意义的含水</td></tr>
<tr><td>宜君组：1.0－73.30
19.73</td></tr>
<tr><td rowspan="3">侏罗系安定组—直罗组—延安组煤$_{9-3}$层以上复合承压水</td><td>安定组：13.05－208.90
66.21(158)</td><td rowspan="3">19.93～247.89
78.54</td><td rowspan="3">0.000 5～0.002 7</td><td rowspan="3">极弱</td><td rowspan="3">相对隔水层，K＝0.000 3～0.003 1 m/d</td></tr>
<tr><td>直罗组：30.13－164.60
96.88(158)</td></tr>
<tr><td>延安组：28.70－200.19
90.66(158)</td></tr>
<tr><td rowspan="2">延安组含煤地层煤$_{9-3}$层底板以下—三叠系复合承压水</td><td>富县组：1.06－30.50
9.53</td><td>1.7～114.87
29.81</td><td>0.000 5～0.001 9</td><td>极弱</td><td>相对隔水层，K＝0.000 4～0.001 6 m/d</td></tr>
<tr><td>延长群：
最大揭露厚度150.59</td><td>—</td><td>—</td><td>—</td><td>—</td></tr>
</table>

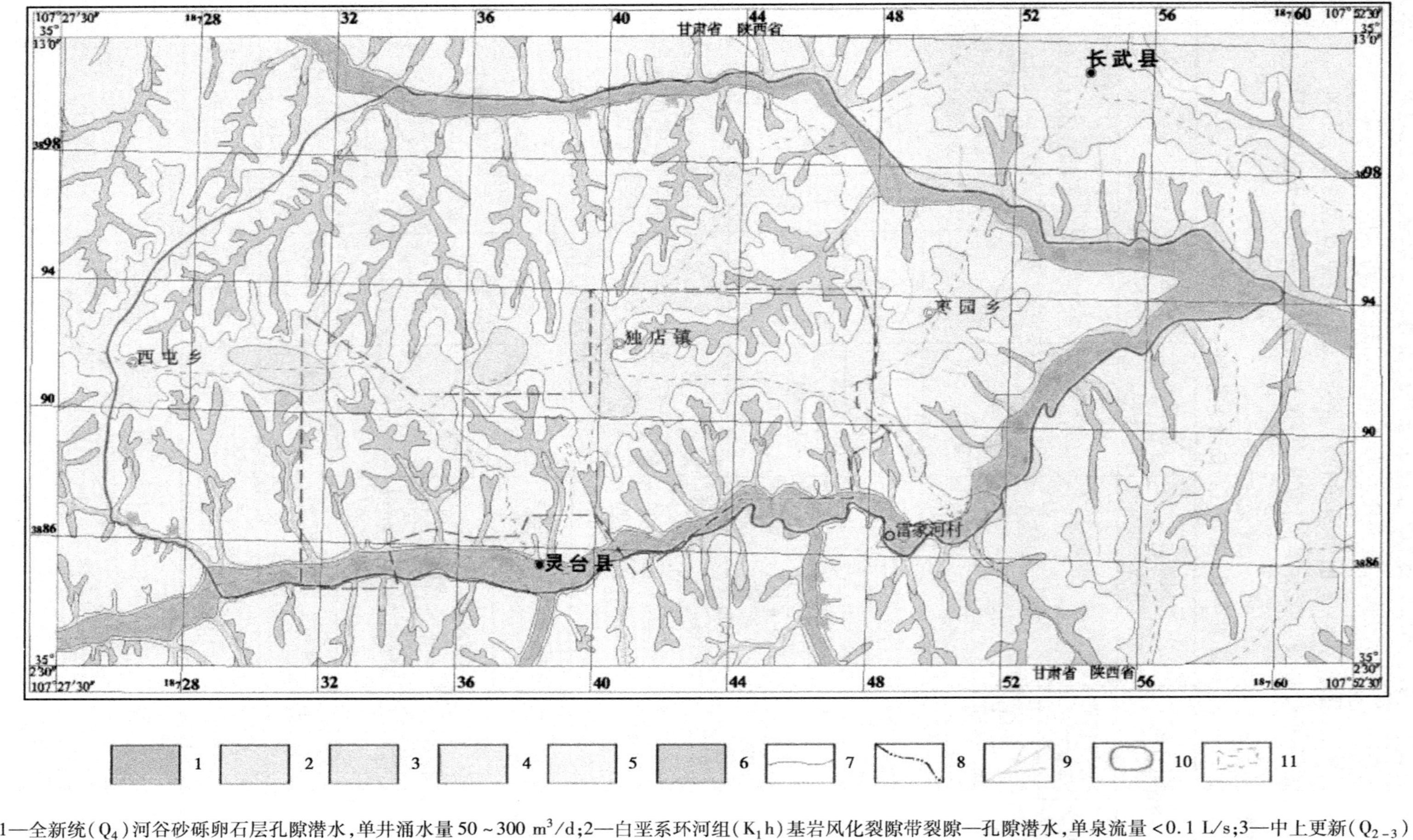

1—全新统(Q_4)河谷砂砾卵石层孔隙潜水,单井涌水量50~300 m^3/d;2—白垩系环河组(K_1h)基岩风化裂隙带裂隙—孔隙潜水,单泉流量<0.1 L/s;3—中上更新(Q_{2-3})黄土层孔隙—裂隙潜水,单井涌水量>300 m^3/d;4—中上更新统(Q_{2-3})黄土层孔隙—裂隙潜水,单井涌水量50~300 m^3/d;5—中上更新统(Q_{2-3})黄土层孔隙—裂隙潜水,单井涌水量<50 m^3/d;6—第四系透水不含水地段;7—富水性界线;8—省界;9—河流、沟谷溪流;10—评价区范围;11—矿区范围

图4-12 评价区水文地质略图

1. 第四系松散岩类孔隙、裂隙潜水

1）全新统孔隙潜水含水层

全新统孔隙潜水含水层主要分布于达溪河两侧河漫滩及一级阶地，呈狭窄的带状。含水层由河床相砂卵砾石层和河漫滩相粉土组成，厚度3.00～15.00 m，水位埋深1.00～12.00 m。水量随季节变化明显，以大气降水补给为主，富水性中等。水质为$HCO_3 \cdot SO_4$—$Ca \cdot Na \cdot Mg$型，矿化度0.5～0.8 g/L，pH为7～8，属中性淡水，供达溪河沿岸村民饮用及农田灌溉。

2）中、上更新统孔隙—裂隙潜水含水层

中、上更新统孔隙—裂隙潜水含水层主要分布在黄土梁峁丘陵区，主要为离石黄土的孔隙裂隙潜水，在沟谷中缺失上段部位，潜水主要为大气降水垂直入渗补给，地下水径流途径短，多以泉的形式向沟谷排泄，单泉流量一般为小于0.1 L/s。

2. 前第四系碎屑岩类孔隙、裂隙潜水

前第四系碎屑岩类孔隙、裂隙潜水主要为第四系底部砾岩及环河组上部基岩风化带裂隙潜水含水岩组。

部分地段的第四系底部有一层灰黄、浅棕红色半固结状砂砾岩（底砾岩），厚度一般为1～3 m，裂隙发育，为局部含水层；该层泉流量0.01～1.00 L/s。

环河组（K_1h）上部岩层为区域基岩面，出露于沟谷地段，风化裂隙发育，常在细粒砂岩及粉砂岩中形成局部含水地段，在达溪河沿岸及较大支沟沟口汇集成泉。据野外调查，区内出露泉流量最大0.50 L/s，最小<0.01 L/s，平均0.11 L/s，富水性弱。上述两者常构成具有二元结构的复合含水层，水质多为HCO_3—Na—Mg或HCO_3—Ca—Mg型，矿化度0.45～1.00 g/L，pH为7.45～8.94，水温10～16 ℃，属弱碱性淡水，适宜生活饮用。

3. 前第四系碎屑岩孔隙、裂隙承压水

1）白垩系下统层状孔隙、裂隙承压水

a. 环河组粉砂岩裂隙、孔隙承压水

该含水层埋藏于第四系地层之下，岩性主要为粉砂岩，夹泥质粉砂岩和砂岩层。据钻探揭露，部分钻孔在其顶界以下60～100 m、150～250 m深度段内因为含芒硝和石膏而出现溶洞现象，有明显的蜂窝状溶蚀裂隙、溶洞，直径3～8 mm，溶洞内残留有芒硝和石膏晶体。在本井田以南的灵台南唐家河井田达溪河谷地带施工的1212、1316孔中曾发现涌水现象，涌水量接近1 L/s。依据179个钻孔资料（包括井田周边钻孔）统计，含水层厚度0～313.13 m，平均厚度50 m。井田内施工的A1405孔对本含水层进行了抽水试验，该孔含水层厚度为51.2 m（地层厚度302.2 m），水位标高981.29 m，孔径152 mm，降深9.77～28.15 m，涌水量为0.104～0.258 L/s，单位涌水量为0.009 L/(s·m)，渗透系数为0.015 m/d。换算成口径91 mm、抽水水位降深10 m时的钻孔单位涌水量为0.010 L/(s·m)，属弱富水性含水层，抽水试验成果见表4-11。

据A1405孔资料，环河组承压水水质类型属SO_4—Na型，矿化度2.89 g/L，pH为8.37，按酸碱性及矿化度分类属弱碱性微咸水，按《地下水质量标准》（GB/T 14848—1993）分类属Ⅴ类水。

依照《矿区水文地质工程地质勘探规范》（GB 12719—1991，简称“地勘规范”）及《煤矿床水文地质、工程地质及环境地质勘查评价标准》(MT/T 1091—2008)的规定,判定该含水岩组属弱含水的承压含水层。

表 4-11 环河组粉砂岩裂隙、孔隙承压水抽水试验成果

孔号	地层	水位标高(m)	降深(m)	涌水量(L/s)	单位涌水量(L/(s·m))	渗透系数(m/d)	含水层厚度(m)	换算成口径 91 mm、抽水水位降深 10 m 时的钻孔单位涌水量(L/(s·m))	备注
南唐家河井田 1114 孔	环河组	953.78	46.59	0.91	0.019 6	0.008 9	156.75	0.022	南唐家河井田
灵北井田 L3700 孔	环河组	951.00	31.88	2.633	0.082 6	0.299 7	29.29	0.09	灵北井田
A1405 孔	环河组	982.16	28.15	0.258	0.009	0.014 9	51.52	0.01	安家庄井田

b. 洛河组—宜君组砂岩、含砾砂岩、砾岩含水岩组

全区分布,埋藏于环河组相对隔水岩组之下,含水层由上部的洛河组及下部的宜君组构成,中间无隔水层,可视为一个含水层。洛河组岩性以紫红、褐红色中、粗粒砂岩及厚层状含砾粗砂岩为主,平均约占洛河组总厚度的 88%,砂、砾岩中裂隙极其发育,个别孔在钻至该层时冲洗液漏失。依据 179 个钻孔(包括井田周边钻孔)统计资料,洛河组含水层厚度 112 ~457 m,平均厚度 311.53 m。

宜君组岩性为紫灰、浅棕红色厚层状中—粗砾岩,局部夹含砾粗粒砂岩透镜体,偶见裂隙,均被石膏充填。依据 168 个钻孔(包括井田周边钻孔)统计资料,含水层厚度 0.59 ~82.80 m,平均厚度 20.30 m。

洛河组—宜君组含水层总厚度 128.80 ~472.60 m,平均厚度 330.69 m。

据井田以东陕西省杨家坪井田资料:试验段孔径 0.114 m,降深 6.80 ~20.00 m,涌水量 4.459 ~ 13.146 L/s,单位涌水量 q = 0.655 7 ~0.664 3 L/(s·m),渗透系数 K = 0.162 9 ~0.194 1 m/d,在河谷区水位高出地表,具有较强的承压性。

据灵台南勘查区 3 个钻孔混合抽水试验资料:降深 19.11 ~50.51 m,涌水量 9.032 ~10.084 L/s,单位涌水量 q =0.198 9 ~0.472 6 L/(s·m),渗透系数 K =0.049 5 ~0.114 5 m/d,水位标高 948.96 ~1 046.59 m。换算成口径 91 mm、抽水水位降深 10 m 时的钻孔单位涌水量为 0.023 ~0.475 L/(s·m)。

井田以北的灵北井田 3 个钻孔白垩系混合抽水试验资料:降深 23.9 ~97.23 m,涌水量 5.485 ~7.734 L/s,单位涌水量 q = 0.056 4 ~ 0.323 6 L/(s·m),渗透系数 K = 0.013 8 ~0.075 3 m/d,水位标高 974.68 ~1 091.07 m。换算成口径 91 mm、抽水水位降深 10 m 时的钻孔单位涌水量为 0.075 0 ~0.291 6 L/(s·m)。水样的水质分析结果表明,其水质类型多为 SO_4—Na 型,矿化度 2.7 ~5.6 g/L,pH 为 8.28 ~8.44,属弱碱性的咸水。

本井田以往详查及本次勘探共有 4 个钻孔对该层进行了混合抽水试验,主要参数为:钻孔水位降深 22.60 ~115.01 m ,涌水量 0.203 ~14.457 L/s,单位涌水量 q =0.001 8 ~0.639 7 L/(s·m),渗透系数 K =0.000 3 ~0.149 2 m/d,水位标高 959.31 ~1 143.88 m。

换算成口径 91 mm、抽水水位降深 10 m 时的钻孔单位涌水量为 0.002 7 ~ 0.66 L/(s·m)。水样的水质分析结果表明,其水质类型为 SO_4—Na 型,矿化度 1.357 ~ 2.112 g/L,pH 为 8.38 ~ 8.58,按酸碱性及矿化度分类属弱碱性微咸水,按《地下水质量标准》(GB/T 14848—1993)分类属Ⅴ类水。抽水试验水文参数见表 4-12。

表 4-12　环河组、洛河组、宜君组含水层混合抽水试验水文参数

孔号	地层	水位标高(m)	降深(m)	涌水量(L/s)	单位涌水量(L/(s·m))	渗透系数(m/d)	含水层厚度(m)	换算成口径 91 mm、抽水水位降深 10 m 时的钻孔单位涌水量(L/(s·m))	备注
709	环河组、洛河组混合抽水	948.96	50.51	10.084	0.199 6	0.060 6	372.64	0.227	灵台南勘查区
908	环河组、洛河组混合抽水	963.67	19.11	9.032	0.472 6	0.114 5	377.73	0.475	灵台南勘查区
1108	环河组、洛河组混合抽水	1 046.59	48.02	9.55	0.198 9	0.049 5	395.75	0.023	灵台南勘查区
X2802	环河组、洛河组混合抽水	974.68	23.9	7.734	0.323 6	0.075 3	399.95	0.291 6	灵北井田
L2201	环河组、洛河组混合抽水	983.20	25.33	6.278	0.247 8	0.061 0	383.67	0.270 1	灵北井田
L3305	环河组、洛河组混合抽水	1 091.07	97.23	5.485	0.056 4	0.013 8	419.85	0.075	灵北井田
X1401	环河组、洛河组混合抽水	1 041.66	67.76	2.10	0.031	0.010 9	258.06	0.037 6	本井田
X1404	环河组、洛河组混合抽水	1 143.884	115.01	0.203	0.001 8	0.000 3	516.45	0.002 7	本井田
A1107	环河组、洛河组混合抽水	959.31	22.6	14.457	0.639 7	0.149 2	410.2	0.660	本井田
A1705	环河组、洛河组混合抽水	1 036.60	83.61	5.366	0.064 2	0.018 6	353.7	0.084 0	本井田

依照《矿区水文地质工程地质勘探规范》(GB 12719—1991)及《煤矿床水文地质、工程地质及环境地质勘查评价标准》(MT/T 1091—2008)的规定,判定该含水岩组属中等富水性的承压含水层。

2）侏罗系层状孔隙、裂隙承压水

a. 安定组—直罗组—延安组煤$_{9-3}$层以上承压含水岩组

安定组—直罗组—延安组煤$_{9-3}$层以上承压含水岩组主要由含砾粗砂岩和粗、中、细粒砂岩组成。岩层中发育有少量裂隙。由于其含水层岩性粗细呈互层状相间分布，其含水层由上到下可分为安定组中部、安定组底部、直罗组底部及延安组顶—煤$_{9-3}$层间四个弱含水层段，其中安定组底部、直罗组底部及延安组顶—煤$_{9-3}$层含水层全区连续分布，而安定组中部含水层只在部分钻孔中分布，且不连续。依据178个钻孔（包括井田周边钻孔）统计资料，含水层总厚度19.93～247.89 m，平均厚度78.54 m。

据井田以东陕西省杨家坪井田资料，勘探时曾对安定组底部、直罗组底部含水层段进行了单独的抽水试验，结果为：降深147.97～272.40 m时，涌水量0.018 4～0.030 8 L/s，单位涌水量q＝0.000 124～0.000 113 L/(s·m)，渗透系数K＝0.000 327 m/d，水温19 ℃，水质为Cl—K＋Na型，矿化度22.161 g/L，pH为9.30，属弱碱性的盐水。换算成统径(91 mm)、统降(10 m)单位涌水量为0.000 122 L/(s·m)，说明含水性弱。

井田北部的灵北井田详查时有2个钻孔曾对该层和煤$_9$层顶板以上延安组含水层进行了混合抽水试验，结果为：降深171.03～176.91 m时，涌水量0.202～0.260 L/s，单位涌水量q＝0.001 2～0.001 5 L/(s·m)，渗透系数K＝0.001 4～0.002 6 m/d，换算成统径(91 mm)、统降(10 m)，单位涌水量为0.001 8～0.002 3 L/(s·m)。水温19 ℃，水质为SO_4·Cl—Na型，矿化度22.161 g/L，pH为9.30，属弱碱性的盐水，按《地下水质量标准》(GB/T 14848—1993)分类属Ⅴ类水。

本井田详查及勘探两阶段有6个钻孔对该层进行了抽水试验，另有1个孔和三叠系进行了混合抽水试验，钻孔水位降深64.39～233.21 m，涌水量0.027～0.189 L/s，单位涌水量q＝0.000 3～0.002 2 L/(s·m)，渗透系数K＝0.000 3～0.003 1 m/d，水位标高949.73～1 167.65 m。换算成口径91 mm、抽水水位降深10 m时的钻孔单位涌水量为0.000 5～0.002 7L/(s·m)。水质分析结果表明，其水质类型为SO_4—Na型，矿化度2.812～15.893 g/L，pH8.2～8.5，按酸碱性及矿化度分类属弱碱性微咸水—盐水，按《地下水质量标准》(GB/T 14848—1993)分类属Ⅴ类水。

抽水试验水文参数见表4-13，依照《矿区水文地质工程地质勘探规范》(GB 12719—1991)及《煤矿床水文地质、工程地质及环境地质勘查评价标准》(MT/T 1091—2008)的规定，评定为弱富水性的含水层。

表4-13 安定组—延安组煤$_{9-3}$层以上含水层混合抽水试验水文参数

孔号	地层	水位标高(m)	降深(m)	涌水量(L/s)	单位涌水量(L/(s·m))	渗透系数(m/d)	含水层厚度(m)	换算成口径91 mm、抽水水位降深10 m时的钻孔单位涌水量(L/(s·m))	备注
709	$J_2a+J_2z+J_2y$ 煤$_{8-2}$层顶	946.60	108.56	0.545	0.005 0	0.002 9	159.87	0.007 0	灵台南
908	$J_2a+J_2z+J_2y$ 煤$_{8-2}$层顶	975.28	96.63	0.349	0.003 6	0.003 7	88.46	0.004 8	灵台南

续表 4-13

孔号	地层	水位标高(m)	降深(m)	涌水量(L/s)	单位涌水量(L/(s·m))	渗透系数(m/d)	含水层厚度(m)	换算成口径91 mm、抽水水位降深10 m时的钻孔单位涌水量(L/(s·m))	备注
1108	$J_2a+J_2z+J_2y$ 煤$_{8-2}$层顶	1 019.87	109.74	0.645	0.005 9	0.016 0	39.4	0.008 1	灵台南
X2802	$J_2a+J_2z+J_2y$ 煤$_{8-2}$层顶	1 106.29	176.91	0.260	0.001 5	0.002 6	56.83	0.002 3	灵台北
X2804	$J_2a+J_2z+J_2y$ 煤$_{9-3}$层顶	1 084.26	171.03	0.202	0.001 2	0.001 4	75.96	0.001 8	灵台北
X1401	$J_2a+J_2z+J_2y$ 煤$_{9-3}$层顶	1 060.70	77.78	0.027	0.000 3	0.000 3	83.73	0.000 5	本井田
A1107	$J_2a+J_2z+J_2y$ 煤$_{9-3}$层顶	1 069.87	188.55	0.054	0.000 3	0.000 3	75.22	0.000 5	本井田
A1405	$J_2a+J_2z+J_2y+T_3yn$	1 075.57	104.67	0.189	0.001 8	0.003 1	55.42	0.002 6	本井田
A1710	$J_2a+J_2z+J_2y$ 煤$_{9-3}$层顶	949.73	233.21	0.155	0.000 7	0.001 0	63.29	0.001 1	本井田
A1705	$J_2a+J_2z+J_2y$ 煤$_{8-2}$层顶	1 016.44	206.77	0.114	0.000 6	0.001	55.30	0.000 9	本井田
A2007	$J_2a+J_2z+J_2y$ 煤$_{8-2}$层顶	1 016.44	206.77	0.114	0.000 6	0.001 0	55.30	0.000 9	本井田
A2402	$J_2a+J_2z+J_2y$ 煤$_{9-3}$层顶	1 167.65	64.39	0.140	0.002 2	0.003 0	61.19	0.002 7	本井田

b. 延安组含煤地层煤$_{9-3}$层底板以下—三叠系承压含水岩组

该含水层由延安组第一段含砾粗砂岩和粗、中、细粒砂岩及三叠系顶部的砂岩构成，为薄的含水层和隔水层呈互层状的复合含水层。依据169个钻孔(包含井田周边钻孔)统计资料，含水层总厚度1.7~114.87 m，平均厚度29.81 m。

在本井田以北的灵北勘查区曾有2个钻孔对该层进行抽水试验，结果为：降深155.97~200.97 m，涌水量为0.140~0.26 L/s，单位涌水量q=0.000 7~0.006 L/(s·m)，渗透系数0.000 8~0.012 4 m/d，含水层厚度41.87~80.58 m，换算成口径91

mm、抽水水位降深 10 m 时的钻孔单位涌水量为 0.007 ~ 0.001 2 m/d。水质分析结果表明，其水质类型为 SO_4—Na 型，矿化度 15.826 g/L，pH8.39，酸碱性及矿化度分类属弱碱性咸水—盐水，按《地下水质量标准》(GB/T 14848—1993)分类属Ⅴ类水，水质差。

本次勘探有 3 个钻孔对该层进行了抽水试验，钻孔水位降深 70.49 ~ 182.92 m，涌水量 0.045 ~ 0.102 L/s，单位涌水量 q = 0.000 3 ~ 0.001 4 L/(s · m)，渗透系数 K = 0.000 4 ~ 0.001 6 m/d，水位标高 958.53 ~ 1 164.96 m。换算成口径 91 mm、抽水水位降深 10 m 时的钻孔单位涌水量为 0.000 5 ~ 0.001 9 L/(s · m)。水质分析结果表明，其水质类型为 SO_4—Na 型，矿化度 5.983 ~ 17.582 g/L，pH8.2 ~ 8.5，按酸碱性及矿化度分类属弱碱性咸水—盐水，按《地下水质量标准》(GB/T 14848—1993)分类属Ⅴ类水。

抽水试验结果见表 4-14。依照《矿区水文地质工程地质勘探规范》(GB 12719—1991)及《煤矿床水文地质、工程地质及环境地质勘查评价标准》(MT/T 1091—2008)的规定，评定为弱富水性的含水层。

表 4-14　延安组煤$_{9-3}$(煤$_{8-2}$)层以下—三叠系含水层抽水试验水文参数

孔号	地层	水位标高 (m)	降深 (m)	涌水量 (L/s)	单位涌水量 (L/(s · m))	渗透系数 (m/d)	含水层厚度 (m)	换算成口径 91 mm、抽水水位降深 10 m 时的钻孔单位涌水量(L/(s · m))	备注
X2804	J_2y 煤$_{9-3}$底以下—T_3yn	931.65	47.22	0.26	0.006 0	0.012 4	41.87	0.007 0	灵北
L2907	J_2y 煤$_{8-2}$底以下—T_3yn	1 027.09	200.97	0.140	0.000 7	0.000 8	80.58	0.001 2	灵北
A1710	J_2y 煤$_{8-2}$底以下—T_3yn	958.53	182.92	0.080	0.000 4	0.001 1	38.42	0.000 7	本井田
A2007	J_2y 煤$_{8-2}$底以下—T_3yn	1 164.96	70.49	0.102	0.001 4	0.001 6	71.85	0.001 9	本井田
A2402	J_2y 煤$_{9-3}$底以下—T_3yn	1 062.66	160.2	0.045	0.000 3	0.000 4	61.47	0.000 5	本井田

4.4.3.3　隔水层

1. 第四系中更新统离石组黏土隔水层组

全区分布，地表主要出露于沟谷及其两侧。由棕红色、浅褐色黏土构成，偶含钙质结核，总厚度 7.25 ~ 114.55 m，平均厚度 58.00 m，为良好的隔水层。

2. 白垩系下统志丹群环河组隔水层组

地表出露于达溪河河谷及各大支沟中，岩性为浅紫红、灰绿、黄灰色砂质泥岩、粉砂岩及泥岩夹薄层细粒砂岩。依据179个钻孔（包含井田周边钻孔）统计资料，总厚度155.11～715.74 m，平均厚度380 m。上部岩层由于位于基岩风化带内，因而在局部地段含有风化裂隙潜水。中部及下部岩性以泥质岩类及细碎屑岩为主，裂隙不发育，所以被划为相对隔水岩组。在河谷区施工的钻孔钻穿此层后均发生涌水现象，说明其确具隔水性能。

需要指出的是，该组地层中部分层段含芒硝及石膏等硫酸盐类结晶体，局部地段较富集，被地下水溶解、迁移后常形成溶隙，其次还有构造裂隙，含溶蚀孔隙水和构造裂隙水，且水头较高，未来井巷穿越该层段时有可能涌水。但由于其分布范围小且溶隙连通性差，故水量较小，以静储量为主，表现为初期涌水量大，后期逐渐疏干变小。

3. 侏罗系中统安定组、直罗组泥岩及粉砂岩隔水层

由侏罗系中统安定组、直罗组泥岩及粉砂岩构成隔水层，全区均有分布，总厚度35.4～178.29 m，平均厚度106.94 m，是本区煤系地层之上性能良好的主要隔水层。

4. 侏罗系中统延安组泥岩、砂质泥岩、炭质泥岩隔水层

由侏罗系中统延安组的泥岩、砂质泥岩、炭质泥岩、煤层为主构成隔水层，与含水层呈互层状，总厚度6.63～119.46 m，平均厚度44 m。为井田内隔水性能良好的主要隔水层。

5. 富县组相对隔水岩组

区内零星分布，总厚度1.06～30.50 m，平均厚度9.53 m。岩性以杂色花斑状泥岩及含铝泥岩为主，为非连续分布的相对隔水层。

6. 三叠系相对隔水层

根据资料，三叠系延长群顶部系本区含煤地层之沉积基底，岩性主要由灰—深灰色泥岩、砂质泥岩、粉砂岩组成，可视为相对隔水岩组，厚度大于10 m。据灵台南资料，该层渗透系数为2.8×10^{-7} m/d，是较好的隔水层。

4.4.3.4 地下水的补给、径流、排泄条件

1. 补给

河谷区现代冲洪积层潜水与其两侧的基岩风化裂隙带潜水接受大气降水的渗入补给。水位埋藏浅，一般为3.0～6.0 m，季节性变化明显，且与地表河流存在互补关系，一般枯水期地下水补给地表水，丰水期地表水补给地下水。

区内白垩系下统环河组岩性以近水平状的粉砂岩夹泥岩和砂质泥岩为主，其中的泥岩及砂质泥岩夹层具有一定的隔水性能，因而下伏的白垩系下统洛河组、宜君组含水层及侏罗系承压裂隙含水层基本不接受区内大气降水的间接补给，补给来源主要为西部的含水层侧向补给，层间越流补给极为微弱。

2. 径流

第四系黄土层潜水由塬面中心地段向四周径流，径流条件好。河谷区现代冲洪积层潜水由两侧向中心或由上游向下游径流。

侵蚀基准面以下地下水埋藏较深，主要为洛河组、宜君组及延安组含水岩组，总体趋势由西向东以层流的方式径流。洛河组承压水的径流较复杂，整体由西向东径流。

洛河组含水层由于裂隙发育且连通性好,因而流速较大。延安组则埋藏深度大,裂隙少,所以延安组含水层流速相对较为滞缓,但承压水位高。另外,对收集的资料进行分析,结果表明本区大部分区域承压水具有下部含水层水位高于上部含水层水位的特点。

井田以东各煤矿开采过程中的疏、排水也是引起本区含煤地层裂隙承压水由西向东径流的另一原因。

3. 排泄

河谷区第四系松散卵砾层孔隙潜水向河流排泄。

深层承压含水层排泄区主要在矿井以东的亭口一带泾河较低地段(地面标高低于850 m)以渗出形式排泄。以往河谷地段施工的钻孔在揭露洛河组含水层后,洛河组承压水常常涌出地面,形成点状涌出排泄。

矿井以东陕西境内的彬长矿区开发程度较高,煤矿开采过程中的疏、排水也是延安组含水层的重要排泄方式。

4.4.3.5　水文地质勘探类型

区内构造中等,地层倾角平缓,矿体位于当地侵蚀基准面以下,地表虽有达溪河,但与深部矿体的水力联系微弱;含煤地层的富水性极弱,其上覆的洛河组砂岩虽为富水性中等的含水岩组,但煤层开采后形成的冒落裂隙带上端延伸不到洛河组含水层,其余直接充水含水层的单位涌水量都小于0.1 L/(s · m),故正常情况下地下水对煤矿开采不构成严重威胁。按正常情况考虑,本井田水文地质勘探类型应划为“二类一型”,即以裂隙水为主、孔隙水次之、水文地质条件简单的矿床。

4.4.3.6　矿井充水因素分析

1. 老窑积水

本井田及邻近区域无老窑采空区,不存在老窑积水。

2. 地表水对矿井开采的影响

勘查区南部常年性地表水主要为达溪河。由于地表水与煤层顶界的最小垂距都在750 m以上,基岩地层近水平状,夹有多层泥岩类隔水层,基本隔断了地表水与煤层开采巷道的水力联系,判断地表水对矿井开采不造成影响。邻近的郭家河煤矿矿井涌水不随季节变化即为佐证。

3. 地下水对矿井开采的影响

地下水对未来矿井开采的影响程度,取决于煤层开采后其上覆岩层所形成导水裂隙带的穿透程度,需要对井田内各钻孔导水裂隙带高度进行分析。

本研究选取了安家庄煤矿设计开采范围内的122个钻孔(占设计开采范围内钻孔总数的100%),采用《建筑物、水体、铁路及主要井巷煤柱留设与压煤开采规程》(煤行管字〔2002〕第81号,简称“三下规程”)、“地勘规范”推荐方法和“实测裂采比”比拟法等方法分别计算了安家庄煤矿各钻孔导水裂隙带的发育高度,详细的分析计算成果见本书第5章相关内容。

根据计算成果判定:

(1)安家庄煤矿开采后122个钻孔处所形成的导水裂隙带会进入延安组裂隙承压含水层和直罗组裂隙承压含水层(其中1个钻孔的导水裂隙未进入直罗组)。

(2)所有122个钻孔处的开采裂隙最大高度均达不到安定组隔水层的底板,即不会导通安定组顶板上部的宜君组含水层。

(3)裂隙进入直罗组最深的钻孔为A1709、A2305,分别距离宜君组含水层底界面194.85 m、211.18 m。

计算结果表明,本井田煤层开采后,导水裂隙带发育高度在侏罗系延安组、直罗组地层内,延伸不到白垩系宜君组、洛河组、环河组含水层,也意味着对最上层的第四系含水层基本没有影响;判断第四系、白垩系含水层对未来矿井开采影响很小。

侏罗系安定组—直罗组—延安组含煤地层煤$_{9-3}$层以上承压含水层和延安组含煤地层煤$_{9-3}$层以下—三叠系含水层,是煤层开采后的直接影响含水层,是矿井未来开采时的主要直接充水含水层。

4. 充水强度分析

安家庄井田直接充水含水层埋藏较深,裂隙不甚发育,补给来源单一,导水性差,径流滞缓,富水性微弱,对矿井开采威胁不大。

白垩系洛河组含水层为井田内主要含水层,其分布范围广,厚度大,富水性中等。根据分析,煤层开采导水裂隙带不会导通洛河组含水层,但不排除采掘过程中在局部地段,地下水透过"天窗"或封闭不良的钻孔进入矿坑造成水害。在矿井生产过程中,要严格按照《煤矿防治水规定》、《煤矿安全规程》要求进行开采,必须坚持"预测预报、有疑必探、先探后掘、先治后采"原则,加强井下探放水工作,避免导通白垩系含水层地下水。

4.4.4 矿坑涌水量预算

4.4.4.1 计算方法的选择

根据《煤矿床水文地质、工程地质及环境地质勘查评价标准》(MT/T 1091—2008)附录,常用的矿井涌水量计算方法主要有水文地质比拟法(富水系数法、单位涌水量比拟法)、解析法(大井法、水平廊道法)等。本书采用解析法和水文地质比拟法分别对安家庄煤矿先期开采区域的涌水量进行预算,再对各预算成果进行分析,以确定合理的矿井涌水水量。

4.4.4.2 解析法预算矿井涌水量

1. 预算原则

(1)预算范围:先期开采区域位于井田中部,东西方向宽约4.0 km,南北方向长约7.7 km,面积24.39 km^2,按该范围预算矿井涌水量。

(2)预算方法:根据《基坑工程手册》(第二版)解释的解析法中大井法和水平廊道法等两种方法适用范围,"长宽比值小于10的视为辐射流,即可将巷道系统假设为一个理想大井,采用大井法进行预算;比值大于10的视为平行流,即将其概化为水平廊道,采用水平廊道法进行预算"。安家庄井田先期开采区域长宽比为1.9,矿井涌水量预算采用大井法。

(3)考虑到导水裂隙带达不到白垩系含水层,侏罗系以上的白垩系含水层和第四系含水层对矿井充水基本无影响,所以只计算侏罗系安定组—直罗组—延安组含煤地层煤$_{9-3}$层以上承压含水层和延安组含煤地层煤$_{9-3}$层以下—三叠系含水层的涌水量。煤层以上含水层按顶板进水计算,煤层底板以下含水层按底板进水计算。

(4)利用现有抽水钻孔资料,结合井田地形地貌及井田含水层水文地质条件及特征,不考虑大气降水及枯水、丰水期，对先期开采区域涌水量进行预算。

(5)不考虑非正常开采及施工导致的意外性突水事故，仅以正常导水裂隙所能导通的含水层形成的地下水渗流场模式。

2. 预算公式选取

安家庄煤矿先期开采区域预算矿井涌水公式一览见表4-15。

表4-15　安家庄煤矿先期开采区域预算矿井涌水公式一览

<table>
<tr><th colspan="2">计算方法</th><th>矿井涌水量预算公式</th><th>引用半径计算公式</th><th>引用影响半径计算公式</th></tr>
<tr><td rowspan="3">大井法</td><td>顶板公式</td><td>$Q=\frac{1.366K(2HM-M^2-h_w^2)}{(\lg R_0-\lg r_0)}$</td><td rowspan="2">$r_0=\sqrt{\frac{F}{\pi}}$</td><td rowspan="2">$R_0=r_0+R$;
$R=2S\sqrt{KM}$</td></tr>
<tr><td>底板公式</td><td>$Q=2.73K\frac{Ma\cdot S}{\lg R_0-\lg r_0}(\frac{t}{Ma})^{1/2}(\frac{2Ma-t}{Ma})^{1/4}$</td></tr>
<tr><td>公式参数概念</td><td colspan="3">Q—矿井涌水量，m^3/d；
M—含水层厚度，m，采用本井田水文孔参数的平均值；
K—渗透系数，m/d，采用本井田水文孔参数的平均值；
H—承压水从井底算起的水头高度，m，采用A2402、A2072钻孔平均值；
S—水位降深，采用本井田水文孔参数的平均值；
h_w—含水层疏干过程中含水层剩余厚度，m，取0；
Ma—坑道顶板至底部含水层的有效厚度，m，根据周边资料取50 m；
t—坑道底板内含水层的平均厚度，m，取10 m；
R_0—引用影响半径，m；
r_0—引用半径，m；
F—先期开采区域面积，m^2；
R—影响半径，m</td></tr>
</table>

3. 大井法矿井涌水量预算

1)先期开采区域煤$_{9-3}$层顶板以上矿井涌水

采用本井田6个水文孔平均值计算含水层厚度和渗透系数，采用本井田A2402、A2007两孔的平均值计算水头高度、降深。选取孔号、各参数及顶板矿井涌水预算结果见表4-16，采用大井法对先期开采区域煤$_{9-3}$层顶板以上矿井涌水量预算结果为2 546 m^3/d。

2)先期开采地段煤$_{9-3}$层底板以下矿井涌水

采用本井田5个水文孔平均值计算渗透系数，采用本井田A2402、A2007两孔的平均值计算水头高度、降深和含水层厚度。选取孔号、各参数及底板矿井涌水预算结果见表4-17，采用大井法对先期开采区域煤$_{9-3}$层底板以下矿井涌水量预算结果为1 364 m^3/d。

表4-16 首采区域煤$_{9-3}$层顶板以上大井法矿井涌水预算结果

孔号	含水层厚度(m)	水头高度(m)	降深(m)	影响半径(m)	矿坑半径(m)	渗透系数(m/d)	导水系数(m^2/d)	涌水量预算结果(m^3/d)
A2402	72.11	1 192.28	1 258.98	—	—	0.001 4	0.101 0	—
A1107	75.22	—	—	—	—	0.000 3	0.022 6	—
X1401	83.73	—	—	—	—	0.000 3	0.025 1	—
A1705	55.30	—	—	—	—	0.001	0.055 3	—
A2007	61.19	1 249.17	1 330.56	—	—	0.003	0.183 6	—
A1710	63.29	—	—	—	—	0.001	0.063 3	—
采用值	68.47	1 221	1 294.77	3 519	2 786	0.001 17	0.064 4	2 546

表4-17 首采区域煤$_{9-3}$层底板以下大井法矿井涌水预算结果

孔号	含水层厚度(m)	水头高度(m)	降深(m)	影响半径(m)	矿坑半径(m)	渗透系数(m/d)	有效厚度(m)	坑道内含水层厚度(m)	涌水量预算结果(m^3/d)
X2804						0.012 4			
A2402	61.47	1 294.15	1 390.85			0.000 398			
A2007	74.85	1 276.48	1 387.86			0.001 641			
L2907						0.000 821			
A1710						0.001 089			
平均	68.16	1 285.32	1 389.36	4 104	2 786	0.003 3	50	10	1 364

注：矿坑顶板以下含水层厚度影响范围取本井田及周边井田实际资料，$Ma = 50$ m；水位降深取位于该区的2个钻孔降至煤$_{9-3}$层底板以下30 m时的平均值，因坑道巷高平均不超过10 m，坑道底板内含水层的平均厚度取$t = 10$ m。

3）大井法预算首采区域煤$_{9-3}$层顶、底板矿井涌水量结果

$$Q_{总} = Q_{顶板} + Q_{底板} = 2\ 546 + 1\ 364 = 3\ 910(m^3/d)$$

4. 解析法预算的矿井涌水量评述

（1）在矿井开采条件确定的情况下，涌水量的大小主要取决于补给条件。在补给条件不利的情况下，含水层涌水量随水位降深的增大而增大到一定程度后，就不会随降深增大而再增大。但在矿井涌水量的计算中，合适的降深值S是无法确定的。考虑到该矿井含水层的补给量有限，矿井开采的过程也是地下水疏干的过程，全矿井的涌水量不会超过先期开采区域的涌水量。

（2）根据《地下水资源分类分级标准》（GB 15218—1994），本次大井法的计算结果精度相当于D级，误差大体在70%以内。预算值误差较大的原因主要有：①因抽水井布置较少，计算结果有一定的误差。②本次所采用的大井法，是基于稳定流理论推导的地下水动力学计算公式，它要求地下水有比较充分的补给条件，要求在该水平开采的几年到几十年内，矿井排水计算的地下水影响半径边界上的水头高度，永远稳定在计算采用的高度上，与实际情况有较大的出入。③本次采用的计算影响半径的公式为库萨金经验公式，库萨金经验公式$R = 2S\sqrt{HK}$对于裂隙水来说，计算的R值一般偏小；而影响半径R，处在

大井法矿井涌水量计算公式分母的位置。因此，计算的影响半径 R 偏小，就会导致计算的矿井涌水量偏大，这也是本次矿井涌水量预算误差较大的主要原因。

综上，采用大井法预算的矿井涌水量为 3 910 m^3/d。根据《煤炭工业矿井设计规范》(GB 50215—2005)规定，当采用井田地质报告中推算出的井下涌水量作为矿井水源取水量时，应对涌水量进行折减，折减幅度为 30% ~50% 。本书按照 30% 进行折减，推算出矿井可供涌水量 =3 910 $m^3/d \times 70\% \approx 2\ 737\ m^3/d$。

4.4.4.3　富水系数法预算矿井涌水量

1. 比拟对象选择

安家庄井田中心半径 50 km 范围内的在建、已建煤矿基本情况见图 4-13 和表 4-18。

图 4-13　安家庄井田周边在建、已建矿井示意图

表 4-18　安家庄煤矿周边在建、已建煤矿一览表

煤矿名称	距离本井田距离(km)	设计规模(Mt/a)	运行时间	设计采煤方法	主要充水含水层	富水系数(m^3/t 煤)
邵寨煤矿	与本井田相邻	1.2	在建	长臂综采 + 综采放顶	侏罗系含水层	—
郭家河煤矿	两井田间隔 15	5.0	2011 年 7 月	综采采全高 + 综采放顶	侏罗系含水层	0.366(最大)
核桃峪煤矿	35	8.0	在建	综采采全高 + 综采放顶	侏罗系含水层	—
新庄煤矿	43	8.0	在建	综采采全高 + 综采放顶	侏罗系 + 白垩系含水层	—
亭南煤矿	25	3.0	2006 年 10 月	综采放顶	侏罗系 + 白垩系含水层	0.63(正常)
下沟煤矿	35	3.15	1997 年 6 月	综采放顶	侏罗系 + 白垩系含水层	0.51(正常)

由表4-18可知，安家庄井田的水文地质条件与亭南煤矿、下沟煤矿的水文地质条件有较大差别，这两处煤矿的导水裂隙带已经延伸到白垩系，涌水量受白垩系中等富水性含水层影响较大。安家庄井田煤层埋深大且煤层厚度较小，其导水裂隙带发育高度经计算并未达到白垩系底界，故采用亭南、下沟两个煤矿的富水系数比拟计算得出的涌水量偏大，并不具有参考意义。其余几个煤矿，邵寨煤矿、核桃峪煤矿和新庄煤矿尚未建成，不具备比拟条件，故此本书选择与本井田间隔15 km的郭家河煤矿进行对比分析，郭家河煤矿与安家庄煤矿矿井涌水因素对比见表4-19。

表4-19　郭家河煤矿与安家庄煤矿矿井涌水因素对比

对比因素	郭家河煤矿	安家庄煤矿	对比结果
所处流域	达溪河支流南川河、黎家河	达溪河流域	基本一致
水文地质类型	二类一型	二类一型	一致
含煤地层	侏罗系中统延安组	侏罗系中统延安组	一致
岩层岩性	三叠系地层为含煤岩系基底，以上地层依次为侏罗系富县组、延安组、直罗组、安定组，白垩系宜君组、洛河组、华池环河组，新近系和第四系	三叠系地层为含煤岩系基底，以上地层依次为侏罗系富县组、延安组、直罗组、安定组，白垩系宜君组、洛河组、华池环河组和第四系	基本一致
主要含水层	白垩系洛河组，厚度110～310 m	白垩系洛河组，厚度214.10～489.83 m	基本一致
主要隔水层	侏罗系中统安定组泥岩隔水层，厚度68.56～110.41 m	侏罗系中统安定组—直罗组泥岩隔水层，厚度35.4～178.29 m，平均106.94 m	基本一致
顶板管理	煤层伪顶泥岩、炭质泥岩为不稳定岩体，直接顶砂泥岩属稳定性较差的岩体，饱和抗压强度9.8～22.9 MPa，以软岩为主。全部垮落法管理顶板	煤层伪顶泥岩、炭质泥岩为不稳定岩体，直接顶砂泥岩属稳定性较差的岩体，各煤层顶板饱和抗压强度2～23.8 MPa，以软岩为主。全部垮落法管理顶板	基本一致
煤层埋深	可采煤层埋深310～598 m	可采煤层埋深700～1 170 m（以侵蚀面标高起算）	不一致
煤厚	主采煤$_3$层煤，平均厚11.34 m	主采煤$_{8-2}$层煤，平均厚度3.34 m	不一致
煤层倾角	小于9°，属缓倾斜岩层	一般在6°以下，属缓倾斜岩层	基本一致
工作面长度	推进长度：3 300 m/a；工作面长度：220 m	推进长度：2 500～3 500 m/a；工作面长度：200～240 m	基本一致
开采规模	5 Mt/a	5 Mt/a	一致
开采阶段	已开采，2011年7月投产	未建设	不一致
采煤方法	综采采全高＋综采放顶	综采采全高	不一致

黄河水资源保护科学研究院在2014年8月赴郭家河煤矿收集到了郭家河运行后3年的矿井涌水量统计和富水系数计算表见表4-20。

表 4-20　郭家河煤矿矿井涌水量统计和富水系数计算表

日期(年-月)	2011-07 ~ 2012-06	2012-07 ~ 2013-06	2013-07 ~ 2014-06
矿井涌水量(m^3/d)	3 665	5 075	4 695
煤炭产量(Mt/a)	3.26	4.55	4.28
富水系数(m^3/t 煤)	0.371	0.368	0.362

由表 4-19 可知,从地理位置、井田地层和水文地质类型、含煤地层、主要含隔水层、煤层倾角、采煤方法、顶板管理等多方面分析,郭家河煤矿与安家庄煤矿较为接近,但其煤层埋藏较浅、厚度较大,与安家庄煤矿存在较大的差异。在目前灵台矿区没有建成矿井可供比拟的情况下,本书认为郭家河煤矿现状的富水系数可以作为本矿井涌水量预算的借鉴。

考虑到郭家河煤矿 2011 ~ 2014 年处于开采初期,其矿井涌水量、富水系数可能偏大;为进一步确定合理的富水系数,2015 年 9 月 22 ~ 23 日,工作组赴郭家河煤矿现场进行调研,收集到了郭家河煤矿 2014 年 7 月至 2015 年 8 月共 14 个月的矿井涌水量监测数据和对应煤炭产量,计算出的逐月富水系数见表 4-21。

表 4-21　郭家河煤矿涌水量统计和富水系数计算表

年份	2014						2015							
月份	7	8	9	10	11	12	1	2	3	4	5	6	7	8
涌水量(m^3/d)	2 280	2 376	2 400	2 448	2 520	2 520	2 496	2 544	2 520	2 640	2 640	2 832	2 664	2 784
煤炭月产量(万 t)	45.4	44.6	45.2	45.5	45.5	44.8	44.6	44.2	45.1	45.1	45.0	45.6	45.2	45.2
煤炭日均产量(t)	14 645	14 387	15 067	14 677	15 167	14 452	14 387	15 786	14 548	15 033	14 516	15 200	14 581	14 581
富水系数(m^3/t 煤)	0.156	0.165	0.159	0.167	0.166	0.174	0.173	0.161	0.173	0.176	0.182	0.186	0.183	0.191
平均富水系数(m^3/t 煤)	0.172													

注:郭家河煤矿分段检修。

通过表 4-20、表 4-21 对比分析可知,郭家河煤矿 2011 年下半年至 2014 年上半年处于开采初期,其矿井涌水量较大,富水系数也较大,同时富水系数在逐渐减小;郭家河煤矿

2014 年下半年至 2015 年 8 月的矿井涌水量相对趋于稳定，富水系数在 0.156 ~ 0.191 m^3/t 煤，比开采前 3 年有明显减小。从供水安全角度考虑，本书采用郭家河煤矿 2014 年 7 月至 2015 年 8 月期间的吨煤富水系数法平均值 0.172 m^3/t 煤作为本次水文地质比拟法预算安家庄煤矿矿井涌水量的依据。

2. 富水系数法预算涌水量

安家庄煤矿设计产能 5 Mt/a，考虑 35 d 的集中检修期，年运行时间按照 330 d 计算，平均日产出煤炭 15 152 t，代入表 4-21 中的郭家河煤矿平均富水系数进行计算，可知安家庄煤矿开采后正常涌水量为 2 606 m^3/d，见表 4-22。

表 4-22　采用富水系数法预算安家庄煤矿矿井涌水量成果表

计算方法	计算公式	富水系数 K_B (m^3/t)	设计开采量 P (t/d)	预计涌水量 (m^3/d)
富水系数法	$Q = K_B P$	0.172	15 152	2 606

4.4.4.4　矿井涌水可供水量推荐值

本书采用不同方法分别预算得出的安家庄煤矿矿井涌水量见表 4-23。

表 4-23　两种方法预算安家庄煤矿矿井涌水可供水量对比表

计算方法	矿井涌水可供水量(m^3/d)
大井法	2 737
富水系数法	2 606

由表 4-23 可知，用大井法和富水系数法计算的结果误差在 10% 以内，结果较为接近。从供水安全角度出发，本书采用富水系数法计算的 2 606 m^3/d 作为矿井涌水可供水量推荐值。

4.4.5　水质保证分析

4.4.5.1　矿井涌水水质

2012 年 8 月 25 日和 2012 年 10 月 5 日，平凉天元煤电化有限公司分别对 A1705 孔煤$_8$ 层顶板、煤$_8$ 层底板各取一组水样进行化验。根据国土资源部兰州矿产资源监督检测中心出具的水质检测报告结论，A1705 孔两组水样均属强矿化度水，水垢很多、具有硬沉淀物，属腐蚀性水，容易起泡；按照《地下水质量标准》(GB/T 14848—1993) 评价属于Ⅴ类水，水质较差，必须进行处理后方可使用。

安家庄煤矿 A1705 孔煤$_8$ 层顶板、底板水样分析成果分别见表 4-24 和表 4-25。

表 4-24　安家庄煤矿 A1705 孔煤$_8$层顶板水样分析成果

水样编号		2012W0692－4			采样地点	A1705 孔煤$_8$层顶板水样		
水源种类		地下水			化验单位	国土资源部兰州矿产资源监督检测中心		
采样时间		2012 年 8 月 25 日 9 时 55 分			收样日期	2012 年 8 月 31 日		
项目		mg/L	Meq	Meq/L(%)	项目		单位	含量
阳离子	K^+	17.72	0.45	0.19	硬度	总硬度	mg/L	1 227.79
	Na^+	4 780.00	207.83	89.22		永久硬度	mg/L	1 065.62
	Ca^{2+}	396.40	19.78	8.49		暂时硬度	mg/L	162.17
	Mg^{2+}	57.79	4.75	2.04		负硬度	mg/L	0.00
	Al^{3+}	—	—	0	其他	总碱度	Meq/L	162.17
	Fe^{3+}/Fe^{2+}	<0.02	0	0		总酸度	Meq/L	—
						pH		8.52
	Hg^+	—	—	0		化学耗氧量	mg/L	5.37
	Pb^{2+}	—	—	0		游离 CO_2	mg/L	0.00
	Cr^{6+}	—	—	0		侵蚀性 CO_2	mg/L	0.00
	NH_4^+	2.35	0.13	0.06		可溶性 SiO_2	mg/L	5.77
	As^{3+}	—	—	0		矿化度	mg/L	15 893.2
	Zn^{2+}	—	—	0		可溶性总固体	mg/L	15 800
	Cu^{2+}	—	—	0	细菌	总菌数	个/mg	—
	Mn^{4+}	—	—	0		大肠杆菌指数		—
	合计	5 254.26	232.94	100.00		大肠杆菌菌值		—
阴离子	Cl^-	1 740.00	49.07	20.98	重要系数	水垢总重量 H	mg/L	1 267.79
	SO_4^{2-}	8 717.44	181.50	77.60				
	HCO_3^-	162.58	2.67	1.14		坚硬锅炉石重量 H_h	mg/L	1 617.17
	CO_3^{2-}	17.29	0.58	0.25				
	NO_3^-	0.36	0.00	0.00		$K_n=H_h/H$		1.28
	NO_2^-	0.03	0	0.00		锅炉侵蚀系数	K_k	2.11
	F^-	1.28	0.07	0.03			$K_k+0.05Ca$	21.93
	PO_4^{3-}	0.09	0	0		发泡系数 F		12 920.56
	I^-	—	—	0	评价	属强矿化水，水垢很多，具有硬沉淀物，属腐蚀性水，起泡。属Ⅴ类水，水质较差		
	合计	10 639.07	233.89	100.00				

表 4-25　安家庄煤矿 A1705 孔煤$_8$ 层底板水样分析成果

水样编号	2012W0822－3	采样地点	A1710 孔煤$_8$ 层底板水样
水源种类	地下水	化验单位	国土资源部兰州矿产资源监督检测中心
采样时间	2012 年 10 月 5 日 16 时 55 分	收样日期	2012 年 10 月 16 日

	项目	mg/L	Meq	Meq/L(%)		项目	单位	含量
阳离子	K^+	16.39	0.419	0.17	硬度	总硬度	mg/L	1 626.59
	Na^+	5 082.00	220.97	87.00		永久硬度	mg/L	1 450.01
	Ca^{2+}	536.90	26.79	10.55		暂时硬度	mg/L	176.58
	Mg^{2+}	69.44	5.71	2.25		负硬度	mg/L	0.00
	Al^{3+}	—	—	0	其他	总碱度	Meq/L	176.58
	Fe^{3+}/Fe^{2+}	<0.02	0	0		总酸度	Meq/L	—
						pH		8.17
	Hg^+	—	—	0		化学耗氧量	mg/L	2.37
	Pb^{2+}	—	—	0		游离 CO_2	mg/L	0.00
	Cr^{6+}	—	—	0		侵蚀性 CO_2	mg/L	0.00
	NH_4^+	1.53	0.085	0.03		可溶性 SiO_2	mg/L	16.10
	As^{3+}	—	—	0		矿化度	mg/L	17 581.5
	Zn^{2+}	—	—	0		可溶性总固体	mg/L	17 500
	Cu^{2+}	—	—	0	细菌	总菌数	个/mg	—
	Mn^{4+}	—	—	0		大肠杆菌指数		—
	合计	5 706.26	253.97	100.00		大肠杆菌菌值		—
阴离子	Cl^-	1 040.00	29.328	11.55	重要系数	水垢总重量 H	mg/L	1 710.91
	SO_4^{2-}	10 619.28	221.09	87.05				
	HCO_3^-	215.31	3.53	1.39		坚硬锅炉石重量 H_h	mg/L	2 106.38
	CO_3^{2-}	0	0	0				
	NO_3^-	0	0	0		$K_n = H_h/H$		1.23
	NO_2^-	0.002	0	0		锅炉侵蚀系数	K_k	2.2
	F^-	0.64	0.03	0.01			$K_k + 0.05Ca$	20.05
	PO_4^{3-}	0	0	0		发泡系数 F		13 732.28
	I^-	—	—	0	评价	强矿化水，水垢很多，具有硬沉淀物，属腐蚀性水，起泡。属 V 类水，水质差		
	合计	11 875.23	253.98	100.00				

4.4.5.2 矿井涌水处理工艺

安家庄煤矿拟建矿井涌水处理站一座，采用预处理和反渗透深度处理工艺，按照“分级处理、分质回用”原则，对矿井涌水进行综合利用。

矿井涌水经预处理后，部分可回用于对水质要求较低的部门，其余送深度处理系统进行处理，处理后产品水为软化水，可作为安家庄煤矿各类工业用水使用，进一步经消毒处理后，可作为生活用水使用；矿井涌水深度处理系统的排水盐分相对较高，但符合《煤炭洗选工程设计规范》(GB 50359—2005)、《煤矿井下消防、洒水设计规范》(GB 50383—2006)所列的水质要求，可以用于选煤厂补水和黄泥灌浆用水。可研设计矿井涌水预处理部分设计能力为 300 m^3/h，反渗透深度处理系统设计能力为 150 m^3/h，能够满足项目矿井涌水量的处理需求。

4.4.6 取水口位置设置合理性分析

安家庄煤矿采用立井开拓方式，矿井副井井口标高为 +950.5 m，井底水平标高为 +50 m，井筒深度 900.5 m。在副井井底车场附近设置水仓和矿井主排水泵房，排水管路沿副井井筒敷设。考虑地面水处理需要，排水高度增加 14.5 m，总排水高度 915 m。

安家庄煤矿矿井涌水经沿巷道敷设管路收集至副井井底车场附近的 2 200 m^3 容积的井下水仓后，通过 3 台 MD420 - 96 × 10 型(原 PJ200 型)矿用耐磨离心式排水泵(单泵流量 416.6 m^3/h，扬程 937.6 m，正常涌水时水泵 1 台工作，1 台备用，1 台检修，最大涌水期 2 台工作)送至地面进行处理；排水管路选用 3 趟 D325 × 22 无缝钢管，分段选择壁厚。正常涌水期均为 1 趟工作，2 趟备用，最大涌水期为 3 趟工作；处理后的矿井涌水直接用于煤矿生产补水。从工程上分析，取水可以实现，取水口位置设置合理。

4.4.7 矿井涌水取水可靠性分析

4.4.7.1 政策与经济技术可行性分析

安家庄煤矿使用自身矿井涌水作为供水水源，符合国家产业政策要求，有利于水资源利用效率的提高，对于缓解当地水资源矛盾和促进经济发展具有重要意义。从经济技术角度来看，矿井涌水再生利用技术成熟，目前在国内已得到广泛使用，回用矿井排水在经济技术上是可行的。

4.4.7.2 水量可靠性分析

经前分析，本书分别采用大井法和富水系数法对安家庄矿井涌水量进行了预算，选取了偏安全的富水系数法预算结果作为安家庄煤矿的矿井涌水可供水量，水量较为可靠。

4.4.7.3 水质可靠性分析

安家庄煤矿矿井涌水处理工艺流程较为成熟，应用广泛，矿井涌水经处理后，水质可以满足项目用水水质要求。

综上分析，安家庄煤矿以自身矿井涌水作为主水源，在水量和水质上是可靠的，对区域水资源的优化配置起着积极的作用。

第 5 章　取水影响论证

经前述分析,安家庄煤矿施工期水源为坷台水厂地表水,夏季施工期最大用水量为 280 m^3/d,冬季非施工期用水量为 20 m^3/d;建成运行后,安家庄煤矿总取水量为 104.6 万 m^3/a,其中取自身矿井涌水量为 89.9 万 m^3/a,取自来水量为 14.7 万 m^3/a。以下分别对项目取用坷台水厂自来水和自身矿井涌水的影响进行论证。

5.1　取水影响论证范围

5.1.1　自来水取水影响论证范围

自来水取水影响范围为灵台县坷台水厂供水范围(灵台县城及中台镇 12 个村庄)(见图 4-4)。

5.1.2　矿井涌水取水影响论证范围

煤矿开采过程中伴随着矿井涌水的疏干,同时会形成冒落带、裂隙带和弯曲带,在地表会产生沉陷,对地表水和地下水都会产生影响;本研究确定矿井涌水取水影响范围为安家庄井田及井田边界向外延伸 500 m 的区域(见图 4-2)。

5.2　自来水取水影响论证

在规划水平年 $P=95\%$ 来水频率下,润河内西张、罗家坡和坷台等 3 个水厂的总取水量为 231.78 万 m^3,通过调蓄水库的调节,坷台水厂各月供水量得以保证。同时,坷台水厂渠首坝址处下泄有 57.98 万 m^3 的水量,即安家庄煤矿用水可以得到保障,不存在缺水现象,对润河流域其他用水户不存在影响。

安家庄煤矿夏季施工期高峰用水量占坷台水厂供水能力的 4.6%,冬季占 0.33%;运行期非采暖期用水量占坷台水厂供水能力的 7.7%,采暖期占 6.6%。在考虑安家庄煤矿用水需求基础上,坷台水厂在规划水平年最大需供水量为 5 600 m^3/d,未超出坷台水厂设计供水能力 6 040 m^3/d。

目前,坷台水厂从灵台县城至下河村、许家沟村、安家庄村的供水范围内供水人口不足 5 600 人,最大日用水量不超过 500 m^3/d,而灵台县城至许家沟村供水干管的供水能力为 5 400 m^3/d,剩余供水能力可以满足安家庄煤矿用水需求,不会对其他用水户造成影响。

5.3 矿井涌水取水影响论证

5.3.1 对区域水资源配置的影响

按照《甘肃省灵台矿区总体规划》要求，为了节约水资源、减少排污，确定矿区内各建设项目所产生的矿井涌水实行分散处理方式，即矿区各项目分别设矿井涌水处理站对各自产生的矿井涌水进行处理并回用。

安家庄煤矿通过建设矿井涌水处理工程，将自身水质较差的矿井涌水再生利用于生产，既节约了水资源，提高了水资源的利用效率，也避免了矿井涌水中污染物对区域水环境的影响，对区域水资源的优化配置有积极的作用。

5.3.2 对地下水影响分析

5.3.2.1 采煤导水裂隙带发育高度预测

安家庄井田经过普查、详查和勘探三个勘查阶段的研究，证实延安组主要含煤5组、煤6组、煤8组、煤9组等4个煤组，其中可编号的煤层有12层。可编号煤层中可采煤层6层，分别为煤$_{8-1}$层、煤$_{9-3}$层、煤$_{5-1}$层、煤$_{5-2}$层、煤$_{6-2}$层、煤$_{8-2}$层。各煤层(组)煤层特征见表1-5。

煤层开采会导致上覆岩层形成三带：冒落带、裂隙带和弯曲下沉带。煤矿开采对地下水的影响程度，取决于煤层开采后其上覆岩层所形成导水裂隙带的穿透程度，需要对井田内各钻孔导水裂隙带高度进行分析。导水裂隙带高度与煤层厚度、煤层倾斜度、采煤方法和岩石力学性质等有关。

1. 保护目标层的确定

根据本书第4章对井田水文地质条件的分析可知，本井田煤层顶板之上含水层由下至上分别为侏罗系延安组裂隙承压含水层、侏罗系安定组—直罗组裂隙承压含水层、白垩系宜君组孔隙－裂隙承压含水层、白垩系洛河组孔隙－裂隙承压含水层、白垩系环河组裂隙－孔隙承压含水层、前第四系碎屑岩类孔隙－裂隙潜水含水层和第四系松散岩类孔隙潜水含水层，其中白垩系洛河组孔隙－裂隙承压含水层、第四系松散岩类孔隙－裂隙潜水含水层为区域内主要含水层。

白垩系宜君组位于洛河组下部，开采煤层与宜君组含水层之间稳定分布有侏罗系中统安定组、直罗组隔水层。本书研究以安定组隔水层作为影响含水层组的保护目标，以煤层开采后形成的导水裂隙带是否穿透安定组作为判定煤矿开采影响对象的主要依据。

2. 导水裂隙带分析基本条件

(1) 安家庄井田内煤层倾角一般在－6°以下，属缓倾斜岩层，结构简单－复杂。

(2) 根据安家庄煤矿顶板条件，各煤层伪顶泥岩、炭质泥岩为不稳定岩体，直接顶砂泥岩属稳定性较差的岩体，各煤层顶板饱和抗压强度为2～23.8 MPa，以软岩为主。为安全起见，本次导水裂隙带发育高度预测选用中硬岩计算公式计算裂隙带。

(3) 安家庄煤矿采用滚筒采煤机长壁一次采全高综采采煤方法。

3. 分析钻孔选取

安家庄井田经过普查、详查和勘探三个阶段，共施工钻孔158个，其中矿井边界外钻孔10个，位于各类煤柱区钻孔26个，剩余122个钻孔位于可采区。为尽可能准确反映矿井开采裂隙发育情况，本次选取位于可采区的122个钻孔进行计算，可采区域钻孔选取率为100%。

4. 导水裂隙带计算方法及适用性评述

导水裂隙带计算一般采用“地勘规范”“三下规程”中推荐方法，也可采用邻近煤矿实测裂采比进行比拟分析。本书研究选择的导水裂隙带计算方法及公式选择情况见表5-1。

表5-1 安家庄井田导水裂隙带计算方法及公式选择情况

<table>
<tr><th>导水裂隙带计算方法</th><th colspan="2">导水裂隙带计算经验公式（中硬岩）</th><th>参数概念</th><th>适用对象</th></tr>
<tr><td rowspan="4">“三下规程”推荐方法</td><td>方法一</td><td>方法二</td><td rowspan="6">H_{li}—导水裂隙带高度，m；
H_m—冒落带高度，m；
M—累计采厚，m；
M_{Z1-2}—综合开采厚度，m；
M_1—上层煤开采厚度，m；
M_2—下层煤开采厚度，m；
h_{1-2}—上、下两层煤之间法线距离；
y_2—下层煤的垮落高度与采厚之比；
n—煤层分层厚度，m；
a—实测裂采比</td><td rowspan="4">缓倾斜煤层；中硬岩；厚煤层分层开采，单层采厚1～3 m，累计采厚不超15 m；导水裂隙带高度含冒落带</td></tr>
<tr><td>$H_{li}=\frac{100\sum M}{1.6\sum M+3.6}\pm 5.6$</td><td>$H_{li}=20\sqrt{\sum M}+10$</td></tr>
<tr><td colspan="2">冒落带公式：$H_m=\frac{100\sum M}{4.7\sum M+19}\pm 2.2$</td></tr>
<tr><td colspan="2">综合开采厚度公式：$M_{Z1-2}=M_1+M_2-\frac{h_{1-2}}{y_2}$</td></tr>
<tr><td>“地勘规范”推荐方法</td><td colspan="2">$H_{li}=\frac{100M}{3.3n+3.8}+5.1$</td><td>煤层倾角<54°，顶板全部陷落，中硬岩，含冒落带高度；适用中厚煤层分层开采</td></tr>
<tr><td>“实测裂采比”比拟法</td><td colspan="2">$H_{li}=a\sum M$</td><td>水文地质条件、岩石条件、开采条件、采煤方法相同或接近</td></tr>
</table>

（1）“三下规程”所列2个公式均强调其适用条件为“厚煤层分层开采，且单层采厚1～3 m，累计采厚不超过15 m”，没有给出薄及中厚煤层的计算公式；由于方法二中有常数项10，对于煤层较厚的情况，该值对结果影响不大，但对于煤层较薄的情况，该值对结果影响极大，造成较大偏差。因此，在采矿设计中，薄及中厚煤层一般参照厚煤层分层开采方法一进行计算。由于安家庄煤矿矿井6个可采煤层均为薄及中厚煤层，均采用一次采全高采煤法，因此本次参照裂隙带高度计算方法一进行计算。

由于各煤层厚度及层间距各处差异较大，存在相互影响关系。在计算裂隙带高度时，应予考虑,即:下层煤的垮落带触及或完全进入上层煤范围时,上层煤的导水裂隙带最大高度按照本煤层开采厚度计算,下层煤导水裂缝带高度,应按照上、下两层煤的综合开采厚度确定。两层煤的最终裂隙带高度应取其中最大值。

(2)"地勘规范"所列公式未考虑煤层间的相互影响。标准中经验公式所依据的实测数据主要来源于20世纪50~80年代炮采、普采、分层开采工作面的实测值,且采深一般不超过500 m。

(3)"实测裂采比"比拟法要求两煤矿之间的地质条件、水文地质条件、岩石条件、开采条件、采煤方法相同或接近。安家庄煤矿邻近的郭家河煤矿与安家庄煤矿开采规模完全一致,工作面长度接近,岩层岩性一致,顶板均以软岩为主,煤层倾角接近,煤层埋深较为接近,因此选取郭家河煤矿的实测裂采比作为安家庄煤矿导水裂隙带发育高度预测的参数。

根据《郭家河煤矿综合防治水技术研究报告》(煤炭科学技术研究院有限公司,2015年),2014年在郭家河煤矿1305综放工作面地表施工了两个导水裂隙带观测钻孔,采用钻孔冲洗液漏失量观测法和钻孔电视观测法确定采煤工作面开采后上覆岩层导水裂隙带发育高度,研究1305综放工作面导水裂隙带发育高度与煤层采高的对应关系。观测成果表明,D01钻孔导水裂隙带发育最大高度为135.78 m,对应煤厚17.92 m,裂采比7.6;D02钻孔导水裂隙带发育最大高度为164 m,对应煤厚16.29 m,裂采比10.1。本次以郭家河煤矿的最大实测裂采比10.1作为安家庄煤矿导水裂隙带预测的参数。

综上,"三下规程"仅给出了厚煤层分层开采的裂隙带高度计算公式,但实际工作中薄及中厚煤层一般参照该公式进行计算;"地勘规范"中给出的公式未考虑近距离煤层群的相互影响关系;同时,郭家河煤矿的煤层为巨厚煤层,安家庄煤矿煤层较薄,且郭家河煤矿采用综采一次采全高+综采放顶煤的采煤工艺,与安家庄煤矿采用的综采采全高的采煤工艺有所区别,其实测裂采比的参考价值有待商榷。鉴于此,本次计算导水裂隙带发育高度时,采用上述3种方法分别计算,以期能弥补各自不足。

5. 导水裂隙带发育高度预测成果

本书分别按照"三下规程"和"地勘规范"推荐方法及采用郭家河煤矿实测裂采比10.1比拟法对安家庄煤矿开采后导水裂隙带发育高度进行预测,预测成果见表5-2。

表5-2 安家庄井田各钻孔裂隙带发育高度计算成果 (单位:m)

序号	钻孔编号	按"三下规程"计算		按"实测裂采比"比拟法计算		按"地勘规范"计算	
		裂隙高度	顶端标高	裂隙高度	顶端标高	裂隙高度	顶端标高
1	401	38.00	-47.10	25.35	-59.33	40.45	-46.14
2	802	42.21	-72.30	33.84	-80.92	52.28	-63.87
3	1202	37.16	-52.12	33.33	-61.86	51.58	-50.03
4	1206	37.14	1.32	31.41	-7.59	48.90	5.96
5	1605	33.20	57.00	25.76	47.15	41.02	58.35

续表 5-2

序号	钻孔编号	按“三下规程”计算		按“实测裂采比”比拟法计算		按“地勘规范”计算	
		裂隙高度	顶端标高	裂隙高度	顶端标高	裂隙高度	顶端标高
6	1606	34.82	117.75	28.58	108.13	44.96	119.12
7	1607	37.48	119.17	34.04	110.77	52.56	124.99
8	2007	35.71	100.44	30.30	90.68	47.35	100.96
9	2008	37.01	43.56	27.57	34.25	43.55	43.57
10	2405	39.06	25.42	37.88	15.73	57.92	31.94
11	2808	33.45	109.50	26.16	102.21	41.58	117.63
12	2810	29.41	76.04	20.20	67.27	33.27	75.96
13	3209	27.78	81.66	18.18	72.06	30.45	84.33
14	X401	47.48	-85.43	71.71	-94.77	73.37	-78.79
15	X1202	44.69	-15.03	46.46	-24.84	49.33	-13.36
16	X1203	37.79	28.78	34.74	15.85	53.55	27.85
17	X1402	41.72	-0.15	27.98	-9.82	44.11	2.26
18	X1403	27.86	65.11	21.51	55.53	35.10	67.84
19	X1404	34.44	46.25	26.87	37.16	42.56	50.42
20	X1405	36.02	78.51	30.91	68.79	48.20	80.70
21	X1602	32.76	37.87	22.22	28.04	36.09	38.72
22	X1603	38.46	51.84	36.36	42.01	55.80	54.04
23	X1804	36.60	66.95	32.12	57.82	49.89	69.78
24	X1805	38.04	73.19	35.35	63.91	54.40	81.72
25	X2003	39.82	2.97	39.90	-6.79	60.73	3.49
26	X2205	41.00	11.54	43.33	3.55	46.35	11.54
27	X2206	43.62	-29.35	52.52	-20.45	55.10	-17.87
28	X2207	40.70	23.01	42.42	13.20	45.48	24.68
29	X2403	40.90	9.16	43.03	-0.60	46.06	9.68
30	X2404	34.09	68.06	27.27	58.93	43.13	68.01
31	X2607	35.97	72.90	30.81	64.31	48.06	78.40
32	X2608	38.94	77.94	37.57	71.56	57.49	91.48
33	X2609	27.43	98.59	17.78	88.74	29.89	99.69
34	X2804	40.42	90.66	41.61	91.85	44.72	94.96
35	X2805	27.78	140.70	18.18	131.10	30.45	143.37

续表 5-2

序号	钻孔编号	按“三下规程”计算		按“实测裂采比”比拟法计算		按“地勘规范”计算	
		裂隙高度	顶端标高	裂隙高度	顶端标高	裂隙高度	顶端标高
36	X3008	30.02	87.77	21.01	78.76	34.40	92.15
37	X3009	26.90	88.45	17.17	79.04	29.04	88.52
38	X3205	30.17	130.87	21.21	121.91	34.68	135.38
39	A001	44.82	-81.03	39.69	-94.54	60.45	-84.66
40	A加001	45.47	-121.30	41.51	-128.29	44.62	-112.60
41	A002	46.57	-89.70	45.15	-105.30	48.08	-93.07
42	A401	47.41	-77.31	56.56	-85.67	58.95	-71.41
43	A1103	44.97	-18.87	33.84	-28.22	52.28	-15.39
44	A1104	44.92	-1.18	33.73	-10.98	52.14	0.62
45	A1105	46.40	-2.34	54.54	-9.37	57.02	1.71
46	A1106	43.20	3.03	51.11	-5.46	53.75	8.64
47	A1202	43.57	-15.90	41.71	-25.50	44.81	-13.23
48	A1203	35.97	16.14	40.20	6.81	61.16	22.08
49	A1204	40.70	41.19	42.42	33.87	50.17	41.45
50	A1304	42.78	5.38	39.69	-4.17	60.45	11.09
51	A1305	40.80	27.64	39.19	17.79	59.75	33.09
52	A1306	38.53	18.22	27.88	9.06	43.97	18.19
53	A1307	39.58	40.53	30.50	30.87	47.64	42.94
54	A1308	33.46	57.97	33.63	48.76	52.00	61.83
55	A1309	34.06	91.82	33.94	82.01	52.42	94.77
56	A1403	37.38	54.88	24.24	46.86	38.90	61.52
57	A1404	41.97	63.55	46.46	53.78	49.33	65.45
58	A1405	24.49	106.23	14.65	96.82	25.52	106.30
59	A1504	32.26	64.89	24.24	55.08	38.90	66.56
60	A1505	32.58	41.59	24.75	31.86	39.61	43.73
61	A1506	32.06	74.12	23.94	64.54	38.48	76.85
62	A1507	30.76	96.33	22.02	87.13	35.80	99.80
63	A1508	30.02	122.66	21.01	113.50	34.40	125.26
64	A1509	37.43	134.30	33.94	130.81	52.42	149.29
65	A1510	35.56	131.90	30.00	122.73	46.93	135.88

续表 5-2

序号	钻孔编号	按“三下规程”计算		按“实测裂采比”比拟法计算		按“地勘规范”计算	
		裂隙高度	顶端标高	裂隙高度	顶端标高	裂隙高度	顶端标高
66	A1511	34.03	130.50	27.17	122.14	42.99	136.40
67	A1512	37.21	147.77	33.43	138.01	51.72	148.29
68	A1604	27.52	119.40	17.88	109.76	30.03	121.91
69	A1605	34.49	129.21	27.98	122.70	44.11	138.83
70	A1606	38.87	128.38	37.37	118.53	57.21	129.61
71	A1607	40.49	121.25	41.81	111.63	44.91	121.51
72	A1704	36.65	101.63	32.22	93.61	50.03	111.42
73	A1705	35.19	117.41	29.29	110.55	45.95	127.21
74	A1706	36.02	143.56	30.91	133.94	48.20	143.82
75	A1707	39.86	129.18	40.00	119.70	60.87	132.25
76	A1708	41.64	123.20	45.35	114.08	49.47	127.31
77	A1709	42.64	122.48	48.78	114.29	52.99	128.75
78	A1802	39.63	113.25	39.39	105.50	60.03	120.24
79	A1804	37.83	126.83	34.85	117.14	53.69	131.30
80	A1805	38.67	120.24	36.87	110.45	56.51	125.63
81	A1806	40.66	116.97	42.32	108.64	45.39	122.95
82	A1807	35.46	150.62	29.80	141.41	46.65	154.48
83	A1808	37.74	108.92	34.64	99.69	53.41	112.72
84	A1903	37.61	92.91	34.34	83.08	52.99	96.80
85	A1904	38.50	118.70	28.99	108.87	45.52	120.14
86	A1905	33.80	112.63	26.77	102.99	42.42	112.91
87	A1906	33.26	107.23	25.86	98.17	41.16	111.47
88	A1907	37.61	116.20	34.34	106.44	52.99	116.72
89	A1908	36.51	146.62	31.92	137.17	49.61	149.64
90	A2002	35.71	99.15	30.30	89.76	47.35	102.51
91	A2003	34.43	91.48	27.88	81.81	43.97	91.81
92	A2004	33.26	129.41	25.86	120.29	41.16	133.52
93	A2005	34.43	150.37	27.88	140.65	43.97	150.81
94	A2006	33.45	179.77	26.16	168.04	41.58	177.96
95	A2007	40.77	20.67	42.62	10.83	45.68	21.59

续表 5-2

序号	钻孔编号	按“三下规程”计算		按“实测裂采比”比拟法计算		按“地勘规范”计算	
		裂隙高度	顶端标高	裂隙高度	顶端标高	裂隙高度	顶端标高
96	A2008	40.31	-30.50	32.42	-39.91	50.31	-26.81
97	A2104	32.26	100.43	24.24	90.83	38.90	103.10
98	A2105	32.13	113.88	24.04	104.32	38.62	114.08
99	A2106	34.21	127.19	27.47	117.39	43.41	127.86
100	A2107	26.07	151.19	16.26	141.48	27.78	151.60
101	A2108	33.80	160.07	26.77	150.94	42.42	160.02
102	A2109	41.70	-20.62	45.55	-16.77	48.47	-13.85
103	A2110	42.94	-17.30	49.89	-22.07	52.60	-17.33
104	A2111	42.44	-4.57	48.08	-11.56	50.87	-0.90
105	A2112	43.10	0.18	50.50	-7.18	53.18	0.44
106	A2114	40.70	14.94	42.42	6.01	45.48	14.86
107	A2202	35.40	101.86	29.69	92.09	46.51	102.41
108	A2204	36.31	120.95	31.51	111.82	49.04	120.90
109	A2205	36.60	117.30	32.12	108.24	49.89	117.24
110	A2206	33.62	84.30	26.46	75.62	42.00	89.07
111	A2207	41.76	-9.26	45.75	-12.83	48.66	-9.22
112	A2208	44.24	-18.41	55.05	-15.74	57.50	-13.28
113	A2301	39.63	-5.66	39.39	-14.87	60.03	-1.80
114	A2302	39.45	-26.46	38.89	-27.03	59.33	-6.58
115	A2303	40.77	-21.38	42.62	-30.23	45.68	-21.46
116	A2304	40.73	-9.25	42.52	-19.10	45.58	-8.02
117	A2305	43.18	3.11	50.80	3.32	53.47	5.99
118	A2306	41.94	26.62	46.36	17.21	49.23	26.69
119	A2401	46.05	2.12	63.63	19.70	65.68	21.75
120	A2402	31.86	14.89	23.63	6.45	38.06	20.71
121	A2501	42.97	46.53	50.00	53.56	52.70	56.26
122	A2502	37.52	45.42	34.14	35.88	52.71	45.60

根据表 5-2 计算出的各钻孔导水裂隙发育高度顶端标高，结合对应钻孔处上覆地层的界面标高，判断该钻孔处裂隙穿入上覆地层情况，结果见表 5-3。

表5-3　安家庄井田各钻孔导水裂隙带导通上覆地层情况判断表　(单位:m)

序号	钻孔编号	直罗组(J_2z)							安定组(J_2a)			
		底界标高	是否穿入该地层及穿入深度						底界标高	是否穿入该地层		
			按“三下规程”计算		按“实测裂采比”比拟法计算		按“地勘规范”计算			按“三下规程”计算	按“实测裂采比”比拟法计算	按“地勘规范”计算
1	401	-72.1	是	25.00	是	12.77	是	25.96	65.5	否	否	否
2	802	-98	是	25.70	是	17.08	是	34.13	14.8	否	否	否
3	1202	-71.6	是	19.48	是	9.74	是	21.57	34.1	否	否	否
4	1206	-27.2	是	28.52	是	19.61	是	33.16	62.9	否	否	否
5	1605	42	是	15.00	是	5.15	是	16.35	152.6	否	否	否
6	1606	97.8	是	19.95	是	10.33	是	21.32	175	否	否	否
7	1607	96.4	是	22.77	是	14.37	是	28.59	214.7	否	否	否
8	2007	90	是	10.44	是	0.68	是	10.96	175.6	否	否	否
9	2008	37.2	是	6.36	否	-2.95	是	6.37	118.5	否	否	否
10	2405	4.2	是	21.22	是	11.53	是	27.74	110.1	否	否	否
11	2808	98.2	是	11.30	是	4.01	是	19.43	166.3	否	否	否
12	2810	63.2	是	12.84	是	4.07	是	12.76	129.2	否	否	否
13	3209	87.4	否	-5.74	否	-15.34	否	-3.07	179.4	否	否	否
14	X401	-114.7	是	29.27	是	19.93	是	35.91	3.6	否	否	否
15	X1202	-39	是	23.97	是	14.16	是	25.64	60.6	否	否	否
16	X1203	12.1	是	16.68	是	3.75	是	15.75	114.2	否	否	否
17	X1402	-11	是	10.85	是	1.19	是	13.26	126.7	否	否	否
18	X1403	53.8	是	11.31	是	1.73	是	14.04	138.9	否	否	否
19	X1404	33.4	是	12.85	是	3.76	是	17.02	129.8	否	否	否
20	X1405	53.8	是	24.71	是	14.99	是	26.90	133.1	否	否	否
21	X1602	25.9	是	11.97	是	2.14	是	12.82	127.3	否	否	否
22	X1603	36.8	是	15.04	是	5.21	是	17.24	141.1	否	否	否
23	X1804	51.9	是	15.05	是	5.92	是	17.88	120.3	否	否	否
24	X1805	55.2	是	17.99	是	8.71	是	26.52	119.7	否	否	否
25	X2003	-13.8	是	16.77	是	7.01	是	17.29	128	否	否	否
26	X2205	-5.3	是	16.84	是	8.85	是	16.84	97.3	否	否	否
27	X2206	-32.8	是	3.45	是	12.35	是	14.93	95	否	否	否
28	X2207	4.4	是	18.61	是	8.80	是	20.28	104.5	否	否	否

续表 5-3

序号	钻孔编号	直罗组(J_2z)							安定组(J_2a)			
		底界标高	是否穿入该地层及穿入深度						底界标高	是否穿入该地层		
			按“三下规程”计算		按“实测裂采比”比拟法计算		按“地勘规范”计算			按“三下规程”计算	按“实测裂采比”比拟法计算	按“地勘规范”计算
29	X2403	-8.2	是	17.36	是	7.60	是	17.88	91.7	否	否	否
30	X2404	53.9	是	14.16	是	5.03	是	14.11	139.8	否	否	否
31	X2607	59.6	是	13.30	是	4.71	是	18.80	184.3	否	否	否
32	X2608	60.8	是	17.14	是	10.76	是	30.68	169.4	否	否	否
33	X2609	93.1	是	5.49	否	-4.36	是	6.59	211.1	否	否	否
34	X2804	72.3	是	18.36	是	19.55	是	22.66	164.6	否	否	否
35	X2805	134.6	是	6.10	否	-3.50	是	8.77	228.2	否	否	否
36	X3008	79.8	是	7.97	否	-1.04	是	12.35	193.1	否	否	否
37	X3009	75.8	是	12.65	是	3.24	是	12.72	195.2	否	否	否
38	X3205	144.3	否	-13.43	否	-22.39	否	-8.92	199.5	否	否	否
39	A001	-97.3	是	16.27	是	2.76	是	12.64	5.4	否	否	否
40	A 加 001	-148.9	是	27.60	是	20.61	是	36.30	-54.9	否	否	否
41	A002	-115.1	是	25.40	是	9.80	是	22.03	-11.3	否	否	否
42	A401	-101.2	是	23.89	是	15.53	是	29.79	57.2	否	否	否
43	A1103	-42.3	是	23.43	是	14.08	是	26.91	79.1	否	否	否
44	A1104	-24.8	是	23.62	是	13.82	是	25.42	81	否	否	否
45	A1105	-29.4	是	27.06	是	20.03	是	31.11	87.4	否	否	否
46	A1106	-25.4	是	28.43	是	19.94	是	34.04	81	否	否	否
47	A1202	-41.5	是	25.60	是	16.00	是	28.27	53.4	否	否	否
48	A1203	-5.7	是	21.84	是	12.51	是	27.78	80.8	否	否	否
49	A1204	34.4	是	6.79	否	-0.53	是	7.05	117.5	否	否	否
50	A1304	-10.6	是	15.98	是	6.43	是	21.69	29.4	否	否	否
51	A1305	5.5	是	22.14	是	12.29	是	27.59	89.8	否	否	否
52	A1306	0.2	是	18.02	是	8.86	是	17.99	95	否	否	否
53	A1307	29.9	是	10.63	是	0.97	是	13.04	123.8	否	否	否
54	A1308	32.8	是	25.17	是	15.96	是	29.03	153.3	否	否	否
55	A1309	68.9	是	22.92	是	13.11	是	25.87	151.5	否	否	否
56	A1403	38.2	是	16.68	是	8.66	是	23.32	135.3	否	否	否

续表 5-3

序号	钻孔编号	直罗组(J_2z)							安定组(J_2a)			
		底界标高	是否穿入该地层及穿入深度						底界标高	是否穿入该地层		
			按“三下规程”计算		按“实测裂采比”比拟法计算		按“地勘规范”计算			按“三下规程”计算	按“实测裂采比”比拟法计算	按“地勘规范”计算
57	A1404	39.8	是	23.75	是	13.98	是	25.65	129.2	否	否	否
58	A1405	90.9	是	15.33	是	5.92	是	15.40	153.4	否	否	否
59	A1504	48.8	是	16.09	是	6.28	是	17.76	141.3	否	否	否
60	A1505	26.7	是	14.89	是	5.16	是	17.03	120.8	否	否	否
61	A1506	57.5	是	16.62	是	7.04	是	19.35	165.6	否	否	否
62	A1507	84.1	是	12.23	是	3.03	是	15.70	167	否	否	否
63	A1508	114.3	是	8.36	否	-0.80	是	10.96	170	否	否	否
64	A1509	127.1	是	7.20	是	3.71	是	22.19	186.7	否	否	否
65	A1510	108.3	是	23.60	是	14.43	是	27.58	190.8	否	否	否
66	A1511	103.7	是	26.80	是	18.44	是	32.70	186.2	否	否	否
67	A1512	127.1	是	20.67	是	10.91	是	21.19	231.8	否	否	否
68	A1604	110.6	是	8.80	否	-0.84	是	11.31	186.8	否	否	否
69	A1605	118.9	是	10.31	是	3.80	是	19.93	220.1	否	否	否
70	A1606	108.1	是	20.28	是	10.43	是	21.51	211	否	否	否
71	A1607	104.9	是	16.35	是	6.73	是	16.61	199.7	否	否	否
72	A1704	82.8	是	18.83	是	10.81	是	28.62	175.3	否	否	否
73	A1705	98.8	是	18.61	是	11.75	是	28.41	189.5	否	否	否
74	A1706	123.6	是	19.96	是	10.34	是	20.22	179	否	否	否
75	A1707	102.6	是	26.58	是	17.10	是	29.65	176.1	否	否	否
76	A1708	97.5	是	25.70	是	16.58	是	29.81	180.7	否	否	否
77	A1709	92.1	是	30.38	是	22.19	是	36.65	190.5	否	否	否
78	A1802	97.2	是	16.05	是	8.30	是	23.04	165.4	否	否	否
79	A1804	115.2	是	11.63	是	1.94	是	16.10	179.8	否	否	否
80	A1805	103	是	17.24	是	7.45	是	22.63	180.5	否	否	否
81	A1806	90	是	26.97	是	18.64	是	32.95	176.7	否	否	否
82	A1807	124.2	是	26.42	是	17.21	是	30.28	230.1	否	否	否
83	A1808	91.6	是	17.32	是	8.09	是	21.12	204.6	否	否	否
84	A1903	74.3	是	18.61	是	8.78	是	22.50	172	否	否	否

续表 5-3

序号	钻孔编号	直罗组(J_2z)							安定组(J_2a)			
		底界标高	是否穿入该地层及穿入深度						底界标高	是否穿入该地层		
			按“三下规程”计算		按“实测裂采比”比拟法计算		按“地勘规范”计算			按“三下规程”计算	按“实测裂采比”比拟法计算	按“地勘规范”计算
85	A1904	96.3	是	22.40	是	12.57	是	23.84	191.8	否	否	否
86	A1905	98	是	14.63	是	4.99	是	14.91	221	否	否	否
87	A1906	91.2	是	16.03	是	6.97	是	20.27	216.8	否	否	否
88	A1907	96	是	20.20	是	10.44	是	20.72	216.9	否	否	否
89	A1908	128.8	是	17.82	是	8.37	是	20.84	235.7	否	否	否
90	A2002	75	是	24.15	是	14.76	是	27.51	117.8	否	否	否
91	A2003	74.2	是	17.28	是	7.61	是	17.61	143.3	否	否	否
92	A2004	106.9	是	22.51	是	13.39	是	26.62	190.7	否	否	否
93	A2005	131.4	是	18.97	是	9.25	是	19.41	235.9	否	否	否
94	A2006	158.6	是	21.17	是	9.44	是	19.36	242	否	否	否
95	A2007	4	是	16.67	是	6.83	是	17.59	121.1	否	否	否
96	A2008	-35.3	是	4.80	否	-4.61	是	8.49	123.4	否	否	否
97	A2104	80	是	20.43	是	10.83	是	23.10	184	否	否	否
98	A2105	96	是	17.88	是	8.32	是	18.08	180	否	否	否
99	A2106	107.4	是	19.79	是	9.99	是	20.46	198.6	否	否	否
100	A2107	129.3	是	21.89	是	12.18	是	22.30	209.5	否	否	否
101	A2108	144.8	是	15.27	是	6.14	是	15.22	213.1	否	否	否
102	A2109	-22.5	是	1.88	是	5.73	是	8.65	96.5	否	否	否
103	A2110	-31.7	是	14.40	是	9.63	是	14.37	106.2	否	否	否
104	A2111	-18.7	是	14.13	是	7.14	是	17.80	86.6	否	否	否
105	A2112	-19.4	是	19.58	是	12.22	是	19.84	69.4	否	否	否
106	A2114	-2.7	是	17.64	是	8.71	是	17.56	94.6	否	否	否
107	A2202	81	是	20.86	是	11.09	是	21.41	161.9	否	否	否
108	A2204	103.7	是	17.25	是	8.12	是	17.20	201.9	否	否	否
109	A2205	98.9	是	18.40	是	9.34	是	18.34	223.4	否	否	否
110	A2206	83	是	1.30	否	-7.38	是	6.07	187.1	否	否	否
111	A2207	-20.6	是	11.34	是	7.77	是	11.38	114.6	否	否	否
112	A2208	-26.9	是	8.49	是	11.17	是	13.62	62.5	否	否	否
113	A2301	-31.2	是	25.54	是	16.33	是	29.40	85.1	否	否	否
114	A2302	-23.5	否	-2.96	否	-3.53	是	16.92	91.7	否	否	否

续表 5-3

序号	钻孔编号	直罗组(J_2z)							安定组(J_2a)			
		底界标高	是否穿入该地层及穿入深度						底界标高	是否穿入该地层		
			按“三下规程”计算		按“实测裂采比”比拟法计算		按“地勘规范”计算			按“三下规程”计算	按“实测裂采比”比拟法计算	按“地勘规范”计算
115	A2303	-34.6	是	13.22	是	4.37	是	13.14	44.5	否	否	否
116	A2304	-29.9	是	20.65	是	10.80	是	21.88	82.8	否	否	否
117	A2305	-20.7	是	23.81	是	24.02	是	26.69	98.3	否	否	否
118	A2306	7.2	是	19.42	是	10.01	是	19.49	87.5	否	否	否
119	A2401	10.5	否	-8.38	是	9.20	是	11.25	86	否	否	否
120	A2402	6.2	是	8.69	是	0.25	是	14.51	105.9	否	否	否
121	A2501	35.5	是	11.03	是	18.06	是	20.76	169.2	否	否	否
122	A2502	34.4	是	11.02	是	1.48	是	11.20	116.9	否	否	否

分析煤矿开采对地下水的影响程度，主要取决于煤层开采后其上覆岩层所形成导水裂隙带的穿透程度。表5-3是利用“三下规程”、“实测裂采比”和“地勘规范”3种方法计算出的“裂隙带对上覆地层穿入情况判断成果”，从该成果来看，3种方法计算结果中，绝大部分钻孔的导水裂隙带进入了直罗组，但是所有钻孔的裂隙带顶端，均未进入安定组，即所有钻孔处的发育裂隙均不会导通上覆的白垩系宜君组含水层，更不会对白垩系洛河组含水层产生影响。

按照“三下规程”和“地勘规范”计算方法，裂隙进入直罗组最深的钻孔均为A1709，分别进入30.38 m和36.65 m，该处距离宜君组含水层底界面至少还有194.85 m；参照郭家河煤矿实测裂采比计算的裂隙高度，穿入直罗组最深的钻孔为A2305，进入深度为24.02 m，该处距离宜君组含水层底界面还有211.18 m。

为了能够更为直观地分析导水裂隙带发育对煤层以上含水层的影响，研究根据本次导水裂隙发育高度预测成果，绘制出了导水裂隙顶端距宜君组最近的钻孔A1709和A2305孔的裂隙带高度发育柱状图，并在安家庄井田17号勘探线、23号勘探线中添加了导水裂隙发育高度曲线图，安家庄井田导水裂隙带发育高度预测采用钻孔、剖面布置位置示意图见图5-1。地层综合柱状图、A1709和A2305孔综合柱状图中裂隙发育高度示意图分别见图5-2～图5-4，17号勘探线和23号勘探线剖面裂隙高度发育示意图分别见图5-5、图5-6。

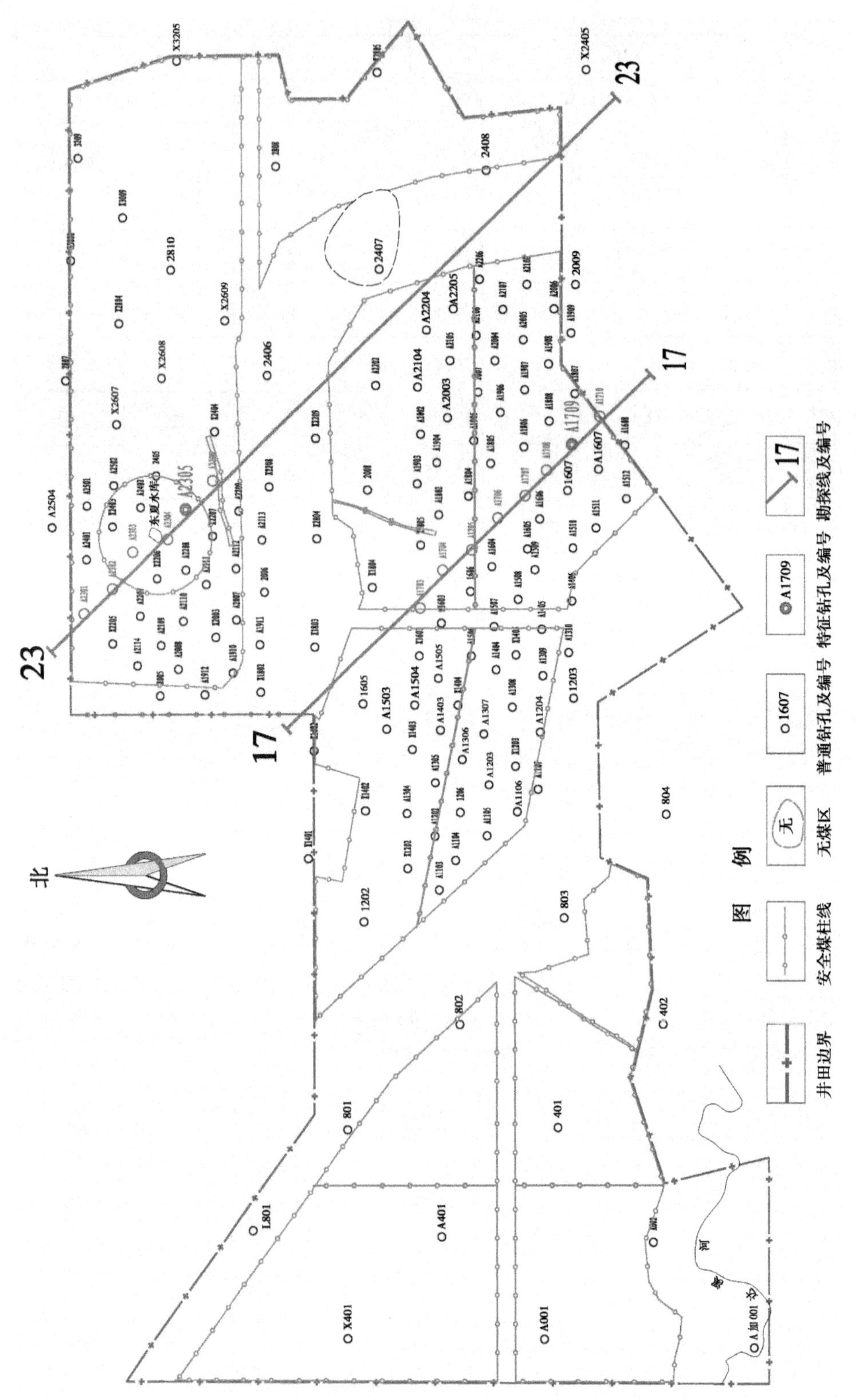

图5-1　安家庄井田导水裂隙带发育高度预测采用钻孔、剖面布置示意图

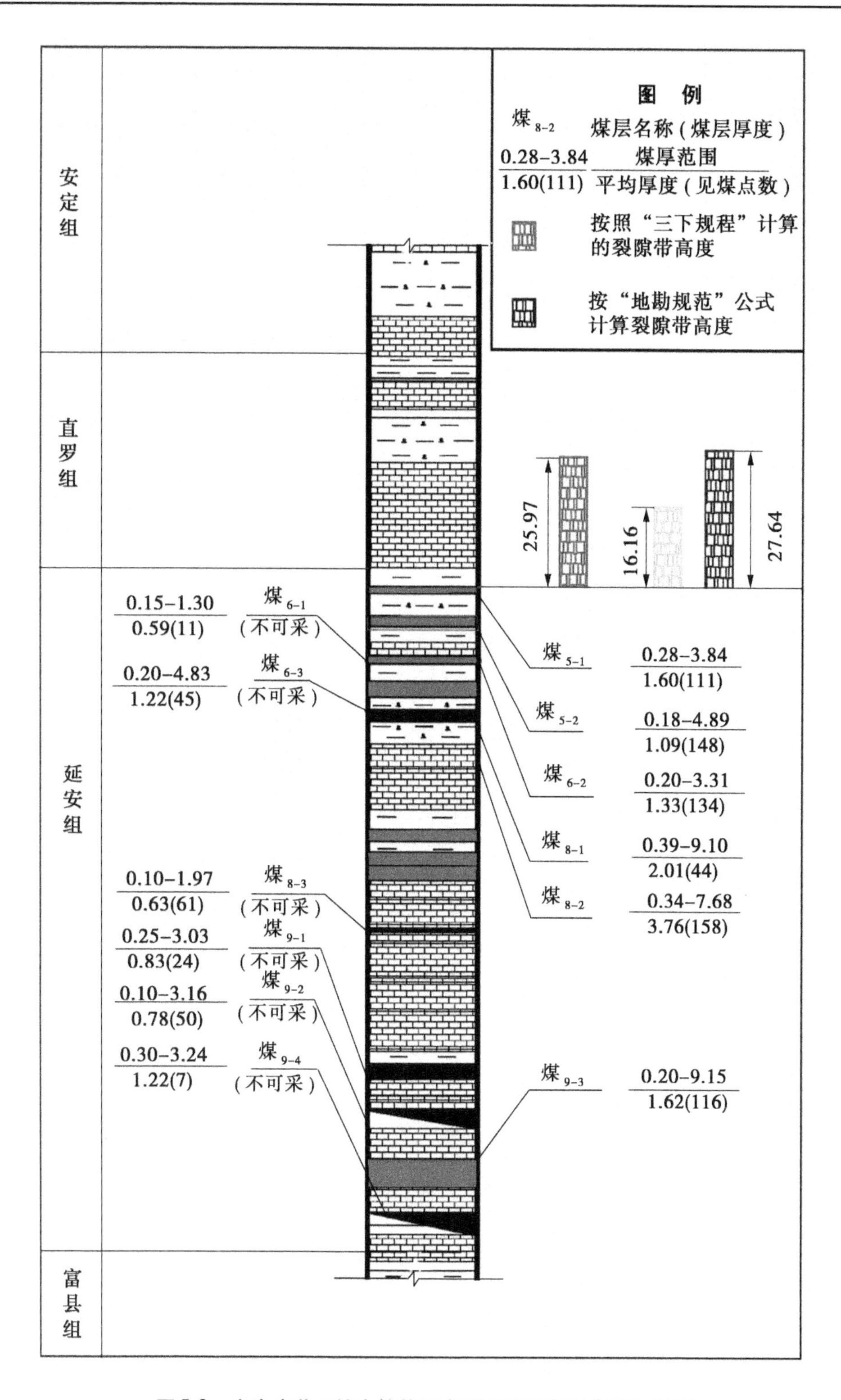

图5-2　安家庄井田综合柱状图中开采裂隙发育高度示意图

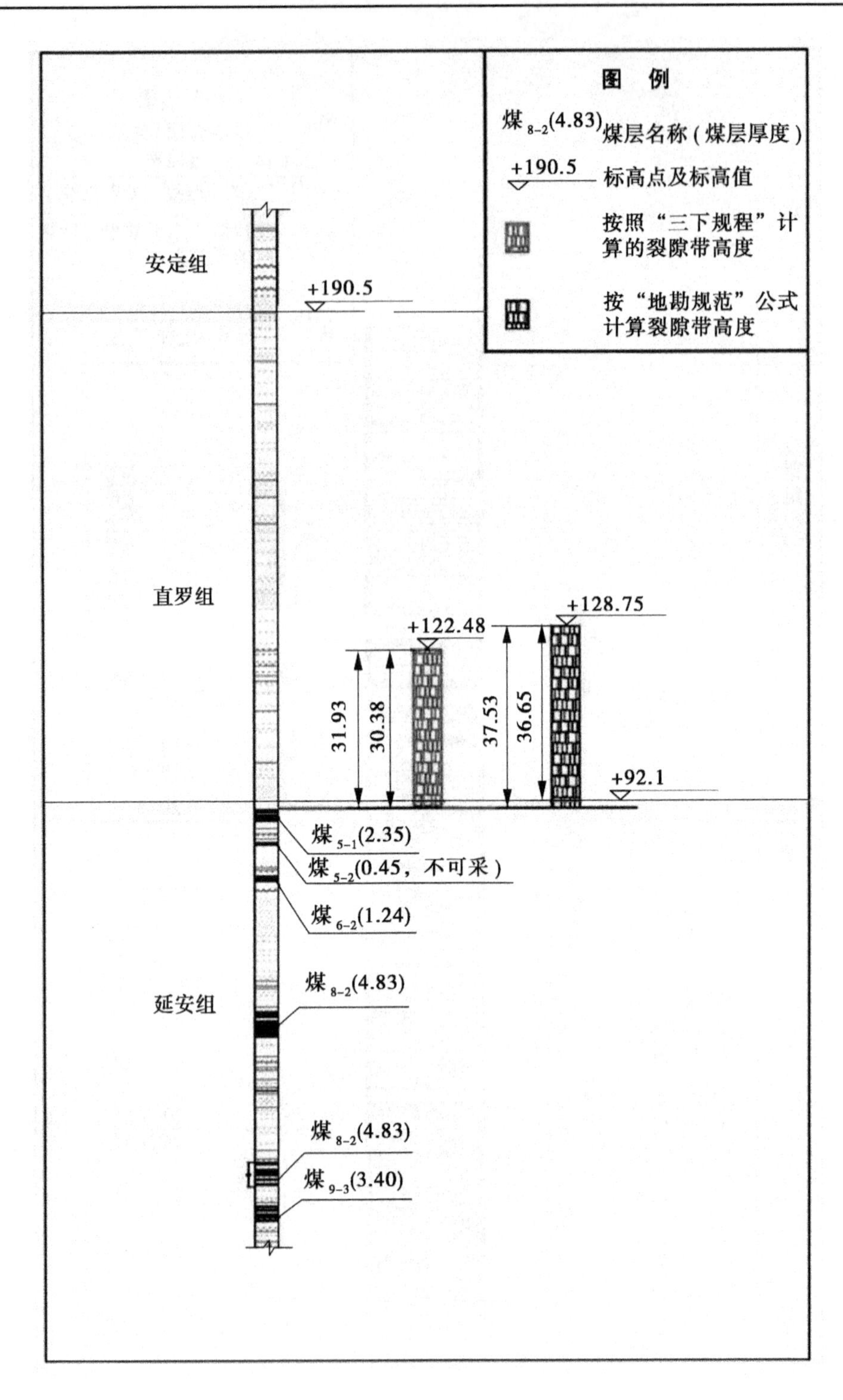

图 5-3　A1709 钻孔开采裂隙发育高度示意图

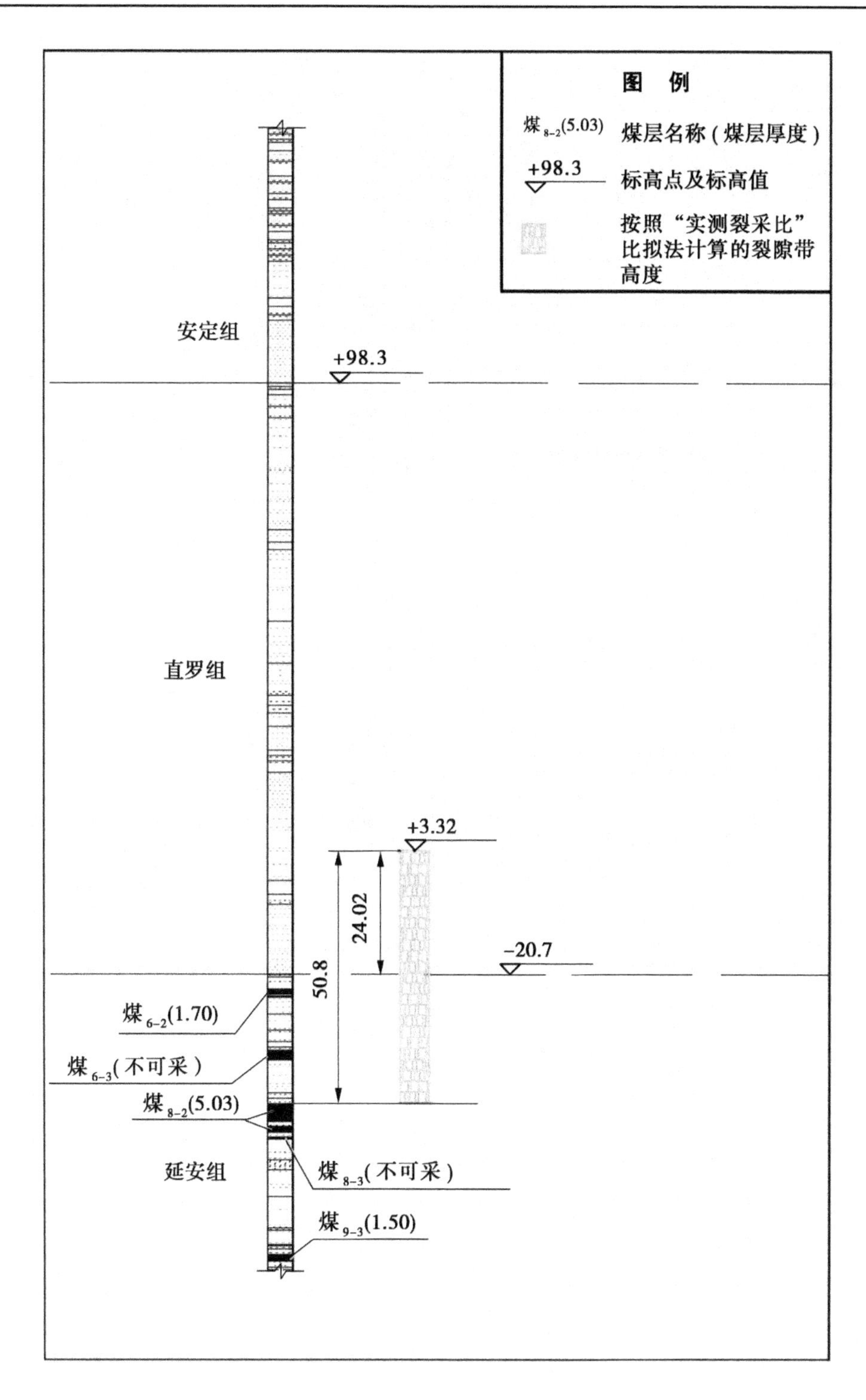

图 5-4　A2305 钻孔开采裂隙发育高度示意图

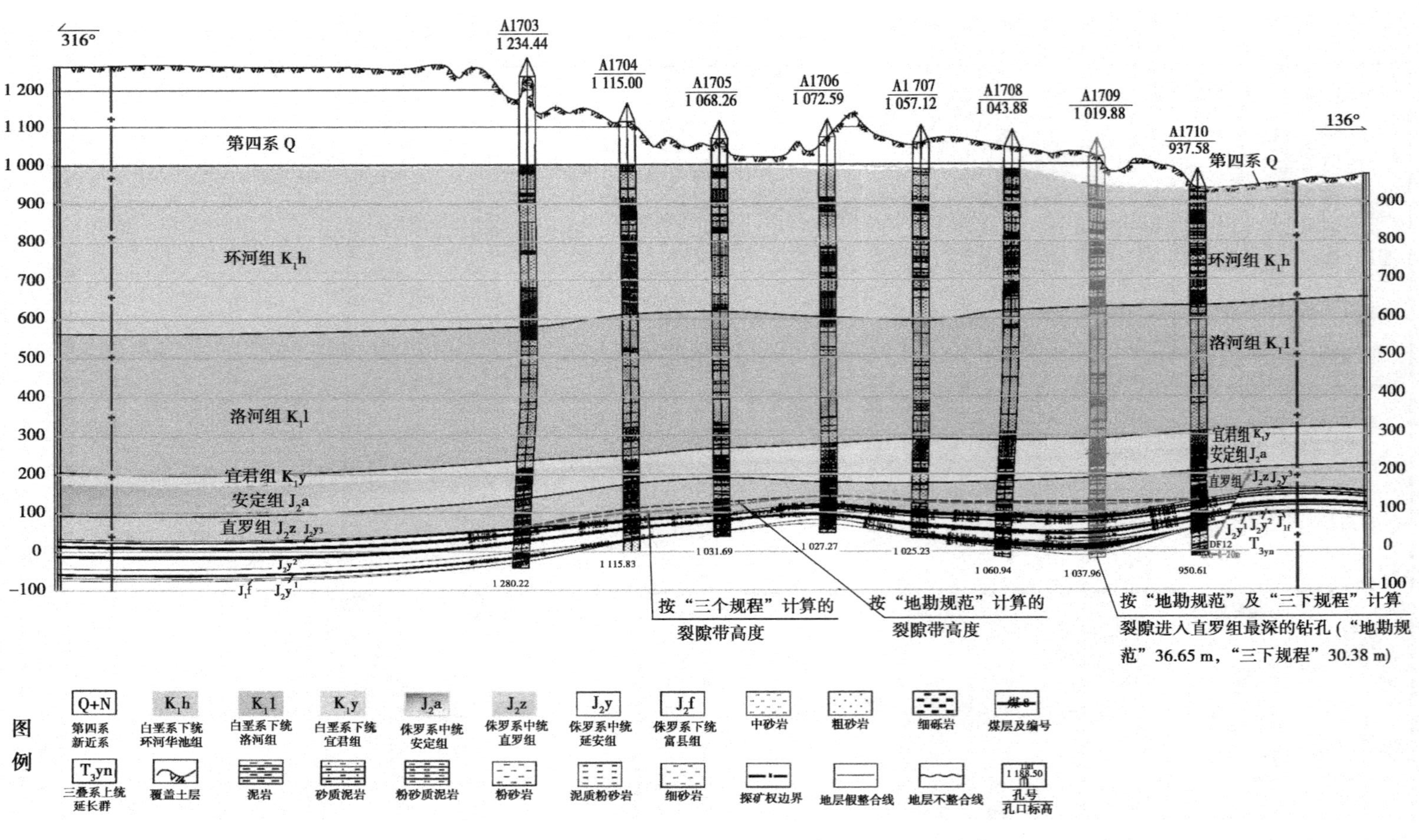

图 5-5　17 号勘探线剖面裂隙高度发育示意图　（单位:m）

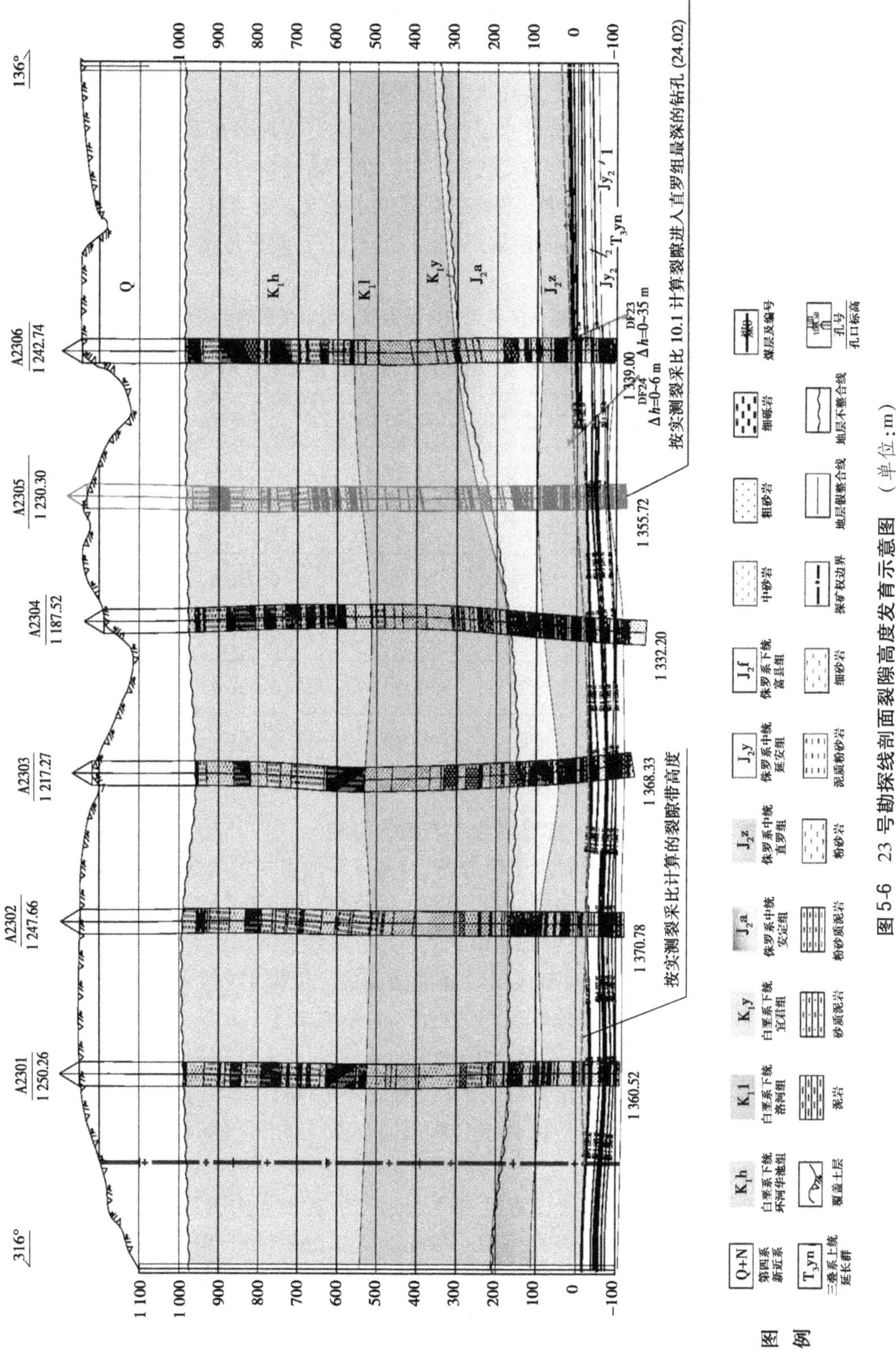

图 5-6 23 号勘探线剖面裂隙高度发育示意图 （单位:m）

5.3.2.2 采煤对侏罗系中统延安组、直罗组、安定组复合含水层的影响

安家庄煤矿采煤采用综采一次采全高工艺，产生的导水裂隙带将导通延安组、直罗组地层，将对侏罗系安定组—直罗组—延安组复合含水层造成严重影响，使该含水层成为矿井直接充水含水层，含水层地下水将沿导水裂隙带进入矿坑。

从影响区域和范围来看，该复合含水层受采煤影响的范围局限在采区及采区附近，一般扩大至采煤边界外24.65～117.34 m（见表5-4）。由于该复合含水层富水性极弱，且埋藏深度大，水质极差，无开采利用价值，不具有常规供水意义。安家庄煤矿通过建设矿井涌水处理工程，将自身水质较差的矿井涌水再生利用于生产，对区域水资源的优化配置有积极的作用。

表5-4 煤矿侏罗系安安组—直罗组—延定组复合含水层影响半径计算表

孔号	含水层	降深 S(m)	含水层厚度(m)	渗透系数 K(m/d)	影响半径 R(m)
X1401	$J_2a+J_2z+J_2y$ 煤$_{9-3}$层顶	77.78	83.73	0.000 3	24.65
A1107	$J_2a+J_2z+J_2y$ 煤$_{9-3}$层顶	188.55	75.22	0.000 3	56.65
A1405	$J_2a+J_2z+J_2y+T_3yn$	104.67	55.42	0.003 1	86.77
A1710	$J_2a+J_2z+J_2y$ 煤$_{9-3}$层顶	233.21	63.29	0.001 0	117.34
A1705	$J_2a+J_2z+J_2y$ 煤$_{8-2}$层顶	206.77	55.30	0.001 0	97.25
A2007	$J_2a+J_2z+J_2y$ 煤$_{8-2}$层顶	206.77	55.30	0.001 0	97.25
A2402	$J_2a+J_2z+J_2y$ 煤$_{9-3}$层顶	64.39	61.19	0.003 0	55.18

5.3.2.3 采煤对白垩系洛河组—宜君组含水岩组的影响

白垩系洛河组—宜君组含水岩组全区分布，埋藏于环河组相对隔水岩组之下，含水层由上部的洛河组及下部的宜君组构成，中间无隔水层，可视为一个含水层。洛河组岩性以紫红、褐红色中粗粒砂岩及厚层状含砾粗砂岩为主，平均约占洛河组总厚度的88%，砂、砾岩中裂隙极其发育，个别孔在钻至该层时冲洗液漏失。依据179个钻孔（包括井田周边钻孔）统计资料，洛河组含水层总厚度112～457 m，平均厚度311.53 m。

宜君组岩性为紫灰、浅棕红色厚层状中—粗砾岩，局部夹含砾粗粒砂岩透镜体，偶见裂隙，均被石膏充填。依据168个钻孔（包括井田周边钻孔）统计资料，含水层厚度0.59～82.80 m，平均20.30 m。洛河组—宜君组含水层总厚度128.80～472.60 m，平均厚度330.69 m。

该含水岩组下部为侏罗系中统安定组、直罗组泥岩及粉砂岩构成的隔水层，全区均有分布，总厚度35.4～178.29 m，平均厚度106.94 m。经前分析可知，采煤形成的导水裂隙带均延伸不到侏罗系安定组底板，导水裂隙发育高度最大的A1709孔和A2305孔，其导水裂隙顶端距离宜君组含水层底板距离分别为194.85 m、211.18 m，因此白垩系下统层状孔隙、裂隙承压水不会被导通，采煤对其影响较小。

5.3.2.4　采煤对白垩系环河组粉砂岩裂隙、孔隙承压水的影响

该含水层埋藏于第四系地层之下，岩性主要为粉砂岩，夹泥质粉砂岩和砂岩层。依据179个钻孔资料(包括井田周边钻孔)统计，含水层厚度0～313.13 m，平均厚度50 m。井田内施工的A1405孔对本含水层进行了抽水试验，该孔按溶洞发育情况和岩性确定的含水层厚度为51.2 m(地层厚度302.2 m)，水位标高981.29 m，孔径152 mm，降深9.77～28.15 m，涌水量为0.104～0.258 L/s，单位涌水量为0.009 L/(s · m)，渗透系数为0.015 m/d。换算成口径91 mm、抽水水位降深10 m时的钻孔单位涌水量为0.010 L/(s · m)，属弱富水性含水层。

该含水层下部为隔水层，采煤裂隙带未发育到该含水层组，因此不会被导水裂隙带导通，采煤对其影响较小。

5.3.2.5　采煤对第四系松散岩类孔隙、裂隙潜水的影响

该含水层主要为第四系底部砾岩及环河组上部基岩风化带裂隙潜水含水岩组。部分地段的第四系底部有一层灰黄、浅棕红色半固结状砂砾岩(底砾岩)，厚度一般为1～3 m，裂隙发育，为局部含水层，属弱碱性淡水，适宜生活饮用，因此是地下水的重点保护目标。

根据综合柱状图，第四系松散岩类孔隙、裂隙潜水与煤层平均相距约950 m，且两者间自上而下有多个隔水层间隔。因此，煤层开采对第四系松散岩类孔隙、裂隙潜水基本无影响，不会造成第四系松散岩类孔隙、裂隙潜水的漏失。

5.3.2.6　采煤对特殊地下水的影响

特殊构造区主要指本区的构造裂隙和断层。构造裂隙、断层破碎带有时不但自身蕴藏着丰富的地下水(构造带富水区)，而且也是地下水溃入矿坑的通道，开采靠近这些特殊构造区段时，矿井涌水量往往会突然增大，甚至会造成淹井事故。因此，在矿井井巷系统建设接近以上地段时，严格执行“有疑必探，先探后掘”的原则，确保矿井安全生产，对于断层处留设保护断层保护煤柱。按照设计规范，本井田内断层煤柱按上、下盘各留50 m留设。

5.3.2.7　采煤对地下水位及水质的影响

根据采煤对本区重要含水层结构的影响分析来看，延安组含煤地层承压复合含水岩组(J_2y)中的含水层和安定组(J_2a)—直罗组(J_2z)含水岩组中的含水层受采煤导水裂隙影响，这部分含水层地下水位大幅度下降，该部分水水质会受到采煤污染，其主要污染物为SS和COD，经过混凝沉淀及反渗透等深度处理达到相应的回用水标准后可全部回用。

白垩系下统层状孔隙、裂隙承压水及当地具有主要供水意义的第四系松散岩类孔隙、裂隙潜水由于距离开采煤层较远，且其间有隔水层，因此上述两个含水层基本不会受采煤影响，地下水流向和水质受采煤影响很小。

5.3.2.8　采煤引起地下水位变化对植被的影响

井田区域内植被以低矮草灌为主，农业植被也有较大面积分布，农业植被和草地所需的涵养层厚度一般不超过5 m，涵养层水分主要靠大气降水补给。

安家庄煤矿采煤导水裂隙带不会侵入第四系含水层，因此对浅层地下水影响小，不会对地表植被生长用水产生大的影响。

5.3.3　对地表水影响分析

本井田涉及南部的达溪河流域(含干流)和北部的黑河流域(仅部分支沟)。煤矿开采对地表水的影响主要体现在两个方面:一方面,是采煤形成的导水裂隙带发育高度到达地表导致地表水漏失;另一方面,是采煤引起的地表沉陷、地表裂隙等对地表水产汇流条件造成影响。

5.3.3.1　采煤形成的导水裂隙带对地表水的影响分析

安家庄煤矿煤层开采后导水裂隙带高度预测结果表明,煤炭开采后形成的导水裂隙带导通侏罗系延安组,大部分进入侏罗系直罗组,但是所有钻孔的裂隙带顶端均未进入侏罗系安定组,更不会导通白垩系含水层,与地表河流底界相距甚远;由于地表水与煤层顶界垂距700~1 170 m,基岩地层近水平状,夹有多层泥岩类隔水层,隔断了地表水与煤层开采巷道的水力联系,因此安家庄煤矿采煤后形成的导水裂隙带不会对达溪河、黑河的地表水产生影响。

5.3.3.2　采煤引起的地表沉陷对地表水的影响分析

煤矿开采对地表的影响是缓慢的累积影响,主要表现为地表沉陷、地表位移、水土流失加剧或地表裂缝等。根据《甘肃省灵台矿区总体规划环境影响评价报告书》(环境保护部环境发展中心,2015年)预测成果,安家庄井田开采结束后(开采70.2 a后),井田内地表可能引起的下沉深度为0.52~5.55 m,最大水平位移值为2.51 m,总体影响轻度。由于井田内地形起伏较大、沟谷较多,不会形成下沉盆地,但在沟谷边缘区域,土体原始受力平衡状态被破坏,会产生地表裂缝,引起崩塌等地质灾害。

因本区煤层采深与采厚比较大,一般在1:150以上,根据井田的地形特点和表土层情况,预计地表移动变形基本是连续而缓慢的,一般不会出现突然下沉的情况。达溪河和黑河的汇水主要来自河道两侧支沟的汇水,这些沟道对地貌切割明显,沟谷两侧山体陡峭,山体平均高差在100~200 m,河道比降较大。根据预测,采煤结束后本井田内各季节性支沟的沉陷深度最大不超过3.5 m(开采70.2 a后),但小于未沉陷前的高差,不会使各支沟流向发生根本性改变。由于河流流向不会发生改变,也就不会改变这些河沟的产汇流条件,即对达溪河流域、黑河流域的产汇流条件影响轻微。

安家庄井田西南部约1.8 km左右的达溪河穿井田而过,可研设计中未考虑预留防水煤柱,该区域预计在矿井生产41 a后开采。考虑达溪河为流经本井田内的重要河流,本书认为,流经井田的达溪河应留设保护煤柱,其煤柱留设方法与西气东输管道线煤柱留设方法相同,按围护带范围20 m、煤岩移动角确定预留煤柱(见图1-13)。除该河段外,与井田接壤的达溪河均为井田的南部边界,均设置有保护煤柱,受煤矿开采扰动很小,因此在考虑预留煤柱的情况下,本矿开采产生沉陷对达溪河地表水资源量的影响轻微。

5.3.4　其他用水户和东夏水库的影响

5.3.4.1　对其他用水户的影响

根据灵台矿区总体规划环评结论,安家庄煤矿开采引起的地表沉陷最大影响范围在开采边界外450 m,对安家庄煤矿开采后引起地表沉陷范围内涉及的村庄人口的统计表明，灵台县中台镇、独店镇和西屯乡等 3 个建制镇（乡）共 19 个行政村，受影响人口共计 31 005 人。

因本区煤层采深与采厚比一般在 1∶150 以上，本井田开采后对地表影响整体上以轻度影响为主，破坏方式以地表移动变形为主，变化方式为缓慢下沉，预计地表建筑受影响较小，安家庄煤矿地面村庄不考虑搬迁，采用加固或维护的方式。

安家庄井田地表沉陷范围内村庄、人口及供水水源统计见表 5-5、图 5-7、图 5-8。

表 5-5 安家庄井田地表沉陷范围内村庄、人口及供水水源统计

乡镇名称	行政村名称	人口（人）	供水水源
中台镇	下河村	1 971	县城自来水
	东王沟村	1 200	县城自来水
	许家沟村	930	县城自来水
	安家庄村	1 433	县城自来水
独店镇	白峪村	1 207	机井，供水到户
	瓦玉村	2 041	小高抽，供水到户
	大户彭村	1 398	小高抽，供水到户
	中庆村	1 590	机井，供水到户
	张鳌坡村	1 063	小高抽，供水到户
	景村村	1 362	机井，供水到户
	姚李村	1 628	小高抽，供水到户
	庙背村	2 060	小高抽，供水到户
	吊街村	2 647	机井，集中供水点
	林王村	2 073	机井，供水到户
	崖窑村	1 748	机井，供水到户
	薛家庄村	2 823	小高抽，供水到户
	东夏村	1 093	小高抽，供水到户
西屯乡	柳家铺村	1 798	小高抽，供水到户
	爱子村	940	小高抽，供水到户

安家庄煤矿开采沉陷影响范围内的中台镇 4 个行政村，已实现县城自来水管网全覆盖。独店镇 13 个行政村均由人饮工程供水，其中 6 处使用地下水源，7 处使用地表水源；除吊街村目前为集中供水点供水外，其余 12 个行政村均已实现供水到户。西屯乡 2 个行政村均由人饮工程供水，且已实现供水到户。

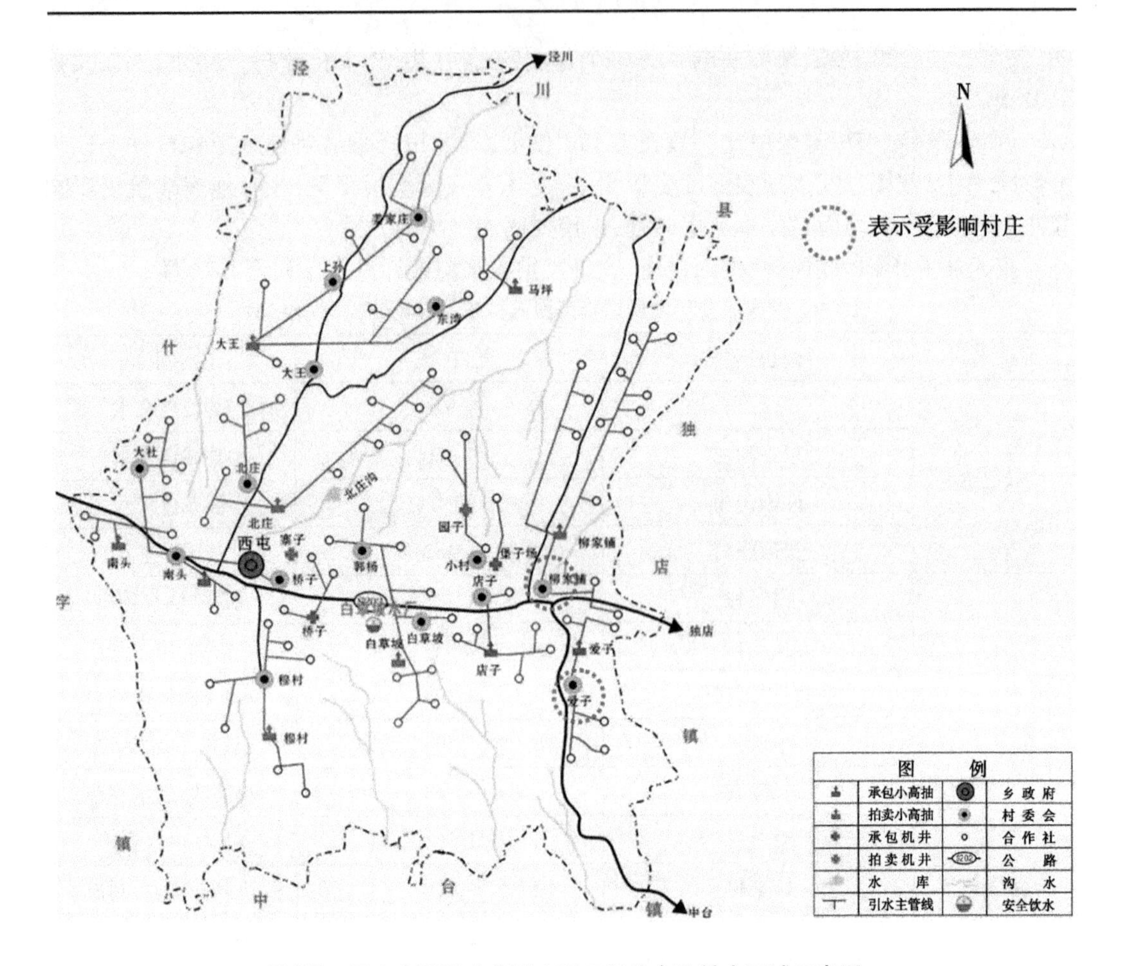

图 5-7　西屯乡受影响范围水利工程分布及供水区域示意图

安家庄煤矿开采后对井田区域的地表影响整体上为轻度影响，破坏方式以地表移动变形为主，变化方式为缓慢下沉，局部可产生地面轻微塌陷，并形成一定裂隙，会对井田区域生态环境和居民生产生活造成一定影响。

分析认为，平凉天元煤电化有限公司应按照国家规定建设地下水观测站网和地面塌陷监测网，密切关注井田区域的井泉水位、水量变化和供水工程损毁情况，一旦发现生产生活用水有水位下降、水量减少的趋势或供水工程因采煤影响发生损毁的情况，平凉天元煤电化有限公司应采取相应的供水措施或补偿措施，确保周边居民用水安全。平凉天元煤电化有限公司已出具承诺，明确表示生产过程中做好塌陷区整治工作，及时恢复土地功能；对受影响范围内的居民供水水源和供水管线进行长期跟踪观测，如发现煤矿开采对居民用水造成影响，将采取措施保障居民用水安全，并承担由此发生的全部费用。通过上述措施，可以有效减缓或避免煤矿开采对其他用水户产生的不利影响。

5.3.4.2　对东夏水库的影响

根据调查，安家庄井田及影响范围内有 1 处小型水库——东夏水库，该水库基本情况见表 5-6。

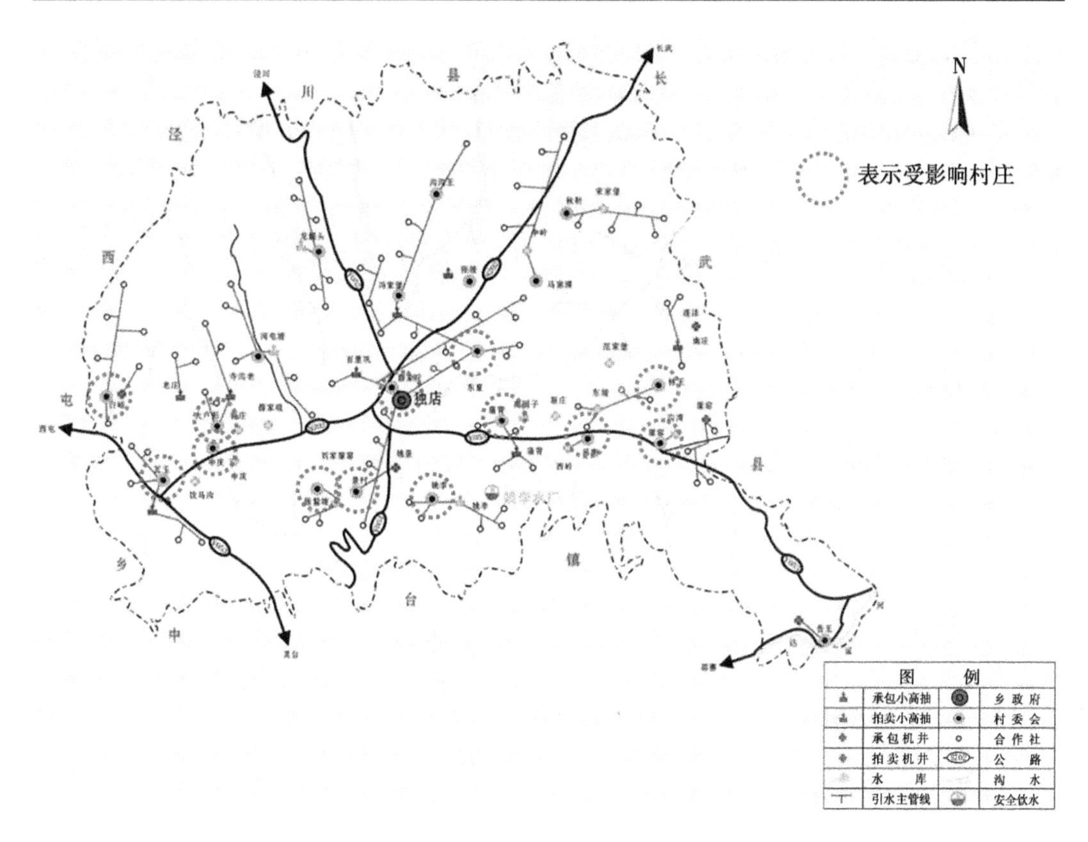

图 5-8　独店镇受影响范围水利工程分布及供水区域示意图

表 5-6　东夏水库基本情况

地理坐标	北纬 35° 8′7.62″, 东经 107°39′19.76″	设计库容	53 万 m^3
所处流域	东夏沟(黑河水系, 季节性沟谷)	设计兴利库容	7 万 m^3
建成时间	1978 年 9 月	设计死库容	7 万 m^3
控制流域面积	4 km^2	设计灌溉面积	400 亩
坝址处年均径流量	22 万 m^3	主要建筑物	均质土坝,161 m 大坝, 210 m 溢洪道
工程等别	小(2)型	实际供水量	5.8 万 m^3/a
供水任务	防洪和灌溉	防洪标准	20 年一遇

注:根据平凉病险水库认定意见表,东夏水库淤积严重,接近报废,现状库容 6 万 m^3;该坝为一堰塞坝体,下游无明显坝坡,呈滑坡阶地状分布;坝左肩溢洪道简易,进水渠、控制段破损严重,基本无泄槽段、消能防冲设施、出水渠。

东夏水库坝址区域位于井田中北部,其下资源开采约在安家庄煤矿建成 12 a 后,即在 2032 年左右,届时水库已经接近淤满,且前述导水裂隙带发育高度预测成果表明导水裂隙带不会导通隔水层而到达地表。同时,根据预测,本井田采煤结束后(开采 70.2 a 后),东夏水库坝址区域的地表沉陷最大不超过 3 m,以整体沉陷为主。基于此,设计部门认为东夏水库处不留设保安煤柱，设计符合《建筑物、水体、铁路及主要井巷煤柱留设与压煤开采规程》第四十三条规定（须设置防水安全煤柱的对象）。

本书认为在现阶段煤矿设计中应在东夏水库坝址区域考虑留设煤柱，将来可结合开采沉陷监测情况、采煤技术发展情况和东夏水库使用情况，适时判定是否进行开采。同时平凉天元煤电化有限公司应按照国家要求建设地面塌陷监测网，及时掌握地面塌陷的变形规律和变形程度，重点监测东夏水库坝体的沉陷、位移和裂隙发育情况，并采取相应保护措施。

5.4 小　结

（1）安家庄煤矿采用坷台水厂自来水作为施工期和运行期的生活供水水源，在涧河 $P=95\%$ 来水频率下，不会对涧河流域其他用水户及坷台水厂其他用水户造成影响；坷台水厂的供水主干网从项目工业场地边经过，接管方便，预留的供水能力完全能够满足项目用水需求，不会对其他用水户造成影响。

（2）安家庄煤矿开采产生的导水裂隙带一般会导通侏罗系延安组、直罗组，但不会进入侏罗系安定组隔水层，安定组以上的含水层将不受采煤导水裂隙影响，即对地表水体和具有供水意义的第四系潜水及潜在供水意义的白垩系承压含水层基本无影响；将对侏罗系孔隙、裂隙承压水含水层产生较大影响，使原来储存于含水层中的水在一定时间内疏干而造成地下水水量的损失。但矿井开采结束后，地下水含水层可以缓慢地自然恢复；同时，安家庄煤矿矿井涌水将全部综合利用，既节约了水资源，提高了水资源的利用效率，也避免了矿井涌水中污染物对区域水环境的影响，对区域水资源的优化配置有积极的作用。

（3）安家庄煤矿开采后对井田区域的地表影响整体上为轻度影响，破坏方式以地表移动变形为主，变化方式为缓慢下沉，局部可产生地面轻微塌陷，并形成一定裂隙，会对井田区域生态环境和居民生产生活造成一定影响。一方面，安家庄煤矿应留设煤柱确保不对达溪河和东夏水库造成影响；另一方面，平凉天元煤电化有限公司已出具承诺，明确表示生产过程中做好塌陷区整治工作，及时恢复土地功能；加强矿区内居民水源和供水管线观测，保障居民用水安全。通过上述措施，可以有效减缓或避免煤矿开采对其他用水户产生的不利影响。

第 6 章　退水影响论证

6.1　退水方案

6.1.1　退水系统及组成

6.1.1.1　施工期退水

安家庄煤矿施工期间的废污水主要包括井筒施工泥水、少量井下渗水、冲洗废水和生活污水等。根据对灵台矿区在建的邵寨矿井的调研成果，本书认为可采用临时沉淀处理后回用于施工场地施工、降尘、绿化、道路洒水等方式进行处置。

6.1.1.2　运行期退水

安家庄煤矿废污水主要来源为井下排水（矿井涌水和灌浆析出水）、生活污水、选煤厂泥水。

经分析，正常工况下，矿井涌水经预处理后，一部分回用于井下洒水、黄泥灌浆及选煤厂洗煤，剩余部分矿井涌水经反渗透深度处理后部分用于矿井降温、瓦斯抽采、锅炉等；深度处理产生的浓盐水与经处理后的生活污水掺混后用于洗煤补水。正常工况下安家庄煤矿矿井涌水可以全部回用，不外排。

正常工况下，生活污水经污水管道收集送至生活污水处理站，处理后全部作为选煤厂生产、道路和绿化等用水，不外排。

选煤厂洗煤产生的煤泥水采用浓缩机和加压过滤机处理后供内部循环使用。

6.1.2　退水总量、主要污染物排放浓度和排放规律

结合调研所得进行分析，分析确定安家庄煤矿项目的退水总量、主要污染物排放浓度和排放规律，见表 6-1。

6.1.3　退水处理方案和达标情况

6.1.3.1　施工期

（1）井筒施工废水：井筒施工过程中产生泥浆水较少，排出的泥浆水全部进入泥浆沉淀池沉淀后循环利用，不外排。

（2）井下涌水：施工期井下涌水主要是井下巷道掘进时形成的基岩渗水和井下施工用水。施工期矿井排水中的主要污染物为 SS。根据类比分析，SS 浓度为 30 ~ 70 mg/L，拟设置沉淀池，对井下涌水进行处理，沉淀后的清水可回用于井下施工、地面施工及道路洒水、场地绿化等。

表 6-1 项目退水总量、主要污染物排放浓度和排放规律

退水种类	退水总量(m^3/d)	主要污染物	排放规律	退水去向及用途
矿井涌水	2 737(最大)	SS、色度、COD、全盐量、石油类	连续排放	经矿井水处理站处理后,全部回用,不外排
灌浆析出水	477			
生活污水	466(最大)	COD_{Cr}:150 ~ 300 mg/L; BOD_5:50 ~ 110 mg/L; SS:150 ~ 300 mg/L; NH_3-N:≤25 mg/L	连续排放	经生活污水处理站处理后全部回用,不外排
选煤厂泥水	758	SS、色度、浊度、COD	闭路循环	厂内收集处理后循环使用
合计	4 438	—	—	—

(3)冲洗废水:施工期冲洗废水主要来源于施工机械的冲洗,主要污染物为 SS 和石油类。这部分废水产生量较小,业主可设置排水渠收集废水,经沉淀池和油水分离器(或隔油板)处理后回用。

(4)生活污水:施工期生活污水主要为施工工人的盥洗污水,主要污染物为 COD、SS、NH_3-N、石油类等。按照高峰期 1 000 人,生活污水量每人 60 L/d 计算,生活污水最大量为 60.0 m^3/d,平凉天元煤电化有限公司拟建设移动式污水综合处理器,对生活污水进行处理后用于施工期生产及道路洒水、场地绿化等。

6.1.3.2 运行期

1. 矿井涌水处理方案及达标情况

矿井涌水经收集至井下水仓后,由水泵打至地面矿井水处理站,预处理系统设计规模 300 m^3/h,出水水质满足《煤炭工业污染物排放标准》(GB 20426—2006)、《煤矿井下消防、洒水设计规范》(GB 50383—2006)和《煤炭洗选工程设计规范》(GB 50359—2005)要求后,一部分回用于矿井生产(如灌浆、选煤厂、井下洒水等);另一部分送反渗透系统进行深度处理(处理规模 150 m^3/h),出水水质满足《工业锅炉水质标准》(GB/T 1576—2008)、《工业循环冷却水处理设计规范》(GB 50050—2007)、《生活饮用水卫生标准》(GB 5749—2006)要求后,用于矿井降温、瓦斯抽采、锅炉补水等。

反渗透装置所排浓盐水,本书第 3 章设计该部分浓盐水与其他经处理达标的废水掺混后,回用于对水质要求不高的选煤厂洗煤,不外排。

矿井涌水处理工艺成熟,应用广泛,已在海水淡化制水、苦咸水淡化制水等多个领域应用。如安家庄煤矿周边的庆阳环县区域地下水均为苦咸水,目前在该县多处地方均已建成制水站,制水工艺与安家庄煤矿类似,采用苦咸水制淡水供给当地百姓生活使用。

2. 生活污水处理方案及达标情况

安家庄煤矿生活污水主要来自于职工生活用水、洗浴用水、食堂用水等。工业场地内的办公楼、浴室等排放的粪便污水经化粪池简单处理,食堂排水经隔油池隔油,锅炉排污经降温池降温,汇集其他建筑排放的废污水由室外排水管网排入工业场地的生活污水处理站。

可研拟建生活污水处理站一座，规模60 m^3/h，采用MYW－50型一体化污水处理设施进行处理，分析认为生活污水处理工艺合理，处理规模满足生活污水处理需求，经处理后出水水质满足《城市污水再生利用　城市杂用水水质》(GB/T 18920—2002)要求后，全部回用于选煤厂生产、绿化、浇洒道路，不外排。生活污水处理工艺流程见图6-1。

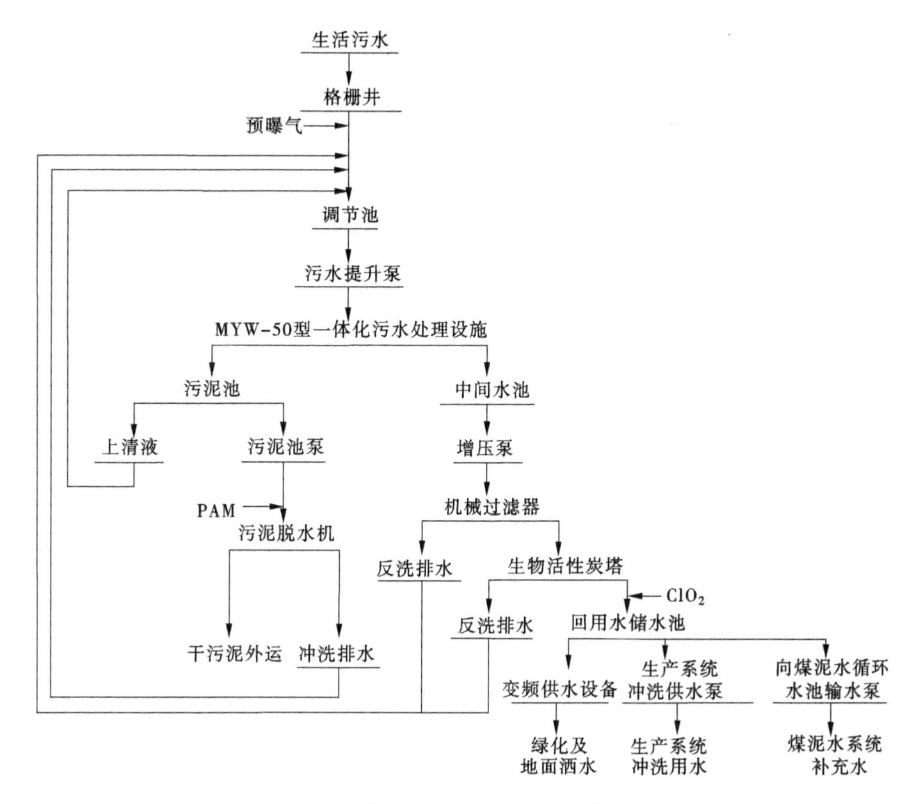

图6-1　生活污水处理工艺流程

3.选煤厂泥水处理方案

安家庄煤矿选煤过程中精煤离心机的离心液、磁选尾矿及脱泥筛的筛下水一起进入浓缩旋流器分级浓缩，其底流先经过弧形筛一次脱水，然后进入煤泥离心机二次脱水，掺入混煤产品中。浓缩旋流器的溢流、弧形筛筛下水及煤泥离心机的离心液进入浓缩机浓缩，并加入絮凝剂以提高浓缩效果，浓缩机的底流用快开式压滤机回收，浓缩池溢流和压滤机的滤液作为系统循环水循环使用。由于煤泥采用高效浓缩机浓缩、快开压滤机脱水处理工艺，保证煤泥厂内回收，实现洗水闭路循环。

6.2　退水影响论证

6.2.1　正常工况下退水影响分析

正常工况下，安家庄煤矿矿井涌水、生产生活废污水处理达标后全部回用，对外零排放,不会对区域水环境造成影响。

6.2.2　事故工况下退水影响分析

非正常工况退水是指煤矿出现风险事故时的退水,主要包括:

(1)矿井涌水处理系统、污水处理系统、煤泥水处理系统发生事故不能进行正常处理;

(2)矿井涌水量增大、矿井涌水处理系统处理不及时等情况。

当出现矿井涌水量突然增大和矿井涌水处理系统、污水处理系统等发生事故的情况时,污水和矿井涌水将不能及时处理回用而产生滞留。考虑到同时发生概率较小,本书建议在工业场地内设置不小于5 000 m^3容积(按最大退水量4 438 m^3/d 考虑)的缓冲水池用于暂存事故退水,可与矿井水回用水池合并建设,分块独立使用。待事故风险消除后,事故废污水全部处理后回用。

选煤厂设置有事故浓缩机承接煤泥浓缩机的事故排放水和厂内的事故排放水,以达到选煤厂煤泥水不外排的目的。

另外,如出现矿井涌水量突增的情况,可相应加大深度处理系统的处理量,以减少对坷台水厂自来水的取用。

6.2.3　检修期的退水影响分析

安家庄煤矿检修期间存在部分生产装置停运检修的情况(主要为保障生产安全的停产检修及春节放假停产),有一定量的矿井涌水无法回用。研究建议检修期的矿井涌水经预处理和深度处理,出水水质满足《工业锅炉水质标准》(GB/T 1576—2008)、《生活饮用水卫生标准》(GB 5749—2006)要求后,一部分用于矿井降温、瓦斯抽采、锅炉补水,一部分经消毒处理后供给矿区生活,剩余的可用于矿区内独店镇的苹果示范园绿化。

鉴于煤矿检修期主要集中在采暖季,为避免对区域环境造成影响,根据第3章的分析,本书建议安家庄煤矿设置不小于4.5万 m^3的矿井水回用水池,用于储存检修期经深度处理后的矿井涌水,非采暖季用于独店镇苹果示范园绿化。

检修期(采暖季)安家庄煤矿水量平衡图见图6-2。

目前,平凉天元煤电化有限公司已与独店镇人民政府签订了《灵台县独店镇苹果示范园建设项目利用安家庄煤矿矿井涌水的协议》。

根据独店镇人民政府提供的资料,独店镇姚景项目区苹果示范园于2007年开始定植,涉及4村16个合作社607个农户,栽植果树4 020亩,估算年用水量为60万 m^3,位置示意图见图6-3。

独店镇姚景项目区苹果示范园由独店镇姚景项目区苹果示范园供水工程供水,该工程一级泵站许家沟提灌站位于安家庄煤矿主副井工业场地下游约0.5 km处,由泵站、进水前池等组成;提水至塬面的出水前池后,向苹果示范园供水。

经平凉天元煤电化有限公司与当地水利部门现场勘查后确定,安家庄煤矿4.5万 m^3的矿井水回用水池计划修建在安家庄煤矿主副井工业场地内,水池采用全埋钢筋混凝土结构,水池设计深度5.5 m,长宽均为100 m,设计容积5万 m^3,共分为十格,其中一格专

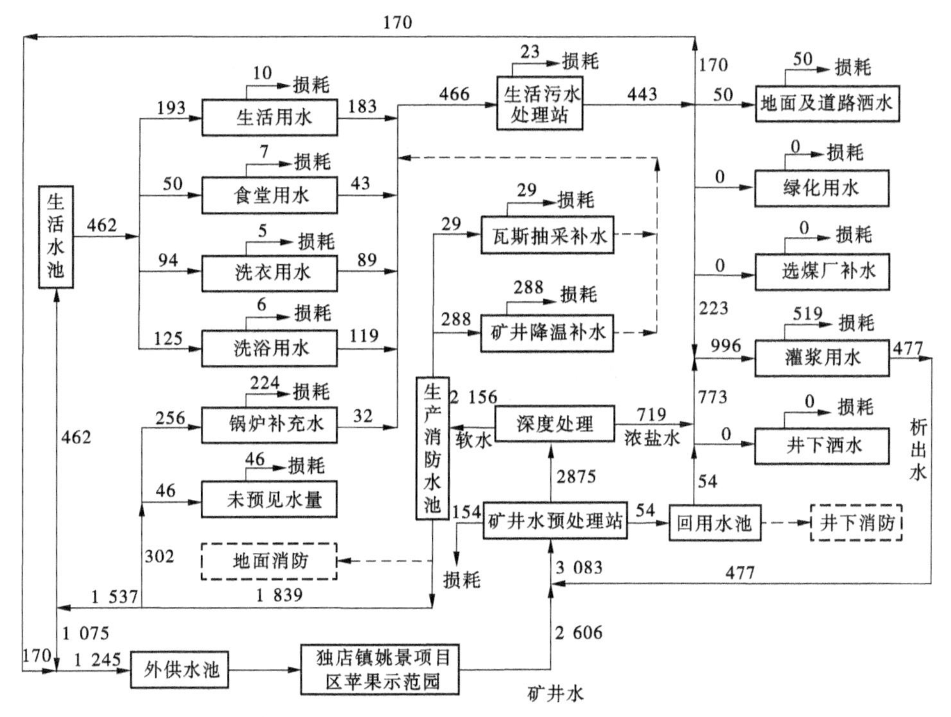

图6-2 检修期(采暖季)安家庄煤矿水量平衡图 (单位:m^3/d)

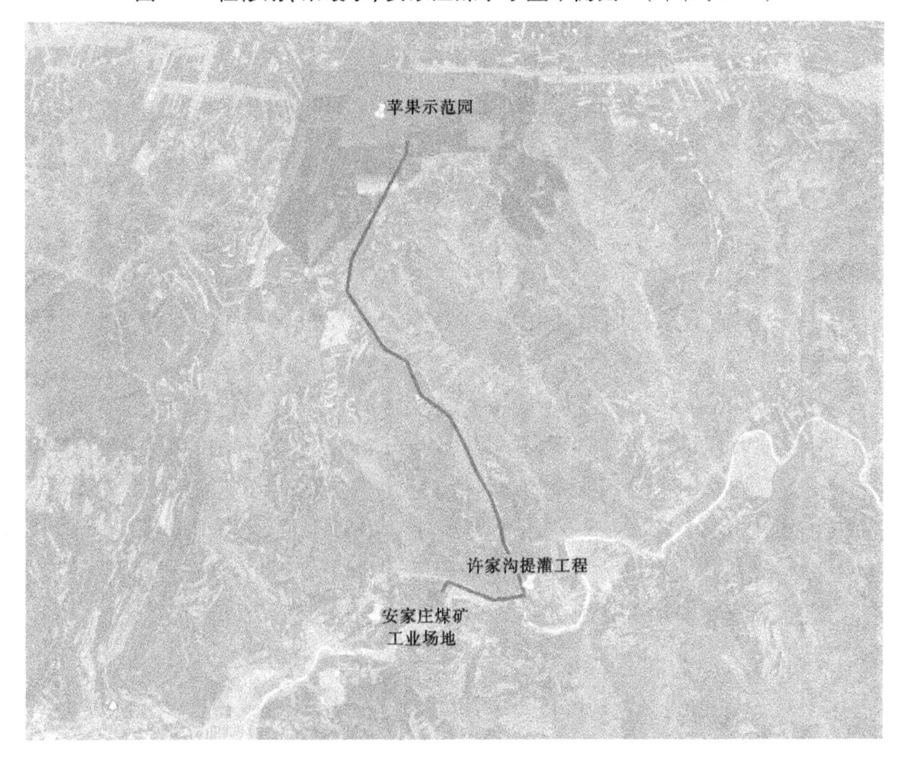

图6-3 姚景项目区苹果示范园位置示意图(供水工程路线示意图)

作事故缓冲水池；矿井水回用水池用地为主副井工业场地内的预留用地，见图 6-4。

图 6-4　安家庄煤矿矿井水回用水池与许家沟提灌站相对位置示意图

安家庄煤矿主副井工业场地内的矿井水回用水池至许家沟提灌站 500 m^3 的进水前池之间供水管线长度约 800 m，将由平凉天元煤电化有限公司负责投资建设。通过上述措施，可以确保检修期利用不完的矿井涌水得到妥善回用。

综上，在采取相关风险保障措施的前提下，项目的退水可以实现全部回用，不会对区域水环境和第三方产生影响。

6.3　小　结

（1）安家庄煤矿施工期的污水采用临时沉淀处理后回用于施工、场地降尘洒水或场地周围绿化，对区域水环境影响很小。

（2）安家庄煤矿项目在正常工况下产生的矿井涌水、废污水全部回用不外排；安家庄煤矿应在主副井工业场地内设置容积不小于 5 000 m^3 的事故水池，用于储存事故工况退水，储存的废水应及时处理后回用，避免对区域环境造成影响。

（3）安家庄煤矿检修期的多余矿井涌水经深度处理后回用于独店镇姚景项目区苹果示范园的灌溉。平凉天元煤电化有限公司应设置不小于 4.5 万 m^3 的矿井水回用水池，用于储存检修期经深度处理后的矿井水，待灌溉期用于独店镇苹果示范园绿化，避免对区域水环境造成影响。

第7章　影响补偿和水资源保护措施

7.1　补偿方案(措施)建议

7.1.1　取水影响补偿建议

7.1.1.1　施工期取水影响补偿建议

经第3章分析,灵台县岢台水厂设计供水能力在规划水平年能够满足设计供水对象及安家庄煤矿施工期和运行期生活用水需求,不会对其他用水户造成影响,不存在补偿问题。

7.1.1.2　取用矿井涌水水源影响补偿建议

经第4章分析可知,安家庄煤矿采用综采一次采全高的采煤方法,其开采过程中产生的导水裂隙带一般会贯通延安组弱含水层,到达直罗组弱含水层,但所有钻孔处裂隙顶端均未到达安定组隔水层,安定组以上的含水层将不会受到采煤导水裂隙带的影响,即地表水和具有供水意义的第四系潜水及潜在供水意义的白垩系承压含水层将不会直接受采煤导水裂隙带的影响;煤层所在的延安组和上部直罗组基岩裂隙承压含水层将成为采煤的直接影响含水层,会造成上述两个含水层组的逐渐疏干,但这是采煤过程中不可避免的,同时疏干水将全部回用于项目自身,既节约了水资源,提高了水资源的利用效率,也避免了矿井涌水中污染物对区域水环境的影响,对区域水资源的优化配置有一定的积极作用。

煤矿开采对地表的影响是缓慢的累积影响,安家庄煤矿开采后对井田区域的地表影响整体上以轻度影响为主,破坏方式以地表移动变形为主,变化方式为缓慢下沉,预计地表建筑受影响较小,因此地面村庄不考虑搬迁,采用加固或维护的方式。本书认为,平凉天元煤电化有限公司应按照国家规定建设地面塌陷监测网,及时掌握地面塌陷的变形规律和变形程度,及时妥善安置受影响居民,填充地表裂缝,恢复土地功能;达溪河为流经本井田内的重要河流,东夏水库为当地农业灌溉水库,应留设保护煤柱,其煤柱留设方法与西气东输管道线煤柱留设方法相同;建设地下水观测站网,密切关注井田区域的井泉水位、水量变化,一旦发现生产生活用水有水位下降、水量减少的趋势时,平凉天元煤电化有限公司应采取相应的供水措施或补偿措施,确保周边居民吃水安全,费用应由平凉天元煤电化有限公司全部承担。

7.1.2　退水影响补偿建议

安家庄煤矿区域水资源缺乏,应尽可能考虑节约用水,一水多用,循环利用,在正常工况下项目废污水可实现零排放;安家庄煤矿应在主副井工业场地内设置容积不小于5 000 m^3的事故缓冲池(与矿井水回用水池合建),用于储存非正常工况退水,储存的废水及时处理后回用,可以避免对区域环境造成影响。检修期多余矿井涌水经深度处理后,储存于项目主副井工业场地内拟建的 5 万 m^3 矿井水回用水池内(其中 5 000 m^3 为事故缓冲池),待灌溉期回用于独店镇姚景项目区苹果示范园灌溉,不会对区域水环境造成影响。安家庄煤矿退水不存在补偿问题。

综上,通过平凉天元煤电化有限公司采取一定的措施可以减缓或避免在施工期间和运行期间对其他用水户产生不利影响,安家庄煤矿的建设较好地兼顾了各方的利益,最大限度地发挥了水资源的综合效益,将有力促进当地社会经济的可持续发展。

7.2　水资源及水生态保护措施

为了水资源的优化配置、高效利用和科学保护,对水资源供给、使用、排放的全过程进行管理,平凉天元煤电化有限公司需要建立一套合理的水务管理制度,实行一把手负责制,培养一批精干的水务管理队伍,把水务管理纳入到施工、调试、生产运行管理之中,将清洁生产贯穿于整个生产全过程,既做到节水减污从源头抓起,又要做好末端治理工作,确保水资源的高效利用。安家庄煤矿的水资源保护主要从施工期水资源保护措施、运行期工程措施、运行期节水与管理措施等三方面入手。

7.2.1　施工期水资源保护措施

7.2.1.1　施工期工程措施

(1)安家庄煤矿施工期生产废水来自搅拌机、砂石料冲洗和混凝土搅拌及养护等排放的废水,这部分废水除悬浮物和石油类指标较高外,其余指标均较低,平凉天元煤电化有限公司应明确要求施工单位在各施工现场均设置一座临时废水沉淀池,收集施工中排放的施工废水,沉淀后循环使用。

(2)施工期施工人员的生活营地,将产生一定量的生活污水,含有油类、有机物、合成洗涤剂及有害微生物,若随意排放会对当地水环境造成污染。平凉天元煤电化有限公司应建设移动式污水综合处理器,对生活污水进行处理后用于洒水。在生活区和施工场地应设置固定厕所,及时清运粪便。

(3)在填沟造地区建设拦挡坝及截、排水沟,规范排弃废弃土方和矸石。

(4)生活垃圾用垃圾桶收集后,由当地环卫部门及时清运,不得倒入河道。

7.2.1.2　施工、调试过程水务管理

(1)开展施工期环境监理。

(2)矿井涌水处理设施、污水处理设施应做到"三同时",即与主体工程同时设计、同时施工、同时投产。

(3)加强施工、调试及使用安装过程中的用水管理,确保工程合格率,提高水资源利用效率。

(4)调试阶段应对矿井涌水处理、污水处理等有关水系统一并进行调试,使有关指标达到相应设计要求。

(5)应按照《用水单位水计量器具配备和管理通则》(GB 24789—2009)、《取水计量

技术导则》(GB/T 28714—2012)等的有关要求,安装取水计量设施,在安家庄煤矿的主要用水工艺环节安装用水计量装置,并建立相应的资料技术档案。

7.2.2 运行期工程措施

7.2.2.1 供、退水工程水资源保护措施

为维持供、退水管网的正常运行,保证安全供水,防止管网渗漏,必须做好以下日常的管网养护管理工作:

(1)严格控制跑、冒、滴、漏损失,建立技术档案,做好检漏和修漏、水管清垢和腐蚀预防、管网事故抢修。

(2)防止供、退水管道的破坏,必须熟悉管线情况、各项设备的安装部位和性能、接管的具体位置。

(3)加强供、退水管网检修工作,一般每半年管网全面检查一次。

7.2.2.2 项目废污水处置措施

在采取相关风险保障措施的前提下,安家庄煤矿退水全部回用不外排,不会对区域水环境和第三方产生影响。

为防止矿井涌水量突然增大、矿井涌水处理系统及生活污水处理系统检修或发生事故不能进行正常处理的情况,平凉天元煤电化有限公司应建立完善的水务管理制度和事故应急处理体系,同时应设置5 000 m^3容积的事故缓冲池储存非正常工况下的退水,并全部回收利用。

7.2.2.3 保水采煤措施

矿井生产过程中,要严格按照《煤矿防治水规定》、《煤矿安全规程》的要求进行开采,必须坚持"预测预报、有疑必探、先探后掘、先治后采"原则,加强井下探放水工作。本井田白垩系洛河组含水层地下水丰富,若采煤导水裂隙带波及洛河组,对矿井安全将会带来极大威胁,因此建议平凉天元煤电化有限公司在采煤过程中,应坚持"采中观测、保水采煤";矿井建成运行后,首采工作面要进行导水裂隙带高度观测,取得实测资料指导矿井安全生产和保护具有供水意义的含水层,当发现采煤裂隙带可能波及洛河组时,应以"弃煤保水"为原则,降低采高或弃采,以保证矿井生产安全。

7.2.2.4 地下水长期动态观测措施

(1)业主单位应对井田及周边地区村庄的饮用水水源(水井或泉)进行长期跟踪观测,并在井田范围及周边地区布置足够数量的地下水监测井,观测对象为潜层地下水含水层、白垩系含水层等,主要观测水位(泉水流量)变化情况。

根据《安家庄矿井及配套洗煤厂建设项目地下水环境影响评价专题报告》(甘肃省地矿局水文地质工程地质勘察院,2015年)成果,建议安家庄井田内布设黄土潜水含水层水位监测点5个,监测频率为每季度1次,一年共4次;泉流量监测点4个,监测频率为每季度1次,一年共4次;洛河组—宜君组承压含水层水位监测点2个,利用水位自动监测仪进行实时监测,监测点位基本情况及分布分别见表7-1及图7-1。

表 7-1　安家庄矿区及周边地下水位与泉流量监测点一览表

监测点号	点位	坐标		监测目标	监测频率
		X(m)	Y(m)		
JC01	西屯乡小村小学	3 891 791	18 730 504	黄土潜水水位	1 次/季度
JC02	中庆村饮马沟社	3 890 439	18 735 332		
JC03	景村村北上社	3 890 686	18 740 209		
JC04	马家塄村中岭社	3 895 498	18 743 074		
JC06	爱子村东侧沟谷	3 890 410	18 732 290	黄土潜水泉流量	1 次/季度
JC07	冯家堡村北侧沟谷	3 893 946	18 740 383		
JC08	姚李村孙张沟	3 889 008	18 740 783		
JC09	吊街村沟圈社南侧沟谷	3 890 535	18 746 494		
JC10	瓦峪村罗家店社	3 888 770	18 735 897	洛河组—宜君组承压水水位	实时监测
JC11	吊街村新庄社	3 891 350	18 745 052		

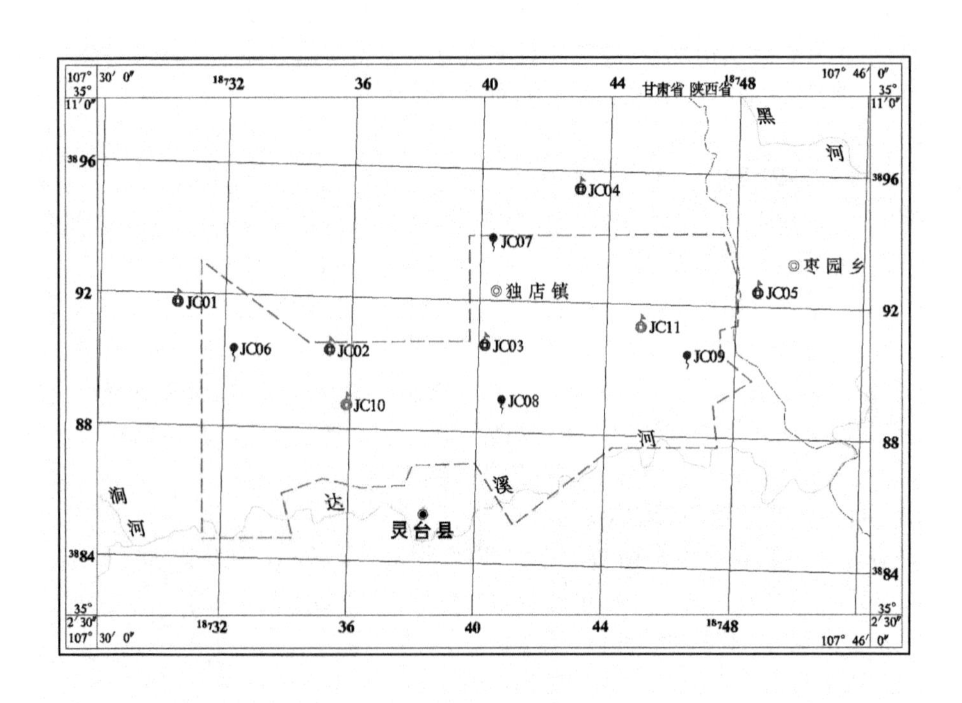

1—黄土潜水含水层水位监测点，已有机井；2—泉流量监测点，出露于黄土潜水含水层中的泉；3—洛河组—宜君组含水层水位监测点，新施工监测井；4—矿区范围；5—沟谷溪流、河流；6—省界

图 7-1　矿区地下水环境长期监测点分布图

(2)做好井田内矿井涌水的长期观测工作,并形成相应的档案记录;根据涌水量与同一时期的煤矿开采量、采空区面积等,建立相关关系,指导后期矿井涌水管理。

7.2.2.5　地面塌陷区长期监测措施

平凉天元煤电化有限公司应对地面塌陷区进行长期监测,包括调查与巡查、设置固定站点长期观测等措施。根据安家庄煤矿塌陷区位置及其地形条件,以开采盘区为单元并能控制整个开采区为原则布设 GPS 监测剖面。每个开采盘区沿开采方向布设 3 个监测纵剖面,监测点埋设预制混凝土监测桩,横向上监测桩埋置基本处于一条直线,使其形成横向监测剖面,从而构成矿区地面塌陷 GPS 监测网。监测桩埋置间距在移动盆地中心地带取 150 ~ 200 m,塌陷内缘区取 100 ~ 150 m,塌陷外缘区取 50 ~ 100 m,可视埋置地段地形条件适当缩减或延长。为及时捕捉地面移动变形信息,每个纵向监测剖面布设 3 个 GPS 自动监测仪,其位置分别布设在移动盆地及其内、外缘区。考虑到本区地形条件,纵向剖面的监测桩宜埋置在黄土塬、黄土梁及其坡面地段。

各测点的监测仪器在所在盘区开采前一年安装完成,首采盘区测点仪器在矿井投产时一并验收。

7.2.2.6　检修期矿井涌水回用措施

为防止检修期多余矿井涌水对区域环境造成影响,本书建议安家庄煤矿设置不小于 4.5 万 m^3 的矿井水回用水池,用于储存检修期经深度处理后的矿井涌水,灌溉期用于独店镇苹果示范园绿化。

安家庄煤矿 4.5 万 m^3 的矿井水回用水池计划修建在安家庄煤矿主副井工业场地内,水池采用全埋钢筋混凝土结构,水池设计深度 5.5 m,长宽均为 100 m,设计容积 5 万 m^3,共分为十格,其中一格专作事故缓冲水池;矿井水回用水池用地为主副井工业场地内的预留用地。安家庄煤矿主副井工业场地内的矿井水回用水池至许家沟提灌站 500 m^3 的进水前池之间供水管线长度约 800 m,将由平凉天元煤电化有限公司负责投资建设。

7.2.3　运行期节水与管理措施

7.2.3.1　水务管理机构设置

平凉天元煤电化有限公司应安排专人负责工程施工期和运行期的水务管理,建议设计定员 6 人,负责水务管理和水质监控工作。本书建议应配备必要的水质监测设备,参见表 7-2。

7.2.3.2　工业场地水质监测内容

应对安家庄煤矿的矿井涌水及生产、生活污水的水量水质进行在线或定期监测,及时掌握各设备、各流程的运行情况;在易产生泄漏的位置设置检测仪,当发生泄漏事故时能及时报警,确保事故早发现、早处理。安家庄煤矿水质监控内容见表 7-3。

7.2.3.3　生产过程水务管理

(1)制定行之有效的管理办法和标准,严格按设计要求的用水量进行控制,达到设计耗水指标,提高工程运行水平。

表 7-2　监测站应配备的仪器设备一览表

编号	仪器设备名称	数量(台)
1	万分之一天平	2
2	原子吸收分光光度计	1
3	722 分光光度计	1
4	pH 计	1
5	油分测定仪	1
6	电热干燥箱	1
7	生化培养箱	1
8	显微镜	1
9	溶解氧测定仪	1
10	电冰箱	2
11	计算机	3
12	其他	根据需要配备

表 7-3　安家庄煤矿水质监控内容

序号	采样点位置	监测项目	检测标准	备注
1	选煤厂进水口	水量、浊度、硬度、pH、全碱度	《煤炭洗选工程设计规范》(GB 50359—2005)	水量开展实时监测,水质每半年取样监测 1 次
2	生活污水处理站排放口	pH、SS、COD_{Cr}、BOD_5、总氮、总磷、NH_3-N、水量	《城市污水再生利用　工业用水水质》(GB/T 19923—2005)、《城市污水再生利用城市杂用水水质》(GB/T 18920—2002)	
3	矿井水处理站进水口	SS、油类、COD、石油类、全盐量、总硬度、水量	—	
4	矿井水处理站预处理出水口	pH、悬浮物、总硬度、COD_{Cr}、石油类、水量	《煤炭工业污染物排放标准》(GB 20426—2006)、《煤矿井下消防、洒水设计规范》(GB 50383—2006)、《煤炭工业给水排水设计规范》(MT/T 5014—96)	
5	矿井水处理站深度处理系统出水口	电导率	—	实时监测
6	生活水池	—	《生活饮用水卫生标准》(GB 5749—2006)	半年 1 次

(2)安家庄煤矿来水应按照清污分流、污污分流、分散治理的原则进行管理,加强矿井涌水、生活污水处理设施的管理,确保设施正常运行。回用水需做到“分质收集,分质供给”,在降低用水成本的同时,可以有效提高水资源利用效率。

(3)每隔3年进行一次水平衡测试及各水系统水质分析测试,找出薄弱环节和节水潜力,及时调整和改进节水方案,并建立测试技术档案。

(4)积极开展清洁生产审核工作,加强生产用水和非生产用水的计量与管理,不断提高水的重复利用率。

(5)生产运行中及时掌握取水水源的可供水量和水质,以判定所取用的水量和水质能否达到设计标准。

(6)加大对职工的宣传教育力度,强化对水资源节约保护的意识和责任意识。严格值班制度和信息报送制度。

7.3 小 结

在建立起严格的水务管理制度,培养精干的水务管理队伍,对水资源供给、使用、排放全过程进行监控的情况下,可以实现安家庄矿井及选煤厂项目水资源的高效利用和有效保护。

第 8 章　研究结论和建议

8.1　结　论

8.1.1　取用水的合理性

（1）平凉天元煤电化有限公司安家庄矿井及选煤厂位于甘肃省平凉市灵台县境内，属于甘肃省灵台矿区规划项目，井田面积 107.317 km^2，矿井可采储量 491.73 Mt；矿井和选煤厂建设规模均为 5.0 Mt/a，设计服务年限为 70.2 a，其建设符合《煤炭产业政策》、《产业结构调整指导目录》（2011 年本）（修正）等国家产业政策要求，对促进当地经济社会发展具有重要作用，建设是必要的。

（2）安家庄煤矿及选煤厂项目选用以综采一次采全高为主的采煤方法，选煤方法采用重介浅槽工艺。原煤开采水耗指标为 0.093 m^3/t，洗选煤水耗指标为 0.05 m^3/t，符合《清洁生产标准　煤矿采选业》（HJ 446—2008）一级标准要求；单位产品取水量 0.15 m^3/t，符合《甘肃省行业用水定额》（修订本，2011 年）要求，综合用水水平属国内清洁生产先进水平。

（3）经分析确定，安家庄煤矿夏季施工期最大用水量为 280 m^3/d，冬季非施工期用水量为 20 m^3/d，水源为灵台县坷台水厂自来水；运行期总取水量为 104.6 万 m^3/a，其中取自身矿井涌水 89.9 万 m^3/a（85.4 万 m^3/a 用于生产，4.5 万 m^3/a 用于生活），取自来水 14.7 万 m^3/a（全部用于生活）。项目井下排水和生活废污水处理达标后全部回用，正常工况下不外排。

8.1.2　取水水源的可靠性

8.1.2.1　自来水取水水源的可靠性

（1）在规划水平年 $P=95\%$ 来水频率下，涧河内西张、罗家坡和坷台等 3 个水厂的总取水量为 231.78 万 m^3；通过调蓄水库的调节，坷台水厂各月供水量（含安家庄煤矿用水量）可以得到保证，同时坷台水厂渠首坝址处下泄有 57.98 万 m^3 的水量，安家庄煤矿用水可以得到保障，不存在缺水现象。

（2）坷台水厂供水主干管从安家庄煤矿工业场地边经过，安家庄煤矿可直接接管引水，供水能力有保证，不会对其他用水户造成影响，取水口位置设计合理。

（3）坷台水厂出厂水水质符合《生活饮用水卫生标准》（GB 5749—2006），可以满足安家庄煤矿用水水质需求。

8.1.2.2　矿井涌水水源的可靠性

安家庄煤矿使用自身矿井涌水作为供水水源，符合国家产业政策要求，有利于水资源利用效率的提高,对于缓解当地水资源矛盾和促进经济发展具有重要意义。从经济技术角度来看,矿井涌水再生利用技术成熟,目前在国内已得到广泛使用,回用矿井排水在经济技术上是可行的。

研究分别采用大井法和吨煤富水系数法对安家庄煤矿的矿井涌水量进行了预算,选取了偏安全的吨煤富水系数法比拟结果 2 606 m^3/d 作为安家庄煤矿的正常矿井涌水量,水量较为可靠;安家庄煤矿矿井涌水处理工艺流程较为成熟,应用广泛,矿井涌水经处理后,水质可以满足项目用水水质要求。

在安家庄煤矿投入正式生产后,应做好矿井涌水量的长期观测工作,并形成相应的档案记录;根据矿井涌水量与同一时期的煤矿开采量,建立相关关系,对后期矿井涌水进行预算,以指导后期生产的用水管理。

研究建议,如出现矿井涌水可供水量较大超过分析值的情况,生产过程中可适时减小地下水的取水量,以实现充分利用矿井涌水、节约自来水的目的。

综上分析,安家庄煤矿回用自身矿井涌水是可靠且可行的。

8.1.3 取水影响和退水影响

8.1.3.1 取水影响

(1)安家庄煤矿采用坷台水厂自来水作为施工期水源和运行期生活供水水源,在涧河 $P=95\%$ 来水频率下,不会对涧河流域其他用水户及坷台水厂其他用水户造成影响;坷台水厂的供水主干网从项目工业场地边经过,接管方便,预留的供水能力完全能够满足项目用水需求,不会对其他用水户造成影响。

(2)安家庄煤矿开采产生的导水裂隙带一般会导通侏罗系延安组、直罗组,但不会进入侏罗系安定组隔水层,安定组以上的含水层将不受到采煤导水裂隙影响,即对地表水体和具有供水意义的第四系潜水及潜在供水意义的白垩系承压含水层基本上无影响;将对侏罗系孔隙、裂隙承压水含水层产生较大影响,使原来储存于含水层中的水在一定时间内疏干而造成地下水水量的损失。但矿井开采结束后,地下水含水层可以缓慢地自然恢复;同时安家庄煤矿矿井涌水将全部综合利用,既节约了水资源,提高了水资源的利用效率,也避免了矿井涌水中污染物对区域水环境的影响,对区域水资源的优化配置有积极的作用。

(3)安家庄煤矿开采后对井田区域的地表影响整体上为轻度影响,破坏方式以地表移动变形为主,变化方式为缓慢下沉,局部可产生地面轻微塌陷,并形成一定裂隙,会对井田区域生态环境和居民生产生活造成一定影响。一方面,安家庄煤矿应留设煤柱确保不对达溪河和东夏水库造成影响;另一方面,业主方已出具承诺,明确表示生产过程中做好塌陷区整治工作,及时恢复土地功能;加强矿区内居民水源和供水管线观测,保障居民用水安全。通过上述措施,可以有效减缓或避免煤矿开采对其他用水户产生的不利影响。

8.1.3.2 退水影响

(1)安家庄煤矿施工期的污水采用临时沉淀处理后回用于施工、场地降尘洒水或场地周围绿化,对区域水环境的影响很小。

(2)安家庄煤矿区域水资源缺乏,项目尽可能考虑节约用水,一水多用,循环利用,在正常工况下项目矿井涌水、废污水可实现零排放。安家庄煤矿应在主副井工业场地内设置容积不小于5 000 m^3的缓冲池，用于储存事故工况退水，储存的废水应及时处理后回用，避免对区域环境造成影响。

(3)安家庄煤矿检修期的多余矿井涌水经深度处理后储存于主副井工业场地内4.5万m^3容积的矿井水回用水池内，待灌溉期用于独店镇姚景项目区苹果示范园灌溉，不会对区域水环境造成影响。

8.1.4　补偿措施建议及水资源保护措施

(1)安家庄煤矿业主应建设地面塌陷监测网，及时掌握地面塌陷的变形规律和变形程度，及时妥善安置受影响居民，填充地表裂缝，恢复土地功能；达溪河为流经本井田内的重要河流，东夏水库为当地农业灌溉水库，应按照相关规定留设保护煤柱；建设地下水观测站网，密切关注井田区域的井泉水位、水量变化，一旦发现生产生活用水有水位下降、水量减少的趋势，平凉天元煤电化有限公司应采取相应的供水措施或补偿措施，确保周边居民吃水安全，费用应由平凉天元煤电化有限公司全部承担。

(2)安家庄煤矿开采过程中，不排除在局部地段地下水透过未经探明的"天窗"或封闭不良的钻孔进入矿坑造成水害。平凉天元煤电化有限公司应严格按照《煤矿防治水规定》、《煤矿安全规程》要求进行开采，坚持"采中观测、保水采煤"，当发现采煤裂隙可能波及白垩系洛河组承压含水层时，应以"弃煤保水"为原则进行开采，以保证矿井生产安全。

(3)在建立起严格的水务管理制度，培养精干的水务管理队伍，对水资源供给、使用、排放全过程进行监控的情况下，可以实现安家庄煤矿水资源的高效利用和有效保护。

8.1.5　取水方案

8.1.5.1　自来水取水方案

安家庄煤矿施工期水源和运行期的生活水源为灵台县坷台水厂自来水。坷台水厂供水干管从项目工业场地边经过，取水极为便利。平凉天元煤电化有限公司业主拟结合供水干管走线和安家庄工业场地布置情况，选择合适点位就近接管引水，设计接管管径DN150。

8.1.5.2　矿井涌水水源取水方案

安家庄煤矿以自身矿井涌水作为供水水源。矿井涌水经沿巷道敷设管路收集至副井井底车场附近的2 200 m^3容积的井下水仓，然后通过3台矿用耐磨离心式排水泵送至主副井工业场地内的矿井涌水站进行处理；排水管路选用3趟D325×22无缝钢管，分段选择壁厚。处理后的矿井涌水直接用于煤矿生产补水。

8.1.6　退水方案

安家庄煤矿废污水主要来源为矿井涌水、生产生活污水及选煤厂泥水。正常工况下，安家庄煤矿各类废污水处理后全部回用，对外零排放；检修期多余矿井涌水经深度处理后储存于4.5万m^3的矿井水回用水池内，灌溉期用于独店镇姚景项目区苹果示范园灌溉；安家庄煤矿应设置容积不小于5 000 m^3的事故缓冲水池，用于储存非正常工况退水，储存的废水应及时处理后回用,不得外排。

8.2 建　议

(1)平凉天元煤电化有限公司宜及早启动自来水水源接管的设计和建设工作,确保项目施工期水源落到实处。

(2)平凉天元煤电化有限公司应开展矿井水回用水池和供水管线的设计工作,确保项目实施后检修期多余矿井涌水得到全部回用。

参考文献

[1] 刘国彬,王卫东.基坑工程手册[M].2版.北京:中国建筑工业出版社,2009.

[2]《供水水文地质手册》编写组.供水水文地质手册:第2册[M].北京:地质出版社,1977.

[3] 马向东,赵静,韩淑新.煤矿建设项目矿井涌水水源论证有关问题的探讨——以大段家煤矿矿井涌水量预测为例[J].治淮,2014(3):44-46.

[4] 王栋任.矿井涌水综合净化技术在西北缺水地区应用新成效[J].能源研究与管理,2016(3):117-119.

[5] 姜影.矿井涌水数值模拟及预测——以安徽省当涂县钟九铁矿为例[J].水利科技与经济,2016,22(9):54-57.

[6] 艾德春,杨炳滔,张道旭.首采面覆岩“两带”高度及矿井涌水规律的研究[J].煤炭技术,2016,35(10):50-53.

[7] 胡彩春.曲斗井田矿井涌水特征及涌水量预测[J].能源与环境,2012(5):131-132,135.

[8] 李金燕,张维江.宁夏王洼煤矿矿井涌水分析与涌水量计算[J].煤炭工程,2012(8):81-84.